Egor Lykov
Das »System Isler«

Architekturen | Band 89

Egor Lykov (Dr. sc.), geb. 1995, forscht zur Architekturgeschichte der Schweiz im 20. Jahrhundert. Er promovierte an der ETH Zürich. Weitere Forschungsschwerpunkte sind Technikgeschichte und Wirtschaftsgeschichte.

Egor Lykov

Das »System Isler«

Der Schalenbau im Schweizer Mittelland, 1955-2000

[transcript]

DISS. ETH Nr. 28851

Die Open-Access-Ausgabe wird publiziert mit Unterstützung des Schweizerischen Nationalfonds zur Förderung der wissenschaftlichen Forschung.

Bibliografische Information der Deutschen Nationalbibliothek
Die Deutsche Nationalbibliothek verzeichnet diese Publikation in der Deutschen Nationalbibliografie; detaillierte bibliografische Daten sind im Internet über https://dnb.dnb.de/ abrufbar.

Erschienen 2025 im transcript Verlag, Bielefeld

transcript Verlag | Hermannstraße 26 | D-33602 Bielefeld | live@transcript-verlag.de

Umschlagkonzept: Kordula Röckenhaus, Bielefeld
Druck: Majuskel Medienproduktion GmbH, Wetzlar
https://doi.org/10.14361/9783839476352
Print-ISBN: 978-3-8376-7635-8
PDF-ISBN: 978-3-8394-7635-2
Buchreihen-ISSN: 2702-8070
Buchreihen-eISSN: 2702-8089

Gedruckt auf alterungsbeständigem Papier mit chlorfrei gebleichtem Zellstoff.

Inhalt

Danksagung

Bei der vorliegenden Dissertation handelt es sich um ein Teilergebnis des vom Schweizerischen Nationalfonds geförderten Forschungsprojekts »Experimentelles Entwerfen in der Nachkriegszeit – Der Beitrag von Heinz Isler (1926–2009) aus ingenieur- und kulturhistorischer Perspektive« (Projektnummer 179095), an dem ich unter Leitung von meinem Betreuer Prof. Dr. Laurent Stalder mitarbeiten durfte, wofür ich grenzenlos dankbar bin. Dank erhaltener ideeller Unterstützung in einem intensiven Betreuungsformat konnte meine Doktorarbeit die aktuelle Gestalt annehmen. Meiner Zweitbetreuerin Prof. Dr. Gisela Hürlimann danke ich für wertvolle Anregungen und schöne Diskussionen, durch die meine Abhandlung beträchtlich an Tiefe gewonnen hat. Mein Dank gilt ausserdem Prof. Dr. Joseph Schwartz für die Übernahme des Korreferats und wertvolles Feedback während der Verfassung dieser Arbeit. Darüber hinaus danke ich von ganzem Herzen Rainer Schützeichel für die Unterstützung und regelmässige Diskussionen zum Stand meiner Arbeiten, die meine Arbeit signifikant vorangebracht haben, und vor allem sein persönliches Vorbild, welches ich immer als einen Inbegriff des akribischen wissenschaftlichen Arbeitens und des Eifers ansah und mir anzueignen versuchte. Ich danke auch meiner Mutter für die tagtägliche Unterstützung und Hilfe in jeglichen Belangen.

Darüber hinaus möchte ich den Kolleginnen und Kollegen vom Lehrstuhl für Architekturtheorie Barbara Bitterli, Andreas Kalpakci, Moritz Gleich, Mattew Wells, Sarah Nichols, Davide Spina, Carla Peca und Mélissa Vrolixs für spannende Diskussionen meinen Dank aussprechen. Ich danke Ita Heinze-Greenberg, Tom Avermaete, Philip Ursprung, Maarten Delbeke, Irina Davidovici und allen Angehörigen des gta für den regen Austausch im Rahmen des Doktoratsprogramms am Institut. Mein Dank geht auch an Thomas Hänsli und Matteo Lorenzini vom gta digital für die digitale Aufbereitung und Datenpflege der dissertationsrelevanten Archivbestände, was mir meine Recherchen wesentlich erleichterte. Auch meinen Mitdoktorandinnen Susanne Hefti, Gerlinde Verhaeghe, Stéphanie Savio und Hana Cisar danke ich für die schöne Zeit, die wir gemeinsam beim Diskutieren von Texten verbracht haben. Ich bin Elisabet Jönsson Steiner für die rasche und professionelle Erledigung aller administrativen Belange sehr verbunden. Darüber hinaus danke ich Richard Hajfler für den technischen Support während meiner gesamten Doktoratszeit.

Das Engagement der Mitarbeiterinnen und Mitarbeiter des gta Archivs und der gta Bibliothek, Almut Grunewald, Muriel Pérez, Filine Wagner, Afra Häni, Bruno Maurer, Daniel Weiss und Alex Winiger, hat mir sehr bei meinen Archivrecherchen geholfen, wofür ich ihnen herzlich danke. Darüber hinaus spreche ich meinen Dank an die Mitarbeiter*innen des Staatlichen Archivs des Kantons Bern und des Schweizerischen Wirtschaftsarchivs in Basel aus, die meine Forschung signifikant vorangetrieben haben. Mein Dank gilt auch Heinz Bösiger, Hans Glanzmann, Heinz Trösch, Fritz Wenzel, Jürg Vogel, Katrin Vogt, Kiro Vocovski, Rainer Zünd, Bruno Stettler für deren wertvolle Einblicke in deren Geschäftsbeziehungen mit Heinz Isler. Ich danke dem Schweizerischen Ingenieur- und Architektenverein (SIA) für die technische Versiertheit und Hilfe bei der Findung aller dissertationsrelevanten historischen Baunormen.

Ich bekunde meinen Dank Guilia Boller, Matthias Beckh, Mario Rinke vom ITA, Katrin Derleth und Alessandro Tellini von RAPLAB für die technische Versiertheit und Unterstützung bei den Einzelheiten technischer Natur, die meine Arbeit bereichert haben. Mein Dank gilt auch den Projektpartner*innen und Kolleg*innen vom Candela-Isler-Müther-Symposium (CIMIS) Georg Vrachliotis, Toni Kotnik, Matthias Ludwig, John Chilton, Andreas Schätzke, Marisela Mendoza, Jan Oestreich, Tanja Seeböck, Elke Genzel, Pamela Voigt, Bill Adis, Maria Garlock, Sigrid Adriaenssens und Peter Eigenraam für interessante Einblicke ins Werk anderer Schalenbauer und den interdisziplinären Austausch. Nicht zuletzt danke ich allen hier aus Platzgründen nicht erwähnten Personen, die zum Zustandekommen meiner Dissertation beigetragen haben.

1 Einleitung

Der Schweizer Bauingenieur Heinz Isler (1926–2009) ist für seine weitgespannten dünnwandigen Beton- und Kunststoffschalen bekannt, die allein in der Schweiz mehr als 1'200-mal errichtet wurden. Zum ersten Mal in den frühen 1950er-Jahren gebaut, waren die Isler-Schalen eine innovative Baupraxis, die sehr schnell marktfähig wurde und zunehmend an Bedeutung gewann. Die Ursachen für diese Entwicklung wurden von Isler selbst und seinen Zeitgenossen in seiner experimentellen Tätigkeit zur Findung von neuen Bauformen gesehen,[1] was unter anderem zum Ziel hatte, die Isler-Schalen als einmaliges historisches Phänomen darzustellen. Auch wenn man die »künstlerische« Seite des Schalenbaus kritisch betrachten kann, entgeht man der historischen Einmaligkeit der Isler-Schalen kaum, wurden sie doch niemals von anderen Ingenieuren nachgebaut.[2] Die vorliegende Dissertation geht dem zeitlosen Wert der Isler-Schalen zum tieferen Verständnis der Schweizer Wirtschaftsgeschichte der Nachkriegszeit auf den Grund und fragt nach den historischen Bedingungen, unter denen der Schalenbau in der Schweiz möglich war. Darunter sind insbesondere die multiplen Einflüsse der gesamtwirtschaftlichen Konjunkturen, der Wirtschaftlichkeit des Schalenbaus im Vergleich zu anderen zeitgenössischen Bausystemen, der Art der Kundenakquise, der vorhandenen technologischen Möglichkeiten und der Vermarktung der Isler-Schalen zu verstehen.

1 Vgl. exemplarisch Arn, Walter: Durch Experimente zu neuen Erkenntnissen. Schalen von Isler, in: Bauen&Konstruieren 58/2 (1995), S. 21–25. Isler, Heinz: Indications by Nature – Natur als Wegweiser, in: Mitteilungen des SFB 230 7 (1991), S. 129–137, hier S. 136.

2 Dabei bezweifelte Heinz Isler, ob der Schalenbau lernbar sei. Dies äusserte er unter anderem in einem seiner Briefe an David Billington aus dem Jahr 2002, indem er schrieb: »*Not even the simple roof system of my flat office has been copied since* [seit den 1950er-Jahren; E. L.]«. Zit. nach: gta Archiv, 217-K-46, Korrespondenz David Billington.

Ausgehend von diesen Einflussfaktoren können vier Phasen in der ingenieurpraktischen Karriere Islers identifiziert werden. Die erste Phase war die Anfangszeit und erstreckte sich zwischen 1955 und 1960, als die günstigen wirtschaftlichen Bedingungen Isler zur Eröffnung seines Ingenieurbüros in Burgdorf verhalfen. Die zweite Phase war durch eine Zunahme der Bautätigkeit beim Ingenieurbüro Isler und eine Tendenz zur »Massenproduktion« von Schalenbauten gekennzeichnet und dauerte bis 1973. Dem folgte 1974–1980 eine Umorientierungsphase, in der vor dem Hintergrund der Wirtschaftskrise immer weniger Schalen gebaut wurden. Ab 1981 zeichnete sich der allmähliche Rückgang des Schalenbaus ab, der zunehmend zu einer veralteten Baupraxis wurde und auch trotz teils aggressiver Kundenakquise nicht mehr an Bedeutung gewinnen konnte. Die konkreten wirtschaftlichen und technischen Hintergründe dieses rapiden Aufstiegs und Falls des Schweizer Schalenbaus wurden bis dato nur wenig bis gar nicht von historischen Forschungen in den Blick genommen. Diese Defizite möchte die vorliegende Dissertation ausgleichen und plädiert für eine Perspektive, die den Schalenbau in wirtschaftlichen und technischen Kontexten der Nachkriegszeit verankert.

Ziel ist es, das historische Phänomen der Isler-Schalen sozioökonomisch einzuordnen und den Faktoren auf den Grund zu gehen, welche die Schalenbauweise in der Schweiz der Nachkriegszeit möglich machten und den erfolgreichen Bau von zahlreichen Schalen längerfristig sicherten. Um diesem Anspruch gerecht zu werden, wird im Rahmen der vorliegenden Dissertation ein Perspektivenwechsel auf die Isler-Schalen vollzogen, bei dem sie nicht mehr dem Schaffen einer Einzelperson zu verdanken sein sollen. Isler-Schalen wurden erst durch die Beteiligung verschiedener Akteure wie der Mitarbeiter des Ingenieurbüros Isler, dessen Kooperationspartner (Architekten, Ingenieure, Bauunternehmen), Lieferanten, Konkurrenten sowie der Kunden Islers geformt bzw. ausgehandelt.[3]

Diese Studie wurde als »Untersuchung sozialer Beziehungsnetze und Handlungszusammenhänge«[4] konzipiert und eruiert demnach lokale Struk-

3 Vgl. Pinch, Trevor J., Wiebe E. Bijker: The Social Construction of Facts and Artefacts: Or How the Sociology of Science and the Sociology of Technology Might Benefit Each Other, in: Bijker, Wiebe E., Thomas P. Hughes, Trevor J. Pinch (Hg.): The Social Constructions of Technological Systems. Cambridge, MA/London: MIT Press 1987, S. 17–50.

4 Medick, Hans: Mikro-Historie, in: Schulze, Winfried (Hg.): Sozialgeschichte, Alltagsgeschichte, Mikro-Historie. Göttingen: Vandenhoeck & Ruprecht 1994, S. 40–53, hier S. 45.

turen, Akteure und Pfadabhängigkeiten, die für den Bau von Isler-Schalen in den 1950–1970er-Jahren und für das vermeintliche Verschwinden dieser Baupraxis in der Zeit danach von entscheidender Bedeutung waren. Zudem verlagert die Arbeit den Schwerpunkt von technischer Innovation einschliesslich Formfindung und Modellversuchen auf den praktischen Gebrauch resp. Einsatz dieser Innovation, der sich in der Adaptation, Vermarktung und sozialen Einbettung der Islerschen Schalentechnologie sowie in der Ausführung von Schalen verkörperte, und liefert eine systemische Sichtweise auf Isler-Schalen, deren unabdingbare Voraussetzungen ökonomische Faktoren und das Vorhandensein der »richtigen« Kooperationspartner waren.[5]

Die unveröffentlichten Dokumente aus dem umfangreichen Nachlass von Heinz Isler im gta Archiv der ETH Zürich wurden erst vor wenigen Jahren für die Forschung zugänglich, sodass sich zurzeit die erste Generation der Isler-Forschung formieren kann, der erfreulicherweise eine äusserst reiche, früher nicht dagewesene Quellenbasis zur Verfügung steht. Zugleich macht das eine Notwendigkeit deutlich, sich über die potenziellen Risiken der Übertragung von vorgefassten theoretischen Gebilden auf komplett neue Materialien Gedanken zu machen. Um der theoretisch vorhandenen Gefahr der Ahistorizität und Überinterpretation von historischen Prozessen und Ereignissen zu entgehen, die das Zustandekommen von Isler-Schalen 1955–1980 prägten, macht sich diese Studie einen induktiven Ansatz zunutze und ist als eine offene Exploration dessen konzipiert, was die wesentlichen Bestandteile des sogenannten »Systems Isler« waren.

Vor diesem Hintergrund gewinnen insbesondere die Fragen zunehmend an Bedeutung, inwiefern der Erfolg oder Misserfolg von Isler-Schalen auf dem Schweizer Baumarkt von gesamtwirtschaftlichen Konjunkturen geprägt wurde; welche Unternehmen, Technologien und Baukonventionen die Errichtung von Isler-Schalen begünstigten resp. ökonomisch vertretbar und technisch baubar machten; wie sich die Kundenakquise beim Ingenieurbüro Isler gestaltete und welche Art von Beziehungen es mit seinen Vertragspartnern pflegte; und nicht zuletzt welche flankierenden Massnahmen von einzelnen Akteuren des Netzwerks des Schalenbaus ergriffen wurden, um die potenziellen Interessenten zu erreichen und die Sichtbarkeit von Isler-Schalen im öffentlichen Diskurs zu steigern.

5 Vgl. Edgerton, David: From Innovation to Use: Ten Eclectic Theses on the Historiography of Technology, in: History and Technology: An International Journal 16/2 (1999), S. 111–136, hier S. 113.

1.1 Forschungsstand

Die zahlreichen Publikationen Islers bildeten den Auftakt zu seiner Selbstdarstellung als »kreatives, aber dennoch bescheidenes Genie«.[6] Diesen Ruf begründete er durch seine rege Vortragstätigkeit bei der »*International Association for Shell (and Spatial) Structures*« (IASS) sowie dem Sonderforschungsbereich »Natürliche Konstruktionen« an der Universität Stuttgart.[7] Isler liess Filme und Videoreportagen über sich drehen, in manchen von denen er offen »Futurist« genannt wurde, was wesentlich zur Popularisierung seiner eigenen Ideen beitrug.[8] In allen seinen Konferenzbeiträgen, Interviews und Lehrveranstaltungen an diversen Universitäten präsentierte Isler vor allem seine Formfindungsmethodologie und spielerische Experimente mit diversen Materialien, sah er doch die Kreativität bei der Arbeit mit Modellen als den Hauptfaktor seines Erfolgs an. In Bezug auf seine Rolle im experimentellen Entwurfsprozess von Schalen gab Heinz Isler 1999 zu Protokoll: »1000 Ingenieure hätten vorbeigehen können und ebenso viele Künstler, und keiner hätte die Form gesehen. Ich habe sie [hängende Form; E. L.] nur entdeckt, weil mein Auge sensibilisiert und geschärft war«.[9]

6 Vgl. Billington, David P.: Heinz Isler – ein Ingenieur als bildender Künstler, in: Ramm, Ekkehard und Eberhard Schunk (Hg.): Heinz Isler. Schalen. Ausst.-Kat. Zürich: vdf 1986, S. 11–18. Robinson, Andrew: Sudden Genius? The Gradual Path to Creative Breakthroughs. Oxford: Oxford University Press 2010. Serraino, Pierluigi: The Creative Architect. Inside the Great Midcentury Personality Study. New York: The Monacelli Press 2016.

7 Vgl. Isler, Heinz: The Quality of Shell Design and Construction, in: Bulletin of the IASS 40/3 (1991), S. 67–72. Ders.: New Materials for Shells and Spatial Structures, in: IASS Bulletin 71 (1979), S. 10–26. Ders.: New Shapes for Shells, in: Bulletin of the International Association for Shell Structures 8 (1960), S. 1–9.

8 gta Archiv: 217-CINE. Schweizerisches Bundesarchiv (BAR): Antenne, 09.11.1967, J2.225#2004/489#121#3*. Antenne, 12.09.1968, J2.225#2005/179#233#3*. Ingenieur Heinz Isler, Antenne, 02.06.1966, J2.225#2004/29#43#2*. Tagesschau (TS), 04.02.1987, J2.225#1996/68#10451#4*. Tagesschau (TS), 21.01.1985, J2.225#1996/68#9710#2*.

9 Allenspach, Christoph: ›Die Natur ist millionenfach stärker als ich‹. Christoph Allenspach im Gespräch mit Heinz Isler/'La nature est des millions de fois plus forte que moi‹. Christoph Allenspach dans son entretien avec Heinz Isler, in: Baudoc Bulletin 27/12 (1999), S. 15–18, hier S. 16. Hier und im Folgenden werden bei Quellenzitaten jegliche Fehler in der Vorlage stillschweigend übernommen, ohne dass sie berichtigt oder anderweitig kommentiert werden.

Der Grossteil der Isler-Historiografie entstand im Kontext der Ausstellungen, die an mehreren technischen Universitäten und Hochschulen Europas und der USA in den 1970er–1990er-Jahren stattfanden. Der Hauptfokus der Ausstellungskataloge und kleineren Arbeiten wie Artikel und Sammelbandbeiträge lag dabei darauf, Isler als einen bildenden Künstler (»*structural artist*«) darzustellen und die Natur zu einem Teil seines Selbstverständnisses zu stilisieren. Ein solcher Zugang der vorhandenen Forschung hängt in erster Linie damit zusammen, dass die meisten Untersuchungen auf Informationen basierten, die den jeweiligen Autoren von Isler selbst nahegelegt wurden. Dabei ging es Heinz Isler in erster Linie darum, in seiner Selbstrepräsentation die künstlerische Seite seiner experimentellen Herangehensweise durch das Ausklammern der bauingenieurwissenschaftlichen und der wirtschaftlichen Aspekte des Schalenbaus zu stärken. So setzte er zu seinen Lebzeiten der Erforschung von Isler-Schalen diskursive Grenzen und liess keine abweichenden Deutungen seines Werks zu. Im Sinne von Bourdieu wurde Isler somit zum »Ideologen des eigenen Lebens«[10] und behauptete durch seine Beschäftigung mit »Natur« ebenfalls die »Natürlichkeit« seines Genies.

David Billington führte den Begriff »*structural art*« in Bezug auf das Werk Islers ein. Dabei sah er die Effizienz (als wissenschaftliche Dimension des Schalenbaus), Ökonomie (soziale Dimension, in deren Vordergrund der sparsame Umgang mit öffentlichen Ressourcen stand) und Eleganz (laut Billington die symbolische Dimension, die sich in der Entschlossenheit Islers zu »futuristischen« Formen manifestierte) der Isler-Schalen als drei konstitutive Bestandteile der »*structural art*« an.[11] Billington unterstrich die Relevanz der physikalischen Analogien für Isler und deutete Islers »Lernen von der Natur« bzw. »Spiel mit Natur« als vollkommene Integration der bauingenieurwissenschaftlichen Disziplin und des Spiels.[12]

Einen signifikanten Beitrag zur Erforschung des epistemischen Wertes der physikalischen Entwurfs- und Prüfmodelle in der deutschen Architektur der

10 Bourdieu, Pierre: Die biographische Illusion, in: bios. Zeitschrift für Biographieforschung und Oral History III/1 (1990), S. 75–81, hier S. 76.

11 Vgl. Billington, David P.: The Art of Structural Engineering. A Swiss Legacy. Yale: Yale University Press 2003, S. 128–162. Ders.: The Tower and the Bridge. The New Art of Structural Engineering. Princeton: Princeton University Press 1985.

12 Vgl. Billington, David P.: Structures and History, in: Ders. (Hg.): Educator's Educator...who set the new direction for the future of civil engineering at Princeton. Princeton: Princeton University Press o.J., S. 27–40.

zweiten Hälfte des 20. Jahrhunderts leistete Ralf Liptau. In seiner Dissertation kam er zum Schluss, dass neue Erkenntnisse immer erst nach der Modellierung unbewusst stattfinden und dass implizites Wissen des Entwerfers den Entwurfsprozess beeinflusst. Die Arbeit an und mit Modellen änderte somit nachhaltig die Episteme der modernen Architektur. Die strikte Unterscheidung zwischen Entwurfs- und Prüfmodellen bei Liptau hat zur Folge, dass eine materielle *Agency* lediglich dem technisch komplexen Prüfmodell zugewiesen wird. Die Schlussfolgerung, der Fertigungsprozess sei epistemisch irrelevant, führte bei Liptau zur Ausblendung vieler beteiligter Akteure und stellte den Entwerfer und das Modell in den Vordergrund der Betrachtung.[13] Dass Modelle hier als »Ermöglicher der Architektur«[14] angesehen werden, ist im axiologischen Sinne zwar richtig. Aus der ontologischen Perspektive hingegen sind Modelle jedoch keineswegs imstande, auf Bauentscheidungen Einfluss zu nehmen, denn die Architektur erfüllt keinen Selbstzweck und ist an zahlreiche sozial und ökonomisch geformte Vorstellungen über den Aufwand und Nutzen sowie die Funktionalität gebunden.

Ekkehard Ramm und Eberhard Schunk folgen in ihrem Ausstellungskatalog »Heinz Isler Schalen« ebenfalls dem Duktus Billingtons, wobei die Formfindungsmethoden Islers diskutiert und an fertigen Bauten exemplifiziert wurden. Freilich vertreten die Autoren bei aller Exaktheit der ingenieurwissenschaftlichen Beschreibung von Schalen eine biografische Deutung der Wurzeln seiner experimentellen Methodologie: »Wie vor ihm [Isler; E. L.] große Geister aus der Tiefe der Kindheit heraus schöpften, so erhält sich Isler bewußt und mutig seine Kindheit«.[15] John Chilton trug mit der Biografie Islers zu seiner Stilisierung als Künstler bei und beschrieb seine besonders prominenten Werke. Zu den Schlüsselkomponenten von Isler-Schalen zählte Chilton deren »Einfachheit und Bescheidenheit, die Reinheit des Konzepts und Präzision der physikalischen Experimente«.[16] Die Darstellung erfolgte dabei monografisch nach der von Isler erstellten Schalentypologie (Buckel-

13 Vgl. Liptau, Ralf: Architekturen bilden. Das Modell in Entwurfsprozessen der Nachkriegszeit. Bielefeld: transcript 2019, insbesondere S. 93–105, 187–216.

14 Ebenda, S. 8.

15 Ramm, Ekkehard, Eberhard Schunck: Heinz Isler. Schalen. Ausst.-Kat. Zürich: vdf 1986, S. 93.

16 Vgl. Chilton, John: Heinz Isler. The Engineer's Contribution to Contemporary Architecture. London: Thomas Telford 2000, S. 22.

schalen, Fliessformen, HIB-Schalen,[17] Bubble-Schalen, freie Formen etc.) und fokussierte sich in erster Linie auf technische Aspekte des Schalenentwurfs und der Bautechnologie, solange deren Erörterung von Isler erwünscht war.[18]

Eine kurze, unmittelbar nach dem Tod Islers erschienene Abhandlung »Der Natur auf der Spur« von seinem Vertragspartner Heinz Bösiger vertritt eine panegyrische Richtung. Es wird behauptet, Isler sei ein »Poet unter den Bauingenieuren«[19] gewesen und die »Naturbeobachtungen« hätten Isler »den richtigen Weg«[20] gezeigt. Auch zahlreiche zu Lebzeiten Islers und danach erschienene Zeitschriftenartikel folgen demselben Duktus. Trotz dieses spezifischen Zugangs erwähnte Bösiger auch die gute Konjunkturlage in der Schweiz der 1950er- und der 1960er-Jahre, die von Islers Zeitgenossen als entscheidend für den Markterfolg seiner Schalen angesehen wurde.[21]

Der Einfluss David Billingtons auf die moderne Baugeschichtsschreibung kann kaum überschätzt werden, zumal seine Untersuchungen auch zahlreiche andere Schalenbauer behandelten, die sowohl Vorgänger Islers (wie z.B. Robert Maillart, Antonio Gaudi, Pier Luigi Nervi und Eduardo Torroja) als auch seine Zeitgenossen waren (Christian Menn, Félix Candela).[22] Besonders hervorgehoben sei Billingtons Theorie über ein »schweizerisches Vermächtnis« (»*a Swiss legacy*«) in der Bauingenieurkunst, das ein ideengeschichtlicher Vorgang der Aushandlung von baulicher Effizienz und Rationalität gewesen sei.[23] In

17 Die Bezeichnung für HIB-Schalen war ein Akronym aus allen Namen der Urheber: »H« stand für die Architekturfirma Haus und Herd, welche mit der Vermarktung von Schalen befasst war, »I« für Isler, der Entwurf und Statik übernahm, und »B« für Bösiger, dessen Bauunternehmen die Schalen ausführte. So war »HIB« eine Verkörperung der geteilten Urheberschaft, die nicht alleine auf Isler zurückging und somit mehrere Unternehmen repräsentierte, die in die Entwicklung, den Vertrieb und den Bau dieser Schalen involviert waren.

18 Vgl. ebenda. Chilton, John: Heinz Isler and His Use of Physical Models, in: Addis, Bill (Hg.): Physical Models. Their Historical and Current Use in Civil and Building Engineering Design. Berlin: Wilhelm Ernst & Sohn 2021, S. 613–638. Derleth, Katrin: Das Fliegermuseum Dübendorf (1986–88) von Heinz Isler. Ein Gebäude zwischen Ingenieurbaukunst und Architektur. Masterarbeit ETH Zürich 2014.

19 Bösiger, Heinz: Der Natur auf der Spur. Heinz Isler. o. O: o. V. 2010, S. 8.

20 Ebenda, S. 9.

21 Ebenda, S. 12.

22 Vgl. exemplarisch Billington, David P.: Robert Maillart. Builder, Designer, and Artist. Cambridge: Cambridge University Press 1997.

23 Vgl. Billington 2003. Wells, Matthew: Engineers. A History of Engineering and Structural Design. Abingdon: Routledge 2010, S. 200f.

Bezug darauf wird von der Architektur als einem spezifischen schweizerischen Markenprodukt geschrieben.[24]

Obwohl Billington von einzelnen Individuen – Wilhelm Ritter, Robert Maillart, Othmar Ammann, Pierre Lardy, Heinz Isler und Christian Menn – und deren Errungenschaften erzählte, liegt hier eine Deutung im Sinne von Denkkollektiven nach Ludwik Fleck nahe.[25] Ein Verweis auf Denkkollektive erscheint gerade deswegen angemessen, da die Schalenbauten als eine Art »globale Infrastruktur«[26] angesehen werden können und Handlungen der Bauingenieure in der ganzen Welt beeinflussten. Die Untersuchungen des professionellen Umfelds des Schalenbaus als eines Denkkollektivs sind aber in der aktuellen Architekturforschung nicht vorhanden.

Die multiplen Beziehungen zwischen einzelnen Bauingenieuren, gegenseitige Wissenstransfers und unterschiedliche Zugänge zum Schalenbau lassen sich dabei – in der Tradition von Billington – lediglich aus monografisch angelegten ingenieurtechnischen Forschungen zusammentragen. So wurden die bahnbrechenden Erfahrungen mit mathematischen Modellen für die Schalen von Franz Dischinger und Ulrich Finsterwalder in Deutschland und Eugène Freyssinet in Frankreich, die hyperbolischen Schalen von Félix Candela in Mexiko und die kegelförmigen Schalen von Antonio Gaudi in Spanien diskutiert und als grundlegend für die Weiterentwicklung des Schalenbaus im 20. Jahrhundert gewürdigt.[27] Darüber hinaus wurde festgestellt, dass die frühen Schalenbauer die Traditionen des Gewölbebaus in der sakralen Architektur rezipierten, was am Beispiel von Raphael Guastavino und seinen Ziegelgewölben verdeutlicht wurde.[28] Das Werk Eduardo Torrojas lieferte wertvolle Anregungen für die Definition der Arbeitsweise der überwiegenden Mehrheit der Schalenbauer: Die Arbeit mit geometrischen Formen stand dabei im Vordergrund

24 Vgl. Breiding, R. James: Swiss Made. The Untold Story Behind Switzerland's Success. London: Profile Books 2013, S. 277–291.

25 Fleck, Ludwik: Entstehung und Entwicklung einer wissenschaftlichen Tatsache. Einführung in die Lehre vom Denkstil und Denkkollektiv. Mit einer Einleitung herausgegeben von Lothar Schäfer und Thomas Schnelle. Frankfurt a.M.: Suhrkamp 1980, S. 54f.

26 Wenzlhuemer, Roland: The Role of Infrastructure in Transregional Ventures, in: Middell, Matthias (Hg.): The Routledge Handbook of Transregional Studies. London/New York: Routledge 2019, S. 252–258, hier S. 257.

27 Vgl. Adriaenssens, Sigrid, Philippe Block (Hg.): Shell Structures for Architecture. Form Finding and Optimization. London: Routledge 2014.

28 Vgl. Ochsendorf, John: Guastavino Vaulting. The Art of Structural Tile. Princeton, NJ: Princeton Architectural Press 2010.

und physikalische Modelle wurden lediglich zur Überprüfung des mathematischen Modells gebaut.[29] Der zunehmende Gebrauch von neuen Baumaterialien ermöglichte die Konstruktion von Schalen, z.B. von Beton bei der Konstruktion von Pilzdächern für Warenlager durch Robert Maillart am Anfang des 20. Jahrhunderts und von Ferrozement für die Herstellung der präfabrizierten Bauteile bei Pier Luigi Nervi während des Zweiten Weltkriegs.[30] Am Beispiel von Ulrich Müther wurden die Aspekte des Baus unter Ressourcenknappheit und der Erhaltung von Schalentragwerken behandelt.[31]

Alle bis dato erschienenen Werke zum Schalenbau wurden vorwiegend aus einer ingenieurwissenschaftlichen Perspektive geschrieben, während die Sozialgeschichte und Wirtschaftsgeschichte der Architektur[32] und ihre Erklärungspotenziale ausser Acht gelassen wurden. Auch wenn dieses Terrain in den themenrelevanten Arbeiten nur ansatzweise und vorsichtig betreten wurde, war der Fokus darauf gerichtet, »wie elementare historische Veränderungen in Wirtschaft, Staat und Gesellschaft vom einzelnen Menschen [in unserem Fall von Ingenieuren; E. L.] verstanden und verarbeitet wurden«,[33] und schloss zahlreiche andere Beteiligte aus.

Die Erforschung der grossräumigen und epochenübergreifenden Rezeptionsprozesse und Transfers im Schalenbau trug wesentlich zur Formierung ei-

29 Vgl. Fernández Ordóñez, José Antonio, José Ramón Navarro Vera: Eduardo Torroja. Ingeniero/Engineer. Madrid: Ediciones Pronaos 1999. Melaragno, Michele: An Introduction to Shell Structures. The Art and Science of Vaulting. New York: Springer 1991. Pfammatter, Ulrich: Building the Future. Building Technology and Cultural History from the Industrial Revolution until Today. München: Prestel 2008, S. 132–145. Torroja, Eduardo: Philosophy of Structures. Berkeley: University of California Press 1962. Vrachliotis, Georg u.a. (Hg.): Frei Otto – Denken in Modellen. Leipzig: Spector Books 2017.

30 Vgl. Billington 1997. Greco, Claudio: Pier Luigi Nervi. Von den ersten Patenten bis zur Ausstellungshalle in Turin 1917–1948. Luzern: Quart 2008. Iori, Tullia: Pier Luigi Nervi. Roma: Motta Architettura 2009.

31 Vgl. Seeböck, Tanja: Schwünge in Beton – die Schalenbauten von Ulrich Müther. Schwerin: Th. Helms 2016. Beckh, Matthias, Juan Ignacio del Cueto Ruiz-Funes, Matthias Ludwig, Andreas Schätzke, Rainer Schützeichel (Hg.): Candela Isler Müther. Positions on Shell Construction. Positionen zum Schalenbau. Posturas sobre la construcción de cascarones. Basel: Birkhäuser 2020.

32 Vgl. exemplarisch Delhumeaus, Gwenaël: L'invention du beton arme. Hennebique 1890–1914. Paris: Editions Norma 1999.

33 Schulze, Winfried: Einleitung, in: Ders. (Hg.): Sozialgeschichte, Alltagsgeschichte, Mikro-Historie. Göttingen: Vandenhoeck & Ruprecht 1994, S. 6–18, hier S. 9.

ner evolutionistischen Sichtweise auf das Entwerfen bei und reduzierte es auf dessen utilitären Zwecke, nämlich zur Vervollkommnung von Konstruktion. So implizierte die in den Arbeiten über Isler postulierte Trias »Natur – Modell – Bauprojekt« eine Teleologie und übersah, dass die Genese von Isler-Schalen in erster Linie ein komplexes, mehrstufiges Verfahren war, das nicht allein auf die blosse Formfindung reduziert werden kann.[34] Eine solche Sichtweise wird von jüngeren Forschungen zunehmend kritisiert, zumal Entwürfe nicht von Einzelpersonen, sondern von Kollektiven entwickelt werden und von äusseren Einflüssen der sozialen und kulturellen Umgebung – etwa der Bauherren – abhängig sind.[35] Diese Überlegungen verdeutlichen den sozial geformten Charakter der gebauten Umwelt, zu der die Isler-Schalen ebenfalls gehören, und zeugen von der Notwendigkeit, sich dem lokalen Milieu zuzuwenden, das die Isler-Schalen (re-)produzierte und gebrauchte.

Mittlerweile entstanden Werke, welche die Probleme des experimentellen Entwerfens der Nachkriegszeit ansprechen. Daniela Ursula Fabricius stellte an den Beispielen von Frei Otto und Oswald Mathias Ungers die These der Irrationalität der Rationalisierung von Architektur in den Raum,[36] während Francesca Hughes extensive Tests von Baumaterialien und die zunehmende Industrialisierung und Technisierung der Entwurfsprozesse als Präzisionsobsession der Architekt*innen und Angst vor materiellen Fehlern interpretierte. Dabei wurden die redundanten Experimente mit Kontrolle zusammengebracht, während das kritische Vermögen von »Fehlern« aufgewertet wird, indem diese Kontrollsysteme von innen aufbrechen und offenere epistemologische Model-

34 Vgl. Ramm/Schunk 1986.

35 Vgl. Ammon, Sabine, Eva Maria Froschauer: Zur Einleitung: Wissenschaft Entwerfen. Perspektiven einer reflexiven Entwurfsforschung, in: Dies. (Hg.): Wissenschaft Entwerfen. Vom forschenden Entwerfen zur Entwurfsforschung der Architektur. München: Wilhelm Fink 2013, S. 15–44, insbesondere S. 16–19. Hildebrand, Sonja, Elisabeth Bergmann (Hg.): Form-Finding, Form-Shaping, Designing Architecture. Experimental, Aesthetical, and Ethical Approaches to Form in Recent and Postwar Architecture. Mendrisio: Mendrisio Academy Press 2015. Latour, Bruno: Making Things Public. Cambridge, MA: MIT Press 2005. Ders.: Wir sind nie modern gewesen. Versuch einer symmetrischen Anthropologie. Berlin: Akademie 1995. Yaneva, Albena: The Making of a Building. A Pragmatist Approach to Architecture. Bern: Peter Lang 2009, insbesondere S. 136–143.

36 Vgl. Fabricius, Daniela Ursula: Calculation and Risk. The Rational Turn in West German Architecture. Dissertation Princeton University, 2017.

le etablieren können.[37] Diese Befunde sind auch für das Verständnis des Werks von Heinz Isler relevant, zumal er ein ähnliches modellbasiertes System zum Entwerfen von Schalen wie Frei Otto hatte. Allerdings erscheint es im Rahmen dieser Arbeit ebenfalls von besonderer Bedeutung, die eruierten Kontrollinstrumente und -verfahren auch bei weiteren Schritten der Schalenproduktion nachzuverfolgen.

Die Verflechtungen der gebauten Umwelt in der Schweiz mit ökonomischen Phänomenen wurden in der Forschungsliteratur breit diskutiert.[38] So wurde dargelegt, wie ökonomische Überlegungen von Kostengünstigkeit und Rationalität die Architektur des Mittellandes im 20. Jahrhundert dominierten. Dabei handelte es sich um unterschiedliche, von diversen Milieus entwickelte Techniken wie z.B. ingenieurwissenschaftliche Berechnungen für Lagerräume und Industriehallen, die Modularisierung der Architektur und der Gebrauch von Stahlbeton und Kunststoffen.[39] Historische Studien entwickelten dabei eine einheitliche Sichtweise auf das Mittelland[40] als eine der entwicklungsstärksten Regionen der Schweiz mit ihren gewachsenen wirtschaftlichen und technologischen Strukturen und Systemen.[41] So waren hier eine deutlich

---

37 Vgl. Hughes, Francesca: The Architecture of Error. Matter, Measure, and the Misadventures of Precision. Cambridge, MA: MIT Press 2014.

38 Picon, Antoine: Architecture and the Sciences. Scientific Accuracy or Productive Misunderstanding?, in: Moravánszky, Ákos, Ole W. Fischer (Hg.): Precisions. Architektur zwischen Wissenschaft und Kunst – Architecture between Sciences and the Arts. Berlin: Jovis 2008, S. 48–81, hier S. 50, 72–76.

39 Vgl. Dommann, Monika: Handling, Flow Charts, Logistik: Zur Wissensgeschichte und Materialkultur von Warenflüssen, in: Nach Feierabend. Zürcher Jahrbuch für Wissenschaftsgeschichte 7 (2011), S. 75–103, hier S. 96. Dies.: Warenräume und Raumökonomien: Kulturtechniken des Lagerns (1870–1970), in: Tumult. Schriften zu Verkehrswissenschaft 38 (2012), S. 50f., 59. Genzel, Elke, Pamela Voigt: Kunststoffbauten. Teil 1: Die Pioniere. Weimar: Bauhaus Universitätsverlag 2005, S. 74–87.

40 »Als Mittelland wird das Gebiet bezeichnet, welches im Entwässerungsbereich der Aare sowie unter 900 Meter über Meer (Nebelgrenze) liegt«. Zit. nach Oswald, Franz: Mittelland, in: Eisinger, Angelus, Michel Schneider (Hg.): Stadtland Schweiz. Untersuchungen und Fallstudien zur räumlichen Struktur und Entwicklung in der Schweiz. Berlin: De Gruyter 2005, S. 333–347, hier S. 333.

41 Vgl. Dommann, Monika: Systeme aus dem Mittelland, in: Stalder, Laurent, Georg Vrachliotis (Hg.): Fritz Haller. Architekt und Forscher. Zürich: gta 2015, S. 10–35, hier S. 27. Dommann 2012, S. 50–62, hier S. 51ff. Fritzsche, Bruno, Thomas Frey, Urs Rey, Sandra Romer: Historischer Strukturatlas der Schweiz. Die Entstehung der modernen Schweiz. Baden: hier + jetzt 2001. Halbeisen, Patrick, Margrit Müller, Béatrice Veyrassat (Hg.): Wirtschaftsgeschichte der Schweiz im 20. Jahr-

stärkere Zunahme der Gründungen von Industrieunternehmen, der Anstieg der Urbanität und die beschleunigte ökonomische Entwicklung in den 1950er- und den 1960er-Jahren zu beobachten.[42] Da Heinz Isler sein Ingenieurbüro in Burgdorf (BE), im Herzen des Schweizer Mittellandes, unterhielt und einen erheblichen Teil seiner Bauprojekte für die wichtigsten Schweizer Industrien des Mittellandes der Nachkriegszeit (Automobilindustrie, Maschinenbau, chemische Industrie) ausführte, ist es wert, zu untersuchen, inwiefern die Isler-Schalen als zeitgebundenes Phänomen des Mittellandes und Isler als Teil des industriellen Milieus angesehen werden können. Diese Perspektive würde die Untersuchungstradition von regionalen Strukturen als einem »ökonomisch-sozial-politischen Zusammenhang von Ressourcen und Interessen«[43] fortsetzen.

Es sei ebenfalls auf gravierende Diskrepanzen in der Historiografie der schweizerischen Wirtschafts- und Sozialgeschichte verwiesen: Während die wirtschaftlichen Prozesse auf der Makroebene gut erforscht sind, bleiben die Abläufe auf der Mesoebene (der Ebene einer Wirtschaftsbranche, insbesondere des Baugewerbes) und auf der Mikroebene (eines Betriebs) kaum erforscht. Das hängt damit zusammen, dass sich die Wirtschaftsgeschichte des Baugewerbes schwierig erforschen lässt, da die Pluralität der kleinen Bauunternehmen und die vorwiegend traditionelle Art der Unternehmensführung, bei der der Gründer eines Unternehmens selber Geschäftsführer ist und keine komplexen Verwaltungsstrukturen geschaffen werden,[44] es bis dato nicht erlaubt haben, sich einen Überblick über das Schweizer Baugewerbe der Nachkriegszeit zu verschaffen.[45] Um dieses Defizit in Bezug auf die Geschichte der Is-

---

hundert. Basel: Schwabe 2012. Lüthi, Christian: Mittelland (Region), in: Historisches Lexikon der Schweiz (HLS), https://hls-dhs-dss.ch/de/articles/008566/2009-08-25/(31.03.2020). Sabatto, Steeve: Zur Frage von Massstab und Ökonomie. Totipotenz und Automation bei Konrad Wachsmann und Fritz Haller, in: Stalder, Laurent, Georg Vrachliotis (Hg.): Fritz Haller. Architekt und Forscher. Zürich: gta 2015, S. 140–161.

42 Halbeisen u.a. 2012, S. 535, 726–729, 844. Oswald 2005, S. 333f. Tanner, Jakob: Geschichte der Schweiz im 20. Jahrhundert. München: C.H. Beck 2015, S. 332.

43 Kocka, Jürgen: Arbeiten an der Geschichte. Gesellschaftlicher Wandel im 19. und 20. Jahrhundert. Göttingen: Vandenhoeck & Ruprecht 2011 (= Kritische Studien zur Geschichtswissenschaft 200), S. 82.

44 Vgl. Chandler, Alfred: The Visible Hand. The Managerial Revolution in American Business. Cambridge, MA: The MIT Press 1977, S. 1–3.

45 Halbeisen u.a. 2012, S. 547–551. Rossfeld, Roman: Handwerk, Gewerbe und Industrie. Die schweizerische Binnenwirtschaft im 19. und 20. Jahrhundert, in: Traverse.

ler-Schalen kompensieren zu können, bedarf es einer Betrachtung der Baugeschichte von Isler-Schalen als einer Unternehmensgeschichte.

Unternehmenshistorische Forschungen zum Schweizer Mittelland bestätigten die Ergebnisse der wirtschaftssoziologischen Studien und betonten die Relevanz lokaler Milieus für den Erfolg technologiebasierter Produkte.[46] Diverse Industrien im Mittelland profitierten von regionalen Netzwerken, in denen Produzenten, Zulieferer, Ausbildungsstätten etc. aus ihrer räumlichen Nähe zueinander und der Senkung von Transaktionskosten Nutzen ziehen konnten. Dabei wird geschlussfolgert, dass die Kooperation in regionalen Produktionsstrukturen fast immer wichtiger als die Konkurrenz war.[47] Die Produktion von technologiebasierten Waren stellte »*economies of time*«[48] dar und wurde bei Wegfall von ökonomischen Voraussetzungen resp. beim Aufkommen neuer Konkurrenten schnell wettbewerbsunfähig und rückständig.[49] Eine ähnliche Temporalität und der ambivalente Einfluss von Unternehmensnetzwerken auf ein technologiebasiertes Produkt je nach sozioökonomischen

---

Zeitschrift für Geschichte = Revue d'histoire 17/1 (2010), S. 75–102, hier insbesondere S. 78f., 87.

46 Vgl. Chandler 1977. Dejung, Christof: Commodity Trading, Globalization and the Colonial World. Spinning the Web of the Global Market. Translated by Paul Cohen. New York: Routledge 2018. Dejung, Christof, Monika Dommann u.a.: Einleitung, in: Dies.u.a. (Hg.): Auf der Suche nach der Ökonomie. Tübingen: Mohr Siebeck 2014, S. 1–15, hier S. 2. Dejung, Christof: Einbettung, in: Ders., Monika Dommann u.a. (Hg.): Auf der Suche nach der Ökonomie. Tübingen: Mohr Siebeck 2014, S. 47–71, hier S. 47f. Ders.: Transregional Study of Class, Social Groups, and Milieus, in: Middell, Matthias (Hg.): The Routledge Handbook of Transregional Studies. London/New York: Routledge 2019, S. 74–81, hier S. 74f. Haller, Lea: Transithandel. Geld- und Warenströme im globalen Kapitalismus. Berlin: Suhrkamp 2019. Rossfeld, Roman: Schweizer Schokolade. Industrielle Produktion und kulturelle Konstruktion eines nationalen Symbols 1860–1920. Baden: hier + jetzt 2007, S. 17–26, 32–43, 461.

47 Vgl. exemplarisch Deselaers, Silke: Von der Defensive zur Aktion. Die Schweizer Uhrenindustrie im Wettbewerb mit ihren japanischen Herausforderern. Dortmund: o. V. 1996. Glasmeier, Amy: Technological Discontinuities and Flexible Production Networks: The Case of Switzerland and the World Watch Industry, in: Research Policy 20/5 (1991), S. 469–485, insbesondere S. 469, 482f.

48 Berghoff, Hartmut: Moderne Unternehmensgeschichte. Eine Themen- und Theorieorientierte Einführung. Berlin: De Gruyter 2016, S. 189f.

49 Vgl. Berghoff, Hartmut: Marketing im 20. Jahrhundert. Absatzinstrument – Managementphilosophie – universelle Sozialtechnik, in: Ders. (Hg.): Marketinggeschichte. Die Genese einer modernen Sozialtechnik. Frankfurt/New York: Campus 2007, S. 11–58.

Voraussetzungen sind grösstenteils auch für Isler-Schalen charakteristisch, die in den 1950er–1960er-Jahren von einem Netzwerk zum Aufstieg gebracht wurden und seit den 1970er-Jahren zunehmend an Konkurrenzfähigkeit verloren. Die angeführten Studien dienen demnach als Referenzpunkte für die nähere Betrachtung der Vergänglichkeit von Isler-Schalen, ermöglichen es, sie im Kontext der schweizerischen Wirtschafts-, Sozial- und Unternehmensgeschichte besser einzuordnen, und leiten uns zu den Hypothesen der vorliegenden Dissertation.

1.2 Hypothesen

Aus dem gegebenen Forschungsüberblick ergeben sich vier Faktoren, die für den Erfolg des Schalenbaus von Heinz Isler unerlässlich waren, und zwar die Konjunktur, das dichte Kunden- und Partnernetzwerk im Schweizer Mittelland, die Vergemeinschaftung der in den Schalenbau involvierten Bauunternehmen und deren Bauerfahrungen sowie die Öffentlichkeitsarbeit als Ressource für die erfolgreiche Vermarktung von Isler-Schalen. Sie bildeten den Kern des sogenannten »Systems Isler«, unter dem in Anlehnung an Islers Verständnis die Summe und Gesamtheit aller Elemente zu verstehen sei, die zur Ausführung von Islers Schalenbauten notwendig waren.

Traditionell wird aber unter einem Bausystem die Gesamtheit aller Baumaterialien, Konstruktionselemente und verwendeten Bautechnologien verstanden, welche die Form eines Gebäudes, sein Tragverhalten und Zuverlässigkeit definiert. Im Fall Islers handelte es sich um die Produktion von Konstruktionen aus Beton (seltener – Kunststoff) in einem Guss als Ganzes unter Verwendung einer hölzernen Schalung. Auch bei dieser ausschliesslich technischen Definition des Bausystems heisst es, dass die Entfernung eines der Elemente des Bausystems zu einem teilweisen oder vollständigen Verlust seiner Eigenschaften führt.[50] Islers ausführliche Erklärung dieses von ihm selbst oft gebrauchten Terminus ist in der Aufnahme seines Fachvortrages auf einem Kongress in Belgien 1981 zu finden. Demnach handelt es sich um die folgenden Elemente, die bei der Schalenbauweise mitbedacht und technisch gewährleistet werden mussten: Ökonomie der Schalen, Grad der Sicherheit, Aufwendun-

50 Vgl. Hager, Fritz-Peter, Christian Strub: System; Systematik; systematisch, in: Ritter, Joachim, Karlfried Gründer, Gottfried Gabriel (Hg.): Historisches Wörterbuch der Philosophie online, doi: 10.24894/HWPh.5485 (19.04.2021).

gen im Laufe des Gebrauchs des Gebäudes (Energie, Unterhalt), Fähigkeit zur Umwandlung des Gebäudes (Zweckänderung) und unter Umständen die Kosten für den Abriss.[51]

Während sich der Bauingenieur des »Systems Isler« als seiner Erfindung, seines Know-hows und einer Referenz seiner Urheberschaft von Isler-Schalen bediente, wird dessen epistemischer Rahmen in der vorliegenden Arbeit zu einer historischen Analysekategorie ausgeweitet. Genauso wie jedes System wird das »System Isler« als ein Komplex kohärenter Elemente aufgefasst, welche miteinander so verknüpft sind, dass bei Änderung eines Elementes alle anderen ebenfalls geändert werden. Das kann auch in eine sozioökonomische Interpretation des Bausystems mit vier Perspektiven, von dem im Rahmen der vorliegenden Arbeit primär ausgegangen wird, produktiv überführt werden. So war das »System Isler« bzw. die Ausführung seiner Schalen von den zeitgenössischen Konjunkturen, Kooperationen Islers mit diversen Akteuren, Vermarktungsstrategien und nicht zuletzt der Wirtschaftlichkeit abhängig. Davon ausgehend wird unter dem »System Isler« ein innovatives Bausystem verstanden, dessen wichtigste Eigenschaft die Kombinierbarkeit mehrerer technologischer Produkte Heinz Islers mit Produkten anderer zu einem fertigen Bau ist. Dieses historische Bausystem basierte auf modularen Strukturen und schloss zahlreiche zusätzliche Produkte und Technologien anderer Bau-, Technologie- und Industrieunternehmen des Mittellandes ein, welche entweder erst im Zuge der beruflichen Tätigkeit Islers entstanden oder ohne die der Schalenbau in seiner üblichen Form (Schalen aus Beton oder Kunststoff mit einer Gesamtfläche von bis zu 3'200 m^2) nicht möglich gewesen wäre.

Als erster Faktor soll die Konjunktur genannt werden. Die Schweizer Baubranche verzeichnete ein präzedenzloses Wirtschaftswachstum zwischen 1945 und 1973,[52] welches von mehreren Faktoren beeinflusst wurde, darunter Innovationen, die Wirtschaftspolitik des Bundes, die Förderung der exportorientierten Grossindustrie und der binnenorientierten Gewerbewirtschaft, die Unterbewertung des Schweizer Frankens und die Anwerbung billiger

51 gta Archiv: 217-CINE 2, Vortrag Belgien 1981, 05:30-07:20.

52 Vgl. Breiding, R. James, Gerhard Schwarz: Wirtschaftswunder Schweiz. Ursprung und Zukunft eines Erfolgsmodells. 3., überarbeitete Auflage. Zürich: NZZ 2016. Church, Clive H., Randolph C. Head: A Concise History of Switzerland. Cambridge: Cambridge University Press 2013, S. 227–269. Cicurel, Ronald u.a. (Hg.): 1291–1991 – Die schweizerische Wirtschaft. Geschichte in drei Akten. 700 Jahre Confoederatio Helvetica. St-Sulpice: SQP Publication 1990. Leimgruber, Walter, Werner Fischer (Hg.): »Goldene Jahre«. Zur Geschichte der Schweiz seit 1945. Zürich: Chronos 1999.

ausländischer Arbeitskräfte.[53] Diese Studie will überprüfen, inwiefern die gesamtwirtschaftlichen schweizweiten Konjunkturen dem Ingenieurbüro Isler in den 1950er–1960er-Jahren zum Aufstieg verhalfen und inwiefern sie in der Zeit danach eine Neuorientierung des Ingenieurbüros Isler und die Reduktion der Bautätigkeit ab den frühen 1980er-Jahren verursachten. Es wird angenommen, dass die von Isler angewendeten Unternehmensstrategien der allgemeinen Marktlogik folgten und, vertriebstechnisch und ökonomisch betrachtet, dem Handeln anderer auf dem Schweizer Baumarkt vertretener Unternehmen entsprachen.

Die Isler-Schalen wurden von einem Netzwerk (und vorwiegend auch für dieses Netzwerk) des Schalenbaus hervorgebracht, in dem der Umfang der Geschäftsbeziehungen über marktbezogene Tätigkeiten hinausging und das auch genügend soziale Unterstützung in Form von Kooperation mit interessierten Industrie- und Bauunternehmen bot. Die soziale Wirksamkeit der Isler-Schalen wurzelte darin, dass das »System Isler« ein beachtliches Echo in der florierenden Schweizer Industrie fand. Dabei ermöglichte das »vernetzte Denken« der kleineren Technologieunternehmen des Schweizer Mittellandes es Isler, seine Schalen ins materielle Leben treten zu lassen. Sein Ingenieurbüro war Teil des gewerblich-industriellen Milieus des Mittellandes, das in enger Zusammenarbeit zwischen verschiedenen industriellen und technologischen Unternehmen Marktmöglichkeiten entwickelte, die förderlich für alle Beteiligten waren. Dabei beeinflussten die Kontakte bzw. Kooperationen zu Beginn der Karriere Islers um 1955 nachhaltig die weitere Entwicklungsrichtung seiner Schalentechnologie.

---

53 Vgl. Bergier, Jean-François: Wirtschaftsgeschichte der Schweiz. Von den Anfängen bis zur Gegenwart. 2., aktualisierte Auflage. Zürich: Benziger 1990, S. 262–284. Betschon, Franz, Stefan Betschon, Jürg Dominik Lindecker, Willy Schlachter (Hg.): Ingenieure bauen die Schweiz. Technikgeschichte aus erster Hand. Zürich: NZZ 2013. Böhi, Hans: Hauptzüge einer schweizerischen Konjunkturgeschichte, in: Swiss Journal of Economics and Statistics (SJES) 100/I–II (1964), S. 71–105. Lipp, Silvan: Standort Schweiz im Umbruch. Etappen der Wirtschaftspolitik im Zeichen der Wettbewerbsfähigkeit. Zürich: NZZ 2012, S. 17–23, 35. Sager, Fritz: Spannungsfelder und Leitbilder in der schweiz. Schwerverkehrspolitik 1932 bis 1998, in: Schweizerische Zeitschrift für Geschichte 49 (1999), S. 307–332. Senn, Tobias: Hochkonjunktur, »Überfremdung« und Föderalismus. Kantonalisierte Schweizer Arbeitsmigrationspolitik am Beispiel Basel-Landschaft 1945–1975. Zürich: Chronos 2017, S. 28–40. Sieber, Margret: Die Entwicklung der schweizerischen Aussenbeziehungen in der Nachkriegszeit: 1948–1978. Zürich: Holzer 1981, S. 27, 47. Tanner 2015, S. 359.

Der Schalenbau war keine generische Technologie, sondern hing stark mit anderen Technologien zusammen, und zwar Betonherstellung, chemischer Industrie, Vorspannung, Kunststoffverarbeitung etc. Zu Beginn des Baus der ersten Isler-Schalen waren noch nicht alle notwendigen Technologien vorhanden, welche eine sichere und qualitätsvolle Erstellung von Schalentragwerken garantierten. Diese entstanden erst durch praktische Bauerfahrungen involvierter Netzwerker oder wurden im Kontext des Schalenbaus – beim Entwurf, beim Bau und bei der Instandhaltung – weiterentwickelt. Durch die technische und konzeptionelle Kooperation hatten die Stärken einzelner Unternehmen in ihren spezifischen Tätigkeitsbereichen eine synergetische Wirkung, sei es baustatische Expertise, Produktion von Kunststoffen, Herstellung von Stahlkonstruktionen oder Ausführung von Bauten, welche die Etablierung und Verbreitung von Isler-Schalen als einer gängigen Baupraxis erst ermöglichten. Eine besondere Rolle im regionalen Netzwerk von Kunden und Kollaborateuren Islers kommt unter anderem den Unternehmen Chemisch-Technische Produkte Blaser & Co. AG, Kunststoffwerke Eschmann AG und Willi Bösiger AG zu, die die Herstellung von Isler-Schalen und von Kunststoffoberlichtern für Schalen über Jahrzehnte hinweg prägten.

Die gezielte Medienarbeit sowie zahlreiche Werbemassnahmen Islers und seiner Netzwerker machten die Schalen und dazugehörigen Produkte bzw. Dienstleistungen in der Öffentlichkeit sichtbar und populär. Dies ermöglichte Heinz Isler eine Etablierung seines Namens als Marke, deren äusserst gutes Image nicht zuletzt auch von seinen Netzwerkern mitgetragen, mehrfach bestätigt und im Rahmen mehrerer Kampagnen beworben wurde.

Durch eine systematische Erörterung dieser vier Aspekte des »Systems Isler« wird es möglich sein, den Schwerpunkt von einer Ingenieurgeschichte zu einer problemorientierten bautechnik-, wirtschafts- und sozialgeschichtlichen Perspektive zu verlagern, in der die Genese von Isler-Schalen nicht auf die Summe einzelner Projekte, Schalentypen und Modellierungsmethoden eingeschränkt wird. Das betrifft vor allem solche Probleme, deren (Nicht-)Lösung über den Erfolg und Misserfolg der Isler-Schalen mitentschied, und zwar die stützenfreie Überdachung möglichst grosser Industrieflächen, die rasche Errichtung von kostengünstigen Bauten, die Überwindung der wirtschaftlichen Krise in den 1970er-Jahren, die Findung passender Kooperationspartner für den Bau von Schalen, die Ökonomisierung des Konstruktionsprozesses, die Vermarktung und der Schutz des geistigen Eigentums. Die Einbeziehung dieser Probleme in die Eruierung des Erfolgs von Isler-Schalen in den 1950er–1960er-Jahren und von deren »künstlerischer« Umdeutung in der

Zeit danach erfordert es demnach, Brücken von der Technikgeschichte zur Regionalgeschichte, Konjunkturgeschichte und Unternehmensgeschichte zu schlagen und jeweilige Narrative miteinander zu vereinen, die in der Regel bis dato nur getrennt voneinander betrachtet wurden.

1.3 Theoretische und methodische Einbettung

Die Untersuchung basiert vorwiegend auf organisations- und wirtschaftssoziologischen Ansätzen der Technikgeschichte. Die Analyse hat die Tätigkeiten des Ingenieurbüros Isler zum Gegenstand, die über den Rahmen des Technischen hinausgingen und diverse unternehmerische Aktivitäten wie Kooperationen mit anderen Bau- und Industrieunternehmen, Kundenbetreuung, Vermarktung, Werbeaktivitäten etc. einschlossen. Das erfordert eine Präzisierung der Perspektive auf das Ingenieurbüro Isler und dessen Betrachtung als kommerzielles Unternehmen. Während technische Büros lange Zeit nicht als »Unternehmen kommerzieller Natur«[54] galten, wird in jüngerer Zeit in historischer Perspektive immer mehr von *»entrepreneurial engineers«*[55] bzw. *»technological entrepreneurs«*[56] gesprochen, deren Tätigkeit auf die »Erkennung, Erkundung und eben Schaffung unternehmerischer Möglichkeiten aus technologischen Entwicklungen«[57] abzielt. Zahlreiche Forschungen verdeutlichten, dass Innovation nicht ausserhalb der unternehmerischen Tätigkeit stattfinden kann.[58] Die Innovation erweist sich dabei als »Werkzeug der Unternehmer«[59] zur Maximierung des Gewinns[60] und als systematische

54 Wanner, Gustav Adolf: Hundert Jahre Vischer Architekten 1870–1970. Basel: Buchdruckerei zum Basler Berichtshaus 1970, S. 3.

55 Wells 2010, S. 188.

56 Petti, Claudio: Introduction, in: Ders. (Hg.): Cases in Technological Entrepreneurship. Converting Ideas into Value. Cheltenham/Northampton, MA: Edward Elgar 2009, S. xi–xxii, hier S. xi.

57 Ebenda.

58 Vgl. Allen, Kathleen R.: Bringing New Technology to Market. Upper Saddle River, NJ: Pearson Education 2003, S. 8. Haller, Lea: Innovation, in: Dejung, Christof, Monika Dommann u.a. (Hg.): Auf der Suche nach der Ökonomie. Tübingen: Mohr Siebeck 2014, S. 97–123, hier S. 98, 103ff., 114.

59 Mehregany, Mehran: Innovation for Engineers. Developing Creative and Entrepreneurial Success. Cham: Springer 2018, S. 1.

60 Vgl. Kocka, Jürgen: Capitalism. A Short History. Translated by Jeremiah Riemer. Princeton/Oxford: Princeton University Press 2016, S. 104.

Aktivität zur Suche nach Neuem.[61] Sie hat auch eine soziale Dimension, denn »*innovation consists of the social and managerial process through which solutions are first translated into social use in a given culture*«.[62]

Die Etablierung von Innovation hängt in vieler Hinsicht von sozialen Voraussetzungen ab, die jeweils eine Art »Ökosystem« für ein Unternehmen bilden, in dem es sich erfolgreich entwickeln kann.[63] In Bezug darauf sprach Mark Granovetter von der sozialen Einbettung der ökonomischen Tätigkeit.[64] Eine besonders wichtige Funktion in der Entwicklung von Technologieunternehmen wurde sozialen Netzwerken zugewiesen, die als »*a set of nodes and actors (persons and organizations) linked by social relationships or ties of a specific type*«[65] definiert werden. Dabei führen insbesondere sogenannte »nicht redundante Kontakte«[66] im Netzwerk zum Markterfolg, da sie eine Zusammenführung von Informationen von verschiedenen Zulieferern, Kunden und Partnern ermöglichen und somit zur besseren Nutzung der vorhandenen Möglichkeiten verhelfen.[67] Auch in Bezug auf das Ingenieurbüro Isler haben die zahlreichen Kontakte mit diversen Industrieunternehmen des Mittellandes in den Anfangsjahren des Schalenbaus eine entscheidende Rolle gespielt.

---

61 Drucker, Peter F.: Innovation and Entrepreneurship. Oxford: Elsevier Butterworth-Heinemann 2006, S. xv, 27–31.

62 Quinn, James Brian, Jordan J. Baruch, Karen Anne Zien: Innovation Explosion. Using Intellect and Software to Revolutionize Growth Strategies. New York u.a.: The Free Press 1997, S. 3.

63 Lazonick, William: Entrepreneurship, Innovative Enterprise and Economic Development, in: Petti, Claudio (Hg.): Cases in Technological Entrepreneurship. Converting Ideas into Value. Cheltenham/Northampton, MA: Edward Elgar 2009, S. 1–25, hier S. 3, 8f. Siagri, Roberto, Andrea Barbaro, Nicola Buttelo: Using Innovation, Research and Finance to Build a Company with a Multi-option Strategy, in: Petti, Claudio (Hg.): Cases in Technological Entrepreneurship. Converting Ideas into Value. Cheltenham/Northampton, MA: Edward Elgar 2009, S. 122–139, hier S. 122.

64 Vgl. Granovetter, Mark: Economic Action and Social Structure: The Problem of Embeddedness, in: American Journal of Sociology 91/3 (1985), S. 481–510.

65 Castilla, Emilio J., Hokyu Hwang, Ellen Granovetter, Mark Granovetter: Social Networks in Silicon Valley, in: Lee, Chong-Moon u.a. (Hg.): The Silicon Valley Edge. Stanford, CA: Stanford University Press 2000, S. 218–247, hier S. 219.

66 D.h. Kontakte verschiedenen Typs innerhalb eines Netzwerks.

67 Burt, Ronald S.: The Network Structure of Social Capital, in: Research in Organizational Behaviour 22 (2000), S. 345–423. Ders.: Structural Holes. The Social Structure of Competition. Cambridge, MA/London: Harvard University Press 1992, S. 18–36.

Der kompetitive Vorteil der Unternehmensnetzwerke wurde in der Forschung darin gesehen, dass die Unternehmen und Unternehmer eines Netzwerks imstande sind, lokale Ressourcen zur Entfaltung eines innovativen technologischen Produkts zu kanalisieren und deren Anwendungen effektiv zu nutzen. Darüber hinaus beeinflussen die Firmen eines Netzwerks einander und entscheiden über den Erfolg oder Misserfolg eines bestimmten Produkts mit,[68] indem im Zuge der Kooperation Ideenketten von mehreren beteiligten Akteuren entstehen, durch welche das innovative Produkt im Akt der *»shared creation«*[69] erst zustande kommen kann.[70] Die vertrauensbasierte, zweckmässige Kooperation ermöglicht demnach die technologische Innovation.[71] Vor diesem Hintergrund erweist sich das historische Phänomen Isler-Schalen als Produkt, welches von einem Netzwerk der involvierten Unternehmen und Bauherren konfiguriert, marktfähig gemacht und mitgetragen wurde.

Durch die Einbettung des Schalenbaus in regionale Technologien und Fertigungsprozesse der Nachkriegszeit, in Bauökonomie, Kundenwünsche, Möglichkeiten der Lieferanten und Kooperationspartner Islers erfolgt eine historische Erklärung der Isler-Schalen, welche die Erfahrungshorizonte Islers, Baurationalisierung, strategische Allianzen mit Bau- und Industrieunternehmen des Schweizer Mittellandes (Lizenzen, Patente, Kooperationen) und die ange-

---

68 Vgl. ebenda, S. 219–222. Granovetter, Mark: Society and Economy. Framework and Principles. Harvard: Harvard University Press 2017, S. 25. Ders.: The Strength of Weak Ties, in: American Journal of Sociology 78/6 (1973), S. 1360–1380, hier S. 1360, 1362, 1378.

69 Schrage, Michael: No More Teams! Mastering the Dynamics of Creative Collaboration. New York: Currency Doubleday 1995, S. 33.

70 Vgl. Lampikoski, Kari, Jack B. Emden: Igniting Innovation. Inspiring Organizations by Managing Creativity. Chichester u.a.: John Wiley & Sons 1996, S. 15.

71 Vgl. Cook, K. S., R. M. Emerson: Power, Equity and Commitment in Exchange Networks, in: American Sociological Review 43 (1978), S. 712–739. Freeman, L. C.: A Set of Measures of Centrality Based on Betweenness, in: Sociometry 40 (1977), S. 35–40. Hulsink, Willem, Tom Elfring, Wouter Stam: The Locus of Innovation in Small and Medium-sized Firms: The Importance of Social Capital and Networking in Innovative Entrepreneurship, in: Petti, Claudio (Hg.): Cases in Technological Entrepreneurship. Converting Ideas into Value. Cheltenham/Northampton, MA: Edward Elgar 2009, S. 80–106, hier S. 81, 88–93. Lorenz, Edward: Trust, Contract and Economic Cooperation, in: Cambridge Journal of Economics 23/3 (1999), S. 301–315, hier S. 301, 307. Schrage 1995, S. 29–33, 54, 154–165.

wendeten unternehmerischen Strategien primär in den Blick nimmt.[72] In diesem Kontext gewinnt der in der Architekturwissenschaft eher unterrepräsentierte Ansatz der *communities of technological practitioners* zunehmend an Bedeutung,[73] welcher sich auf komplexe Verflechtungen zwischen den Anwendenden einer bestimmten Technologie fokussiert, von denen diese entwickelt, organisiert und strukturiert wird.[74] Solch eine eingebettete Perspektive ermöglicht es, tieferliegende Phänomene mittlerer Reichweite historisch greifbar zu machen, wie das Verhalten kleinerer Unternehmen, das Zustandekommen komplexer technischer Objekte, interne und externe Faktoren für den »Erfolg« und »Niedergang« der Isler-Schalen. Als *Communities* werden im Rahmen dieser Arbeit Aggregationen von Individuen und Firmen verstanden, die in ihrer unternehmerischen oder technischen Tätigkeit mit Isler-Schalen in Kontakt traten, sei es in der Rolle von Lieferanten, Kunden, Kooperationspartnern, Kollegen oder (passiver) Beobachter. Der Fokus auf komplexe Interaktionen innerhalb und zwischen involvierten Praxisgemeinschaften schliesst einseitige bedürfnisorientierte und technologiegetriebene Interpretationen des Schalenbaus aus und verlagert den Schwerpunkt auf regionale technologische Tradi-

72 Vgl. Pinch/Bijker 1987. Schmidgen, Henning: Der Psychologe der Maschinen. Über Gilbert Simondon und zwei Theorien technischer Objekte, in: Kraft Alsop, Christiane (Hg.): Grenzgängerin/Bridges between Disciplines. Festschrift für Irmingard Staeuble. Heidelberg/Kröning: Asanger 2001, S. 265–287. Simondon, Gilbert: Die Existenzweise technischer Objekte. Zürich: diaphanes 2012, S. 18–53. Ders.: Du mode d'existence des objets techniques. Paris: Aubier 1958, S. 20.

73 Marty, Myron A.: Communities of Frank Lloyd Wright. Taliesin and Beyond. Illinois: Northern Illinois University Press 2009, S. 257.

74 Constant II, Edward W.: Communities and Hierarchies: Structure in the Practice of Science and Technology, in: Laudan, Rachael (Hg.): The Nature of Technological Knowledge. Are Models of Scientific Change Relevant? Dordrecht: Springer 1984, S. 27–46. Ders.: The Social Locus of Technological Practice: Community, System, or Organization?, in: Bijker, Wiebe E., Thomas P. Hughes, Trevor Pinch (Hg.): The Social Construction of Technological Systems. New Directions in the Sociology and History of Technology. Cambridge, MA/London: MIT Press 2012, S. 217–236. Ders.: The Origins of the Turbojet Revolution. Baltimore/London: The John Hopkins University Press 1980, S. 8–28. Dupouët, Olivier, Murat Yıldızoğlu: Organizational Performance in Hierarchies and Communities of Practice, in: Journal of Economic Behavior and Organization 61 (2006), S. 668–690. Wit, Dirk de: The Shaping of Automation. A Historical Analysis of the Interaction between Technology and Organization, 1950–1985. Verloren: Hilversum 1994, S. 14.

tionen, die oftmals informell waren und im Kontext des Schalenbaus eine synergetische Wirkung entfalteten.

Bei der Rekonstruktion der *Communities* des Schalenbaus wird induktiv vorgegangen, indem nach Ideenketten, stabilen Verhaltens- und Interaktionsmustern entlang festgelegter Analysestränge innerhalb mehrerer Schalenbauprojekte Islers gesucht wird.[75] Dabei erweist sich die traditionelle monografische Nacherzählung von besonders »kreativen« Projekten Islers als untauglich, um der Komplexität der Fragestellung gerecht zu werden. Vielmehr bedarf es einer Reihe von kontextualisierenden Längsschnitten, die unterschiedliche Aspekte des Schalenbaus beleuchten. Die Eruierung von ökonomischen und technologischen Beziehungsmustern beim Bau von Isler-Schalen erfordert eine möglichst vollständige Einbeziehung von ausgeführten und nicht ausgeführten Bauprojekten, um die Signifikanz, Stabilität und zeitliche Dauer der einzelnen Beziehungen (Kunden, Kooperationspartner, Zulieferer) einordnen sowie die Faktoren sowohl für den Markterfolg als auch für das Scheitern der Isler-Schalen definieren zu können. Als *Loci* der Ingenieurpraxis Islers werden ausgehend von der vorhandenen Quellenüberlieferung militärische, industrielle und unternehmerische *Communities* angesehen. Die Verortung des Schalenbaus in diesen sich teilweise überlappenden Milieus wird über den ganzen Untersuchungszeitraum hinweg in Längsschnitten nachgezeichnet und mit Betrachtungen der konjunkturellen und technologischen Entwicklung des Schalenbaus umrahmt.

1.4 Quellen

Die Interpretation von Isler-Schalen im Rahmen des *Community*-Ansatzes erhebt keinen Anspruch darauf, umfassend zu sein, da die archivalische Überlieferung im gta Archiv (ETH Zürich, Bestand 217 »Nachlass Heinz Isler«), im Staatsarchiv des Kantons Bern, im Schweizerischen Bundesarchiv und im Schweizerischen Wirtschaftsarchiv (Basel) nicht alle Aspekte der Ingenieurpraxis Islers gleichermassen beleuchtet. Heinz Isler beschwerte sich bereits in den 1980er-Jahren über das Fehlen der Unterlagen bei seinen ehemaligen Vertragspartnern.[76] Der Grund dafür sind die auf 10 Jahre beschränkten ge-

75 Bei dieser kontextuellen Analyse gewinnen nicht nur unternehmerische Erfolge, sondern auch Misserfolge Islers an Bedeutung.

76 gta Archiv: 217–017, Schachtel 2/4, Coop Wangen, Akten.

setzlichen Aufbewahrungsfristen für Geschäftsbücher und Geschäftsberichte und die gänzlich fehlende Aufbewahrungspflicht für Geschäftskorrespondenz, weswegen die Akten kleinerer Firmen in der Regel vollständig skartiert wurden.[77] Isler aber trug eine unikale Dokumentensammlung in Bezug auf seine zahlreichen Bauten und Projekte zusammen (Büroakten, Korrespondenzen, Verträge), in der nicht nur die Perspektive Islers auf den Schalenbau, sondern auch die seiner Projektpartner und Kunden widergespiegelt wird. Die mangelnde Überlieferung in Privatarchiven der involvierten Unternehmen wurde durch ein narratives Interview mit Heinz Bösiger, dem ehemaligen Kontraktor Islers, und Hans Glanzmann, dem ehemaligen Mitarbeiter des Ingenieurbüros Isler, ergänzt, welches vom Autor der vorliegenden Dissertation am 18. November 2019 in Langenthal geführt wurde.[78]

Die Signifikanz der zu gebrauchenden Quellenkorpora wird nicht so sehr durch die Grösse der jeweiligen Bauaufträge resp. die Stellung der Bauherren am Markt bestimmt als vielmehr durch den qualitativen Stellenwert der Kontakte und Beziehungen zwischen involvierten Akteuren in einer längerfristigen Perspektive, die den Entwurf und Bau von Isler-Schalen nachhaltig beeinflussten. Der additive Wert wird sowohl jenen Interaktionen und Ereignissen zugesprochen, die den Schalenbau vorantrieben (z.B. das Aufkommen neuer Kooperationspartner und Kunden), als auch jenen, die ihn eher bremsten (z.B. der Wegfall der Vertragspartner und schlechte Auftragslage).

1.5 Aufbau der Arbeit

Das Forschungsdesign hat die Struktur der Arbeit beeinflusst, die sich in fünf thematische Kapitel gliedert, die unterschiedliche Perspektiven auf den Schalenbau während der ganzen Wirkungsperiode Islers erörtern.

Das Kapitel »Konjunkturen der Isler-Schalen« setzt sich mit dem Aufkommen, der Zunahme und der Reduktion der Produktion von Isler-Schalen aus einer wirtschaftshistorischen Perspektive auseinander und analysiert deren

77 Dieser Missstand könnte unter anderem das Fehlen der Mikrostudien zum schweizerischen Baugewerbe im 20. Jahrhundert erklären. Jedoch können die heutzutage historisch nur schwierig greifbaren Entwicklungen im schweizerischen Baugewerbe durch das Ingenieurbüro Isler exemplifiziert werden.

78 Interview mit Heinz Bösiger und Hans Glanzmann, interviewt von Egor Lykov am 18.11.2019.

Verbreitung vor dem Hintergrund von räumlicher Verteilung, Baukosten und Auftragslage. Diese Bestandsaufnahme der allgemeinen Tendenzen des Baus von Isler-Schalen dient einerseits dazu, untersuchungsrelevante Akteure und Räume vorzustellen, andererseits spricht sie technische, soziale und ökonomische Probleme des schweizerischen Schalenbaus an, die in Folgekapiteln diskutiert werden. Dabei werden finanzielle Indikatoren der Islerschen Schalenprojekte aufgrund der im Nachlass Heinz Isler überlieferten Offerten und Rechnungen über Jahre hinweg nachverfolgt und mit allgemeinen Tendenzen der schweizerischen Bauwirtschaft verglichen.[79] Abgesehen von den veröffentlichten statistischen Materialien zur schweizerischen Bauwirtschaft werden die Materialien des Schweizerischen Wirtschaftsarchivs in Basel herangezogen, um die Entwicklungen des Schalenbaus ökonomisch besser einordnen zu können. Die Akten finanzieller Natur und Korrespondenzen betreffend die Lieferungen von Bau- und Experimentiermaterialien, Spezifikationen der Kunden und Ausführung der Schalen durch den Kontraktor sind als authentisch und verlässlich einzuschätzen, da sie rechtsverbindliche Dokumente darstellen und sich durch zahlreich vorhandene Lieferscheine, Fotos der Baustellen und Lohnzettel der Taglöhner überprüfen lassen. Eine besondere Aufmerksamkeit wird dabei der jährlichen Teuerung geschenkt. Denn Schalenprojekte erstreckten sich oft über einige Jahre, weswegen die anfänglichen Kostenschätzungen jährlich angepasst wurden. Aus diesem Grund werden überlieferte Kostenvoranschläge und Schlussrechnungen der Schalenprojekte nach Möglichkeit in Verbindung zueinander gesetzt. Das Studium der finanziellen Transaktionen des Ingenieurbüros deckt ebenfalls

79 Die untersuchungsrelevanten statistischen und wirtschaftshistorischen Daten werden der Online-Datenbank »Historische Statistik der Schweiz online« sowie offiziellen Statistiken der Schweizerischen Eidgenossenschaft entnommen: Kammerer, Patrick, Margrit Müller, Jakob Tanner und Ulrich Woitek (Hg.): Historische Statistik der Schweiz online (HSSO), https://hsso.ch/(26.06.2019). Statistisches Jahrbuch der Schweiz (im Folgenden StJS). Hg. vom Bundesamt für Statistik. 96. Jg. 1989. Zürich: NZZ 1990. Statistisches Jahrbuch der Schweiz. Hg. vom Eidgenössischen Statistischen Amt/Bundesamt für Statistik. 58. Jg.–95. Jg. 1949–1988. Basel: Birkhäuser 1950–1989. Statistisches Jahrbuch der Schweiz. Digitale Jahrbuch-Bibliothek, https://www.bfs.admin.ch/bfs/de/home/statistiken/kataloge-datenbanken/publikationen/uebersichtsdarste-llungen/statistisches-jahrbuch.html (26.06.2019). STAT-TAB – Interaktive Tabellen. Bundesamt für Statistik, https://www.bfs.admin.ch/bfs/de/home/dienstleistungen/forschung/stat-tab-online-datenrecherche.html (26.06.2019).

räumliche Beziehungsmuster zwischen Isler, seinen Zulieferern und Kunden auf, die im Folgenden einer kritischen Prüfung unterzogen werden.

Das Kapitel »Netzwerke des Mittellandes« fokussiert sich auf die Bauherren und startet mit dem Werdegang Islers während seiner frühen Jahre als Bauingenieur. Dabei wird seine Beschäftigung bei der Schweizer Armee und dem Ingenieurbüro Weder + Prim behandelt, welche als »Laboratorium« der ersten Ideen für Isler-Schalen und als Kontaktpool für mögliche Kooperationen angesehen wird. Dabei wird verdeutlicht, wie sich während der 1950er-Jahre der Kern des Netzwerkes des Schalenbaus formierte, welcher für die weitere Ausbreitung der Isler-Schalen im Schweizer Mittelland in den Folgejahrzehnten von besonderer Bedeutung war. Während die frühen Schalenexperimente Islers im Militärkontext und seine Bekanntschaft mit seinem ersten Kooperationspartner Adolf Weder in den Unterlagen Islers und in zeitgenössischen Zeitungsbeiträgen gut überliefert sind, bleibt die Quellenlage zu späteren Projekten Islers für die Schweizer Armee bruchstückhaft.[80] Nichtsdestotrotz wird anhand des Projekts für Kaverneneinbauten in Mitholz (BE) exemplarisch dargelegt, wie Heinz Isler seine Kooperationspartner auswählte und welche Strategien er bei Geschäften mit ihnen verfolgte. Das Kapitel verdeutlicht auch, dass es wenig Sinn macht, die Entwicklung der Schalentechnologie Islers abseits von Interessen, Nutzungsvisionen und Kundenbedürfnissen zu untersuchen. Es wird daher behauptet, dass die Schalentechnologie in erster Linie einer spezifischen industriellen Klientel des Schweizer Mittellandes diente und eine vergleichsweise kleine Anzahl von industriellen Stammkunden den Isler-Schalen zum Markterfolg verhalf.

Das Kapitel »Der Schalenbau als konjunktives Erfahrungsfeld« setzt sich mit der Aushandlung der Islerschen Schalentechnologie im industriellen Milieu auseinander und stellt die Schalen als eine Technologie dar, die von einem gewerblich-industriellen Milieu hervorgebracht wurde. Die Genese von Isler-Schalen und überdimensionierten Kunststoffoberlichtern wird dabei einerseits als eine zeitgerechte Reaktion auf die Bedürfnisse der Industrie und andererseits als Synergieeffekt von zeitgenössischen lokal vorhandenen Industrien und Technologien betrachtet. Anhand der Projektdokumentation werden Schlüsseltechnologien für die Beton- und Kunststoffschalen eruiert und die Beziehungen zwischen Isler und den involvierten Industrieunternehmen werden über mehrere Projekte, wirtschaftliche Tätigkeiten und Jahre

80 Schweizerisches Bundesarchiv, Bern (BAR): G Abt 64 (Genieabteilung 64), E5742 # 08.

hinweg verfolgt. Dabei wird auf die räumliche Einschränkung dieser Kooperation besonders geachtet. Formelle Beziehungen zwischen Isler, seinen Lieferanten, Kunden und Kooperationspartnern bei einzelnen Bauprojekten liefern dabei verlässliche Informationen über die Entwicklung von Isler-Schalen und können daher als die wichtigste Ressource für die Eruierung der Beziehungen Islers zur Industrie angesehen werden.

Die Produktion von Isler-Schalen fand jedoch in einer vertrauensbasierten Gemeinschaft statt, die sich durch einen hohen Grad an Informalität beim Austausch auszeichnete. Daraus resultiert bei aller Grösse des Isler-Nachlasses im gta Archiv eine bemerkenswert dünne Quellenlage zu zentralen Ereignissen, wie z.B. zu mündlichen Vereinbarungen Islers mit dem Ingenieurbüro Weder + Prim, dem Bauunternehmen Willi Bösiger AG und den Kunststoffwerken Eschmann AG, welche die Schalenproduktion über Jahre hinweg prägten. Dasselbe gilt für manche Verträge zwischen Isler und seinen Kunden, deren schriftliche Form entweder verloren ging oder aus unbekannten Gründen nicht überliefert wurde. Diese Lücke wurde in der vorliegenden Studie nach Möglichkeit durch Kontaktaufnahme mit Islers ehemaligen Kunden, Kollegen und Vertragspartnern geschlossen, um ihre Erfahrungen zu konkretisieren.

Die Wurzeln des ökonomischen Erfolgs der Islerschen Innovationen werden in den Wissens- und Erfahrungsvorteilen im Netzwerk des Schalenbaus gesehen, die eine Kommerzialisierung von Innovation, eine fortschreitende Standardisierung von Bauprozessen, die serielle Produktion und eine Reduktion von Transaktionskosten ermöglichten.[81] Die Erarbeitung gemeinsamer Standards für Betonschalen erfolgte nicht nur seitens des Ingenieurbüros Isler, sondern auch durch die Bauunternehmung Willi Bösiger AG. Die Verwendung ein und desselben Projekts und ein und derselben Schalung für mehrere Projekte wird als Anfang der Standardisierung erachtet.

81 Vgl. Blind, Knut: The Economic Functions of Standards in the Innovation Process, in: Hawkins, Richard, Knut Blind, Robert Page (Hg.): Handbook of Innovation and Standards. Cheltenham/Northampton, MA: Edward Elgar 2017, S. 38–62, hier S. 38ff. Hawkins, Richard, Knut Blind: Introduction: Unravelling the Relationship between Standards and Innovation, in: Hawkins u.a. 2017, S. 1–18, hier S. 1ff. Hawkins, Richard: Standards, Systems of Innovation and Policy, in: Hawkins u.a. 2017, S. 63–78. Steinmueller, W. Edward: Platforms and Standards: A Historical Perspective, in: Hawkins u.a. 2017, S. 79–104, hier S. 84. Swann, G. M. P., Ray Lambert: Standards and Innovation: A Brief Survey of Empirical Evidence and Transmission Mechanisms, in: Hawkins u.a. 2017, S. 20–37, hier S. 21, 29.

Die hier skizzierte Vergemeinschaftung der Schalenbaupraxis im Schweizer Mittelland kann vorschnell den Eindruck erwecken, dass es sich bei der historischen Entwicklung dieses Bausystems ausschliesslich um ein harmonisches Verhältnis zwischen allen Beteiligten gehandelt habe. Um den im »System Isler« verdeckten Konfliktpotenzialen gewahr zu werden, behandelt das Kapitel »Spannungs- und Problemfelder« einige exemplarische Konfliktlinien, die den Schalenbau in den 1960er–1980er-Jahren prägten. Dazu gehören die rechtliche Absicherung von Islers Know-how und seine Probleme mit Kooperationspartnern, Bauherren und anderen Bauingenieuren. Der Wandel der Einstellungen der Kunden den Isler-Schalen gegenüber, der Wegfall von alten und das Auftauchen von neuen Kooperationspartnern im Laufe der Zeit rücken hierbei ebenfalls in den Fokus und konturieren die Abhängigkeit des Schalenbaus von anderen Industrien, was am Beispiel der kunststoffverarbeitenden Firma Kunststoffwerke Eschmann AG am besten verdeutlicht werden kann. In diesem Fall werden auch die Bestände des Staatsarchivs des Kantons Bern herangezogen und mit Dokumenten aus dem Nachlass Heinz Isler komplementär gelesen.[82] Auch gescheiterte Projekte und abgelehnte Kunden werden in diesem Kapitel in den Blick genommen.

Das Kapitel »Die Öffentlichkeitsarbeit des Ingenieurbüros Isler« diskutiert aus Langzeitperspektive, was die Kunden Islers dazu verleitete, sich für die Isler-Schalen zu entscheiden, und welche flankierenden Werbemassnahmen Isler und seine Netzwerker dafür ergriffen. Anhand der themenrelevanten Publikationen von Isler, seinen Vertragspartnern und Zeitgenossen in den Zeitschriften »Schweizerische Bauzeitung«, »Bauen und Wohnen«, »Werk, Bauen und Wohnen«, »Kunst und Architektur«, »Schweizer Baukatalog« und »IASS Bulletin« der 1950er–1980er-Jahre werden allgemeine Tendenzen im Industriebau nachverfolgt, die die Entwicklung der Isler-Schalen mitprägten. Anhand der überlieferten Werbematerialien, zeitgenössischen Pressebeiträge in lokalen Zeitungen, informellen Kontakte Islers mit potenziellen Kunden und der Nutzung einzelner Projekte zu Werbezwecken werden die Werbesprache und Markenbildung Islers diskutiert. Darüber hinaus verfolgt das Kapitel die Aktivitäten Islers seit den späten 1970er-Jahren und die Neuinterpretation seiner Ingenieurbauten in der Öffentlichkeit. Das besondere Augenmerk liegt dabei auf einem allmählichen Prozess des Wandels der Interpretationen der Is-

82 Vgl. Staatsarchiv des Kantons Bern (StAB): Eschmann AG Thun, 1960–1983, V Unia 635.

ler-Schalen von Zweckbauten zu Kunstwerken, was Heinz Isler einen Eingang in den bauhistorischen Kanon ermöglichte.

2 Konjunkturen der Isler-Schalen

Das Ingenieurbüro Isler durchlief während der Zeit seines Bestehens 1957–2008 mehrere Phasen, die in einem engen Zusammenhang mit dem allgemeinen wirtschaftlichen Klima in der Schweiz standen. Die Verfügbarkeit von Baumaterialien und Technologien, die Interessen und Bedürfnisse der Kunden, das Preisniveau und andere Faktoren beeinflussten sowohl konkrete Geschäftsergebnisse (gebaute Fläche, Anzahl der ausgeführten Projekte, Kundenakquise und Anteil der Stammkunden[1]) als auch Islers unternehmerische Strategien, die sich als Reaktion auf tagesaktuelle Marktentwicklungen herausbildeten. Die wohl wichtigste historische Zäsur für Isler war die Erdölpreiskrise 1973–1975,[2] welche die lange Periode der nachkriegszeitlichen

1 Diese Faktoren werden als besonders wichtig bei der Einschätzung des Geschäftserfolgs von Architektur- und Ingenieurbüros erachtet in: Blau, Judith R.: Architects and Firms. A Sociological Perspective on Architectural Practice. Cambridge, MA: The MIT Press 1984, S. 125, 130.

2 Diese wird in der Forschungsliteratur nicht ausschliesslich auf den Anstieg der Erdölpreise, sondern auch auf folgende Faktoren zurückgeführt, deren kumulative Wirkung die Krise verstärkte: Änderung des Währungsregimes durch Übergang von fixen auf flexible Wechselkurse; Erdölpreiskrise; Strukturkrise durch langsame Mechanisierung und Automatisierung; Konkurrenzdruck neuer Unternehmen und Überhitzung des Schweizer Baumarktes. Siehe dazu exemplarisch: Bernegger, Michael: Die Schweiz unter flexiblen Wechselkursen. Synthese der Forschungsergebnisse des Nationalen Forschungsprogramms Nr. 9 »Wirtschaftsentwicklung«. 2. Auflage. Bern/Stuttgart: Paul Haupt 1988. Katzenstein, Peter J.: Corporatism and Change. Austria, Switzerland, and the Politics of Industry. Ithaca/London: Cornell University Press 1984. Kleinewefers, Henner, Regula Pfister: Die schweizerische Volkswirtschaft. Eine problemorientierte Einführung in die Volkswirtschaftslehre. Frauenfeld: Huber 1977. Kneschaurek, Francesco, Peter Meier: Der sektorale Strukturwandel in der Schweiz von 1960 bis 1980. Diessenhofen: Rüegger 1983. König, Mario u.a. (Hg.): Dynamisierung und Umbau. Die Schweiz in den 60er und 70er Jahren. Die Schweiz 1798-1998: Staat – Gesellschaft – Politik. Zürich: Chronos 1998.

Hochkonjunktur beendete: Nach dem rapiden Aufstieg des Ingenieurbüros Isler in den späten 1950er-Jahren zu einem soliden mittelständischen Unternehmen und einer ausgesprochen guten Auftragslage in den 1960er-Jahren kam es in den 1970er-Jahren zu einer Phase der Neuorientierung, der ab 1980 eine allmähliche Reduktion der Schalenbautätigkeit in der Schweiz folgte. Zur Veranschaulichung des Zusammenhanges zwischen der Marktsituation, der Produktivität des Ingenieurbüros Isler und den unternehmerischen Strategien Islers wurden bestimmte Indikatoren betreffend die Geschäftsergebnisse, Preisentwicklung, Stammkunden und Trends im Baugewerbe in grafischer Form in den Abbildungen 1–5 und in der Tabelle 1 in den folgenden Abschnitten dargestellt. Abbildung 1 zeichnet die Projekttätigkeit Islers zwischen 1955 und 2001 nach, indem die jeweiligen gebauten Flächen Jahr für Jahr in den Blick genommen werden. Die gebaute Fläche in m^2 erweist sich als wichtiger Indikator, weil sie zu jener Zeit für das Ingenieurhonorar massgeblich war. Um gewisse Zusammenhänge besser erkennen zu können, wurden alle ausgeführten Projekte in Industrieschalen (sogenannten Buckelschalen, denen pneumatische Formen zugrunde liegen) im Inland und im Ausland sowie freie Schalen (alle Isler-Schalen, die nicht auf der pneumatischen Form basieren, sowohl im In- als auch Ausland) unterteilt. Es sei hervorgehoben, dass die jährlichen Zahlen lediglich eine grobe Auskunft über tatsächlich verrichtete Arbeiten geben, zumal sich einzelne Bauprojekte oftmals über mehrere (2–3) Jahre erstreckten. Massgeblich für die getroffene Auswahl war jeweils das Jahr des Bauabschlusses. Darüber hinaus sei hervorgehoben, dass es unmöglich ist, im Rahmen der gewählten quantitativen Methodik alle einzelnen, vom Ingenieurbüro Isler tatsächlich verrichteten Arbeiten, insbesondere die Entwicklung von Kunststoffbauteilen, nachzuverfolgen. Deren Kosten und Anteile an den Preisen und Ingenieurhonoraren sind aber in der schalenbezogenen Schätzung weitestgehend berücksichtigt. Abbildung 2 verdeutlicht die Preisentwicklung der Isler-Schalen. Da alle Projekte nach ihren Massstäben, Eigenschaften und Kundenwünschen stark variieren und keinen Vergleich in absoluten Zahlen ermöglichen, wurde der durchschnittliche Preis eines Quadratmeters aller in einem bestimmten Jahr abgeschlossenen Projekte als Richtwert genommen und durch die Preisstruktur der Schalenbauten in der Tabelle 1 ergänzt. Dadurch wird die potenzielle Vergleichbarkeit aller Projekte und Nachverfolgung von Änderungen über Zeit gewährleistet. Abbildung 3 illustriert den Anteil von Stammkunden an der Gesamtanzahl der Auftraggeber im jeweiligen Jahr und erlaubt tiefere Einblicke in die Konjunkturen der Isler-Schalen. Abbildungen 4 und 5 subsumieren schweizweite Trends im

Baugewerbe 1955–1985 und dienen als Vergleichsgrundlage für Isler-spezifische Entwicklungen. Diese dienen als Grundlage für Ausführungen in den Folgeabschnitten, in denen die jeweiligen Entwicklungen kontextualisiert werden.

2.1 1955-1960: Die Anfänge des Schalenbaus

Die Tätigkeit von Heinz Isler als Bauingenieur begann in den 1950er-Jahren und wurde durch erstaunliche Schwünge gekennzeichnet. Als angehender Bauingenieur konnte er bis 1958 nur wenige Bauten in seinem Portfolio vorweisen, die in Kooperation mit anderen Ingenieuren realisiert wurden. Aber die günstige allgemeine wirtschaftliche Situation in der Schweiz der Nachkriegsjahre verhalf ihm entscheidend zu seinen frühen Geschäftserfolgen (s. Abbildung 1).[3] Die Hochkonjunktur im Baugewerbe war in erster Linie durch eine Schwerpunktverlagerung der Schweizer Wirtschaftspolitik hin zu Liberalisierung und Wachstum eingeläutet.[4] So wurden die während des Zweiten Weltkrieges eingeführten wirtschaftlichen Einschränkungen wie Rationierung von Baumaterialien und Preiskontrolle sukzessive zurückgenommen, was eine freie Entfaltung von ökonomischen Aktivitäten auf Wettbewerbsbasis ermöglichte.[5]

3 Halbeisen u.a. 2021, S. 535.

4 Vgl. Bächtold, J.: Belastungsversuch an einer freitragenden Zylinderschale aus Holz, in: SBZ 125–126/10 (1945), S. 96–98, hier S. 97f. Bonacker, Kathrin: Beton. Ein Baustoff wird Schlagwort. Geschichte eines Imagewandels von 1945 bis heute. Marburg: Jonas 1996. Forty, Adrian: Concrete and Culture. A Material History. London: Reaktion Books 2012. Slaton, Amy: Reinforced Concrete and the Modernization of American Building, 1900–1930. Baltimore: Johns Hopkins University Press 2001. Kohler, Georg: Konsumglück, Kalter Krieg und Zweite Moderne. Die Schweiz und die Fifties, in: Buomberger, Thomas, Peter Pfrunder (Hg.): Schöner leben, mehr haben. Die 50er Jahre in der Schweiz im Geiste des Konsums. Zürich: Limmat 2012, S. 7–40, hier S. 7f. Schmid, Hanspeter: Die Schweiz nach dem Krieg. Vom Landigeist zur Hochkonjunktur: Zehn Ereignisse, die das Bild der modernen Schweiz prägten. Glattbrugg: Beobachter 1987, S. 66.

5 Vgl. Knopp, Susanna, Markus Wassmer: Der Reiz des Rationellen, in: W, B+W 82/19 (1995), S. 26–56, hier S. 32. Schmid 1987, S. 67.

Abbildung 1: Produktivität Islers, m^2/Jahr. Eigene Berechnung und Darstellung.[6]

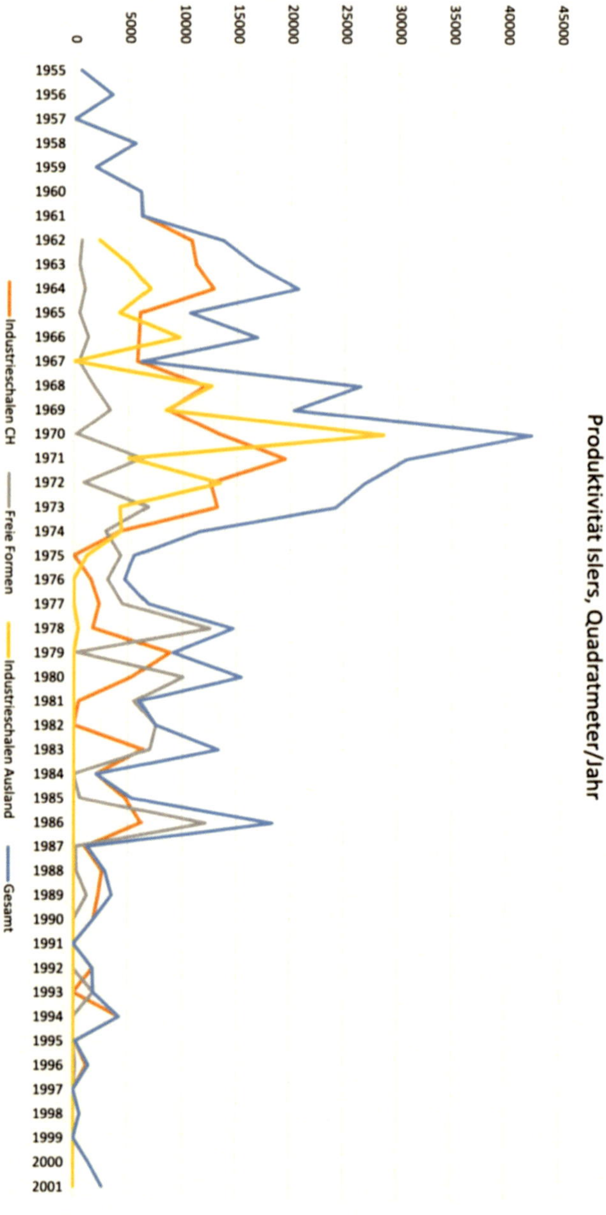

6 Vgl. Projektlisten und Findmittel zum Aktenbestand 217 im gta Archiv.

Darüber hinaus unterstand die Zementindustrie seit 1. Januar 1950 keiner staatlichen Preiskontrolle mehr (wohl aber dem Monopol der Betonhersteller[7]) und konnte in 15 Jahren ihre Produktion fast verzehnfachen.[8]

Diese Liberalisierung zielte darauf, privatwirtschaftliche Aktivitäten anzukurbeln. Das verstärkte die ohnehin grosse konjunkturelle Bedeutung des schweizerischen Bausektors, zumal sich die privaten unternehmerischen Aktivitäten einer Vielzahl von Bauunternehmen als förderlich für das Wirtschaftswachstum erwiesen.[9] So waren kleine und mittelständische Unternehmen Agenten der neuen Wirtschaftsordnung und begannen zunehmend, industrielle Fertigungsverfahren in ihre Produktionsprozesse einzuführen und interne Logistik zu mechanisieren. Diese Firmen beschäftigten nur einige wenige Mitarbeiter und verfügten lediglich über eingeschränkte Produktionsflächen, die keine Modernisierung der Fertigungsprozesse durch die Einführung neuer Maschinen ermöglichten. Durch den wirtschaftlichen Boom der Nachkriegszeit konnten diese Unternehmen immer mehr Aufträge bekommen und wurden in die Lage versetzt, die Rationalisierung der eigenen Produktion voranzutreiben. Das betraf vor allem die Schaffung von geeigneten Produktionsräumen, in denen die modernen Maschinen und industriellen Fertigungsverfahren adäquat angewendet werden konnten.[10]

Gerade kleine Baufirmen und Ingenieurbüros waren die Profiteure dieses Baubooms und reagierten entsprechend auf die starke Nachfrage.[11] Die Firmengründungen im Baugewerbe, insbesondere im Mittelland,[12] nahmen rasch zu und wiesen in den 1950er-Jahren eine jährliche Wachstumsrate von 2,25-3,68 % auf. 1957 belief sich die Anzahl der Baufirmen und Ingenieurbüros

7 Vgl. Nichols, Sarah: Pollux's Spears, in: Grey Room 71 (2018), S. 141–155.

8 Vgl. Spicher, Georges u.a.: Ohne Zement geht nichts. Geschichte der schweizerischen Zementindustrie. Zürich: NZZ 2013, S. 196.

9 Halbeisen u.a. 2021, S. 535.

10 Vgl. exemplarisch Dommann 2012, S. 50–62. Böhi 1964, S. 101ff. Hürlimann, Katja, Jurg Schmutz (Hg.): Der Kanton Luzern im 20. Jahrhundert. Bd. 1. Raum und Bevölkerung. Staat und Politik. Wirtschaft. Zürich: Chronos 2013, S. 39. Zahlreich vorhandene Unternehmensgeschichten diverser Schweizer Firmen belegen ebenfalls den beschriebenen Trend.

11 Vgl. Halbeisen, S. 844. Knopp/Wassmer 1995, S. 32. Schmid, Christian: Zur Kritik der Stadtentwicklung – Zürich im Zentrum. Teil V. Der Urbanisierungsprozess in der Schweiz seit 1945. Diplomarbeit Universität Zürich 1989, S. 20.

12 Vgl. Tanner 2015, S. 332.

in der Schweiz auf 21'240 Kleinunternehmen mit insgesamt 212'196 Beschäftigten (im Durchschnitt ca. 10 Mitarbeiter*innen pro Firma). Die Anzahl der Baubetriebe stieg bis 1965 weiter auf 23'129 Unternehmen. Laut zeitgenössischen Jobinseraten in der »Schweizerische Bauzeitung« und anderen branchenspezifischen Publikationsorganen waren Bauingenieure, Statiker und Konstrukteure mit Erfahrungen im Eisenbetonbau in allen Kantonen in grosser Anzahl gefragt und konnten daher ohne Schwierigkeiten eine Arbeitsstelle finden.[13]

Das Ingenieurbüro Isler war ein Teil dieser Entwicklung und konnte im Laufe der 1960er-Jahre über den Durchschnitt hinauswachsen. So zählte das Büro bis zu 25 Beschäftigte in den besten Jahren seines Bestehens, und seine Planungsleistungen beschränkten sich nicht nur auf den Entwurf und die Berechnung von Betonschalen, sondern schlossen auch Arbeiten an Kunststoffbauprojekten und in einigen seltenen Fällen an konventionellen Bauten ein.

Heinz Isler folgte während der Zeit der Etablierung dem allgemeinen Trend im Industriebau, möglichst stützenlose Räume für die industrielle Produktion zu schaffen, der ihm zum Aufstieg verhalf. Dabei stimmte seine Schalenbauweise *grosso modo* mit dem konventionellen Stahlbetonbau überein, wies allerdings signifikante Unterschiede auf, welche auf den neuartigen, innovativen Charakter seiner Schalendächer zurückzuführen waren und dem Ingenieur einige Anfangsschwierigkeiten im Geschäft bereiteten. Vor allem konnten bestimmte technische Aufgaben (etwa die Erstellung der Schalenschalung, die chemische Nachbearbeitung des Betons und die Konstruktion der Oberlichter aus Plastik) selbst von hochspezialisierten Unternehmen nur schwierig ausgeführt werden, da in den 1950er-Jahren nicht genügend technisches Know-how auf diesem Gebiet vorhanden war und folglich nur unzureichende Erfahrungen mit innovativen Schalenkonstruktionen gesammelt werden konnten.[14]

Islers frühe Bauten standen demnach im Zeichen der Überwindung all dieser Probleme und waren das Ergebnis der Entwicklung von doppelt gekrümmter Betonschale als einem neuen technologischen Produkt, das in erster Linie dank engen Kooperationen mit unterschiedlichen industriellen Unterneh-

13 Vgl. StJS 1951, 1954, 1957.

14 Von ähnlichen Erfahrungen aus den 1950er-Jahren berichtet auch der Schweizer Bauingenieur und Politiker Jakob Bächtold in seinen Memoiren. Vgl. dazu Bächtold, Jakob: Spannungsdreieck Bauen – Naturschutz – Politik 1925–1980. Schaffhausen: Meier 1980, S. 23f.

men des Schweizer Mittellandes zustande kam.[15] Diese Kontakte verhalfen Isler ebenfalls zur Akquise seiner ersten Kunden (die Firmen Chemisch-Technische Produkte Blaser & Co. AG, Kunststoffwerke Eschmann AG, Wollspinnerei Huttwil, Carrosseriewerk Ramseier & Jenzer), die rasch zu seinen Stammkunden wurden. Die 1950er-Jahre waren für Isler die Zeit des Aufbaus eines gut funktionierenden Geschäfts, in der technische, personelle und ökonomische Voraussetzungen für das weitere Wachstum geschaffen wurden.

2.2 1960-1973: Die Zunahme der Bautätigkeit

Um 1960 hatte Heinz Isler über 15 erfolgreich ausgeführte Schalenbauprojekte in seinem Portfolio, und sein Ingenieurbüro trat vor dem Hintergrund der immer noch anhaltenden Hochkonjunktur in eine Phase des exponentiellen Wachstums ein. Von Jahr zu Jahr wurden immer mehr Isler-Schalen gebaut, und zwischen 1968 und 1973 kann man flächenmässig von Rekordzahlen sprechen: Allein im Jahr 1970 konnten über 42'000 Quadratmeter mit Isler-Schalen überdacht werden.

Gründe für diese rasante Entwicklung mögen vielfältig und miteinander verflochten sein. In erster Linie wandelte sich der Schalenbau während der 1960er-Jahre zu einer bewährten und mehrmals erprobten Technologie, hinter der zuverlässige Kooperationspartner zur Ausführung aller schalenbezogenen Bauarbeiten standen.[16] Die aufeinander abgestimmten Arbeitsvorgänge und Aufgabenverteilung zwischen den involvierten Unternehmen konnten nicht nur einen möglichst wirtschaftlichen, sondern auch fristgerecht ausgeführten Bau sicherstellen, was die Bauherren überzeugte.[17] Dies verhalf Isler zu seiner wachsenden Prominenz in der Baubranche und darüber hinaus, zumal seine ausgeführten Bauten für sich sprachen und die Stichhaltigkeit seines »Bausystems« bekräftigten.

Der Kostenfaktor war ebenfalls entscheidend für die Konjunkturen der Isler-Schalen und beeinflusste die Nachfrage und das Angebot (s. Abbildung 2). Bis 1959 schnitten die Isler-Schalen preislich schlechter ab, wenn man sie

15 Dieses Phänomen bildet den Gegenstand des Kapitels 4 der vorliegenden Dissertation.

16 Alle Aspekte der Ausführung von Isler-Schalen sind im Kapitel 4 besprochen.

17 Zu Vorstellungen der zeitgenössischen Bauherren über die Wirtschaftlichkeit und zügige Ausführung von Bauten s. exemplarisch: Bächtold 1980, S. 24.

mit der günstigsten Baumethode – der Stahlbetonbauweise – verglich. Um 1955 lag der Preis eines Quadratmeters von Isler-Schalen bei 250 Franken, wohingegen der Stahlbetonbau zu einem schweizweiten Durchschnittspreis von ca. 150–170 Franken pro Quadratmeter angeboten wurde.[18] Der überdurchschnittliche Preis war durch die hohen Schalungskosten bedingt, da die Schalung für jedes Projekt massgeschneidert und individuell hergestellt sein musste.[19]

Abbildung 2: Konstruktionskosten von Isler-Schalen, CHF/m^2. Eigene Berechnung und Darstellung.[20]

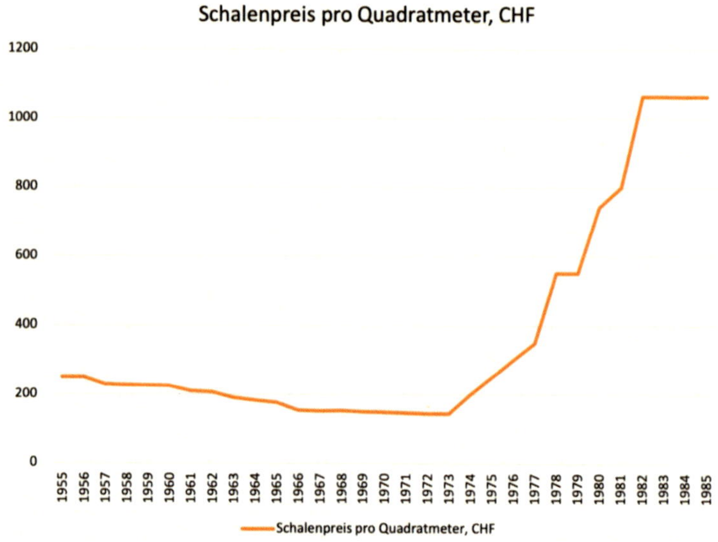

18 Schätzungen des Autors anhand der Baustatistiken des Schweizerischen Wirtschaftsarchivs (SWA): SWA Vo H XII 10a Baukosten. Baukosten und Baufinanzierung. Dokumentensammlung: Broschüren 1946–1956; Gesetze, Botschaften und Erlasse; Broschüren 1957–1973; Broschüren 1974–1990.

19 Vgl. Stadion-Garage und Autohaus Moser in Thun, in: SBZ 80/39 (1962), S. 668–671, hier S. 669.

20 Vgl. Projektkonvolute im Bestand 217 des gta Archivs. Es wurden nur Projekte innerhalb der Schweiz bei der Berechnung berücksichtigt. Hierbei handelt es sich um nominelle, nicht inflationsbereinigte Zahlen.

Im Laufe der 1960er-Jahre ist es Isler aber gelungen, die Kosten auf den niedrigsten marktüblichen Preis von 145–150 Franken pro Quadratmeter zu senken und bis 1973 auf diesem Niveau zu halten.[21] Diese signifikanten Kostenersparnisse ergaben sich aus der Wiederverwendung von hölzernen Schalungen bei der Ausführung von Isler-Schalen. Das legte der Bauingenieur seinen Kunden auch nahe, hier im Fall der Kunststoffwerke Eschmann AG in einer Korrespondenz vom Juni 1963: »Die Betonpreise sind im Allgemeinen etwas hoch, dagegen sind die Preise für Schalungen eher sehr günstig. […] Bei der Schalenofferte liegen die Preise gute 10 % über dem ublichen. Jedoch ist der Preis […] für die Schalenschalung ausserordentlich niedrig«.[22] Darüber hinaus liess sich der Anteil des Schalungsholzes an Baukosten bei Wiederverwendung von ein und derselben Schalung für mehrere Bauprojekte bis um das Fünffache reduzieren.[23]

Diese Daten müssen mit der Teuerung der Bauarbeiten im Schweizer Mittelland in Verbindung gebracht werden (s. Abbildung 3). Der allgemeine Preisanstieg war bereits seit den 1950er-Jahren im Gange, dennoch reagierte die Bauwirtschaft nicht so schnell darauf und fungierte zuerst als stabilisierender Faktor.[24] Jedoch konnte die Baubranche der Preissteigerung nicht ewig standhalten und wurde seit den frühen 1960er-Jahren von dem Preisanstieg zunehmend betroffen. In erster Linie galt das für zahlreiche Baumaterialien und Bauteile, denn die höchsten Preiserhöhungen waren um 1965 bei Waren wie Zement, Stahl, Holz, Beton (um ca. 60 % gegenüber 1955), Armierung (um 45 %), Schalung (um 110 %) und nicht zuletzt bei den Lohnkosten (um 80 %) zu verzeichnen.[25]

---

21 Eigene Berechnung aufgrund der Analyse der erhalten gebliebenen Offerten resp. Schlussrechnungen für die Mehrheit der ausgeführten Projekte.

22 gta Archiv: 217–04, Schachtel 1/4, Kunststoffwerke Eschmann AG: Fabrik und Bürogebäude, Schalenpläne, Brief Islers an Eschmann vom 25.6.1963.

23 gta Archiv: 217–09, Schachtel 5/5, Gartencenter Wyss Söhne AG: Ausstellungspavillon; 217–021, Schachtel 1/6, Maschinenfabrik Kunz, Akten, Offerten Eisenbeton; 217–082, Schachtel 2/5, Bauisolationen F. Kilcher AG, Offerten.

24 Vgl. Pitteloud, Sabine: L'autodiscipline en guise de régulation : la stratégie patronale à l'heure de la surchauffe économique en Suisse autour de 1960, in: traverse 24/3 (2017), S. 113–126. Prader, Gaudenz: 50 Jahre schweizerische Stabilisierungspolitik. Lernprozesse in Theorie und Politik am Beispiel der Finanz- und Beschäftigungspolitik des Bundes. Zürich: Schulthess 1981.

25 Schweizerisches Wirtschaftsarchiv (SWA), Basel: SWA Vo H XII 10a Baukosten. Baukosten und Baufinanzierung. Dokumentensammlung; Broschüren 1946–1956. Geilinger, Werner: Preisentwicklung und Strukturfragen im schweizerischen Stahlbau, in:

Abbildung 3: Teuerung der Baukosten im Mittelland 1955–1985.[26]

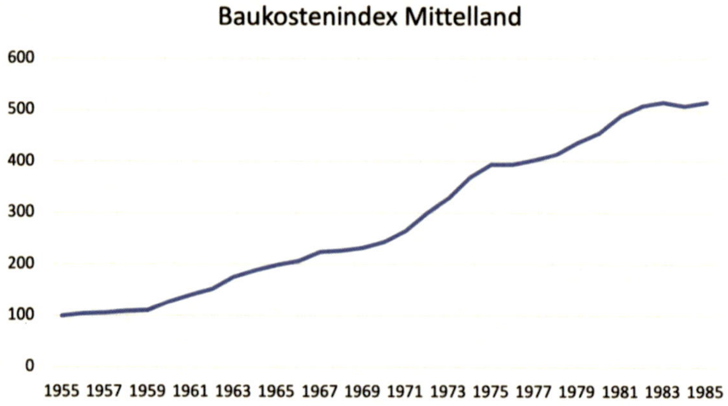

Im Jahr 1966 betrug die Teuerung des Baus bereits 100 % gegenüber 1955. Ein Vergleich der Kostenvoranschläge Islers mit den tatsächlich entstandenen Kosten für ausgeführte Schalenbauten legt auch nahe, dass bei allen Bauprojekten aus den 1960er-Jahren[27] eine jährliche Teuerung in Höhe von ca. 4 % in den Preis einberechnet wurde.[28] So schienen diese graduellen Preiserhöhungen einen geringen Einfluss auf den Einheitspreis pro Quadratmeter zu haben, jedoch fand im Hintergrund ein markanter Wandel der Kostenstruktur von Isler-Schalen statt: Der Anteil von schalenbezogenen Arbeiten auf der Baustelle an den Gesamtbaukosten stieg bereits vor der Krise erheblich. Da aber nur eine sehr dünne (8–10 cm dicke) Betonschicht angebracht wurde und man

---

SBZ 84/1 (1966), S. 33–36, hier S. 33. Spicher u.a.: 216ff. Naegeli, Wolfgang: Die Teuerungswelle – eine Folge gesteigerten Wohlstandes, in: SBZ 83/35 (1965), S. 612–614, hier S. 612.

26 Der Baukostenindex aus den eidgenössischen Statistiken wurde an die Wirkungsperiode Islers angepasst. Für 100 wurden die Baukosten im Jahr 1955 angenommen. Berechnungsgrundlage: StJS, Bd. 1961–1987.

27 Sie erstreckten sich in der Regel über 1–2 Jahre.

28 Der Kostenrahmen für die überwiegende Mehrheit von Bauprojekten Islers wurde auch tatsächlich eingehalten. Das einzige Beispiel, wo die Baukosten den Kostenvoranschlag erheblich überschritten, war das Projekt für die Bauisolationen Kilcher AG in Recherswil (SO) im Jahr 1965. Die Kosten wurden dabei um ganze 25 % aufgrund der zusätzlichen nicht schalenbezogenen Arbeiten erhöht. Vgl. gta Archiv: 217–082, Schachtel 2/5, Bauisolationen F. Kilcher AG, Offerten.

die Schalungen typisierte und mehrmals für diverse Bauprojekte verwendete, konnte sich das »System Isler« seine Konkurrenzvorteile durch Materialersparnisse sichern. Allerdings wurde es mit der Überhitzung des Baumarktes in den 1970er-Jahren immer schwieriger, mit der Teuerung Schritt zu halten.

2.3 1974-1985: Die Krise und eine Neuorientierung

Die Erdölpreiskrise 1974–1975 führte zu massiven Umwälzungen in der Schweizer Baubranche. Die kleineren und mittelständischen Bau- und Ingenieurunternehmen wurden vor die Herausforderung gestellt, um ihr Überleben zu kämpfen. Statistiken zufolge sind der Krise über 5'000 kleinere Schweizer Bauunternehmen zum Opfer gefallen,[29] wohingegen die grossen Baukonzerne (etwa die Frutiger AG u.a.) an Bedeutung gewannen.[30] Die Krise beschleunigte vor allem die Teuerung des Baus und führte zu zunehmender Kreditverknappung, sodass viele Bauherren keine Möglichkeit mehr hatten, die notwendigen finanziellen Mittel für Bauprojekte zu beschaffen.[31] Vor dem Hintergrund der Baukrise hatten die Schalen es aus Kostengründen immer schwieriger, sich bei den Bauentscheidungen der Bauherren durchzusetzen. Das traf besonders hart den schalenbezogenen Kostenanteil, da der Anteil der Schalenkosten an dem Gesamtpreis der Konstruktion kurz vor der Krise einen Rekordwert von 70 % (gegenüber den üblichen 30–40 % Anteil der Beton- bzw. Stahlbetonarbeiten im Stahlbetonbau zu dieser Zeit[32]) erreichte (s. Tabelle 1).

29 StJS, 1985, S. 180. 1976, S. 160.

30 Vgl. exemplarisch Gutman, Robert: Architectural Practice. A Critical View. Princeton: Princeton Architectural Press 1988, S. 44. Kohler, Christoph (Hg.): Vom Baumeister zur Baugruppe. 150 Jahre Frutiger. Thun: Frutiger AG 2019. Pitteloud 2017, S. 113–126.

31 SWA: SWA Vo H XII 10a, Gesetze, Botschaften und Erlasse, Baukostenplan. Vieli, G.: Aussichten der Bauwirtschaft, in: SBZ 92/20 (1974), S. 493–494, hier S. 493.

32 SWA: SWA Vo H XII 10a, Broschüren 1974–1990, Sammelvorlage Bauabrechnungen.

Tabelle 1: Die Preisstruktur der Isler-Schalen.[33]

Kostenpunkte	1960	1965	1970	1975	1980	1985
Isler-Schalen inkl. Stützen	39 %	68 %	72 %	58 %	49 %	49 %
Oberlichter	8 %	6 %	7 %	-	-	-
Abdichtung	4 %	8 %	1 %	1 %	1 %	1 %
Unterbau	11 %	8 %	9 %	25 %	29 %	31 %
Fassaden-konstruktion	29 %	10 %	11 %	16 %	21 %	19 %
Total	100 %	100 %	100 %	100 %	100 %	100 %

In dieser Zeit gingen auch die kompetitiven Kostenvorteile von Isler-Schalen gegenüber dem Stahlbetonbau endgültig verloren. Während die Durchschnittspreise pro Quadratmeter im Stahlbetonbau bis 1979 auf 370–430 Franken stiegen, beliefen sich die Preise für Isler-Schalen auf ca. 475–520 Franken pro Quadratmeter.[34] Diese Divergenz von Erstellungskosten für die Betonschalen und andere Stahlbetonbauten hing unter anderem damit zusammen, dass in den 1970er- und den 1980er-Jahren vor dem Hintergrund des Preisdrucks, der Vorfabrikation von Bauelementen und der in der Schweizer Baubranche vorhandenen Überkapazitäten eine Verbilligung von konventionellen Metall- und Betonkonstruktionen stattfand.[35] Die Isler-Schalen blieben hingegen nach wie vor arbeitsintensiv und erlaubten wenig Vorfabrikation, was die Kosten für deren Erstellung zum Teil exorbitant machte. Trotz teilweiser

33 Die Werte sind Durchschnittswerte, zusammengerechnet von mehreren Projektkonvoluten aus dem gta Archiv. Zu beachten ist jedenfalls die Spezifik der Projekte, auf die signifikante Preisschwankungen zurückzuführen sind. Es waren nicht immer gleiche Arbeiten notwendig, was den Endpreis der jeweiligen Projekte beeinflusste. Fehlende resp. nicht verfügbare Daten werden mit »-« markiert.

34 Schätzungen des Autors anhand der Baustatistiken des Schweizerischen Wirtschaftsarchivs (SWA): SWA Vo H XII 10a Baukosten. Baukosten und Baufinanzierung. Dokumentensammlung: Broschüren 1946–1956; Gesetze, Botschaften und Erlasse; Broschüren 1957–1973; Broschüren 1974–1990. gta Archiv: 217–04, Schachtel 3/4, Kunststoffwerke Eschmann AG: Fabrik und Bürogebäude, Offerte, Korrespondenz, Statik.

35 Weibel, J. P.: Trägt der SIA dazu bei, Baukosten zu verteuern?, in: Schweizer Ingenieur und Architekt 105/4 (1987), S. 69–70, hier S. 69.

Mechanisierung beim Giessen von Beton blieben die Isler-Schalen Bauwerke, welche viel manuelle Arbeit bei ihrer Errichtung erforderten. Eine Folge der Krise war um 1975 der extreme Rückgang des Schalenbaus auf das Niveau des Jahres 1958 resp. 5'000 Quadratmeter pro Jahr. Erst ab 1978 trat eine allmähliche Erholung ein, allerdings erreichte die jährliche Produktivität Islers nie das Vorkrisenniveau.

Während eine Krise oftmals als Disruption wahrgenommen wird, die Baufirmen mit wenig Klienten ineffizient und funktionsunfähig macht, ist allerdings nicht von der Hand zu weisen, dass Krisenereignisse auch Momente der grossen rapiden Veränderung sein können, die durchaus zum Positiven führen können.[36] So hat die Krise aus Sicht des Autors der vorliegenden Arbeit eine deutlich geringere Rolle im Niedergang resp. in der Umdeutung der Isler-Schalen gespielt. Sie beeinflusste fast ausschliesslich die Nachfrage nach Islers Buckelschalen, welche vor allem die industriellen Betriebe[37] im Inland und im nahen Ausland (vor allem in der Bundesrepublik Deutschland, und dort in erster Linie in Baden-Württemberg, sowie in Frankreich) in Auftrag gaben. Der Rückgang der Industrieschalenproduktion fing in den Nachbarstaaten sogar ein Jahr früher an, und die wichtigsten ausländischen Konsumenten von Isler-Schalen (vor allem die Webereimaschinenfabrik Franz Morat GmbH und die Schenk Filterbau GmbH in der BRD) waren ebenfalls von der Krise betroffen. Während die schweizerischen Baumedien in der Expansion ins »billigere« Ausland einen Ausweg aus der Krise sahen,[38] war sie aus Islers Sicht keine stichhaltige Option, sein Geschäft zu optimieren und die Verluste durch die schlechte Auftragslage in der Schweiz 1973–1976 zu kompensieren.[39] Ganz im Gegenteil wurde nach 1975 keine einzige Buckelschale im Ausland gebaut.

Anders sah die Situation im Inland aus, wo die Buckelschalen bis in die späten 1980er-Jahre in kleinen Mengen weiterhin gebaut wurden und dem Ingenieurbüro Isler ein zwar eher bescheidenes, aber stabiles Einkommen sicherten. Die Persistenz der Industrieschalen in der Schweiz hing dabei eng mit dem Geschäftsmodell des Ingenieurbüros Isler und dem Kaufverhalten seiner

36 Blau 1984, S. 125, 130.

37 Im Unterschied zu sowohl individuellen, privaten, nicht-industriellen Kunden als auch zu Kunden der öffentlichen Hand.

38 Vgl. exemplarisch Züblin, M.: Konjunkturrückgang – vermehrter Export von Know-how und Dienstleistungen, in: SBZ 93/42 (1975), S. 650–654, hier S. 650ff.

39 Wie Islers Kontraktor Heinz Bösiger im von mir geführten narrativen Interview zugegeben hat, soll Heinz Isler zu jener Zeit Angst vor möglichen hohen Verlusten bei der Expansion ins Ausland gehabt haben. Vgl. Interview Heinz Bösiger 18.11.2019.

Kunden zusammen. Isler ist es während seiner ganzen Wirkungsperiode sehr gut gelungen, die inländischen Kunden dauerhaft an sich zu binden (s. Abbildung 4).

Abbildung 4: Islers wiederkehrende Kunden, % aller Kunden nach Jahren. Eigene Berechnung und Darstellung.[40]

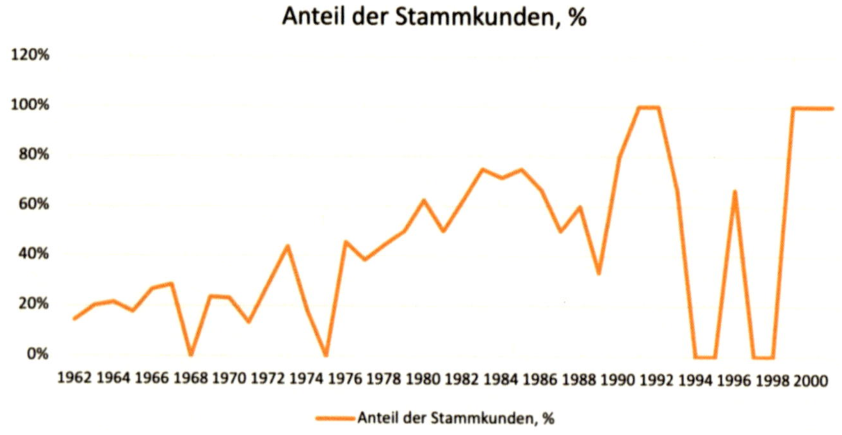

Seine Kontakte mit Kunden reichten über die gewöhnlichen Unterhalts- und Prüfarbeiten der früher errichteten Gebäude – den gewöhnlichen Teil des Geschäfts eines Bauingenieurs – hinaus[41] und mündeten oftmals in zahlreiche weiterführende Bauprojekte bei Betriebserweiterungen und in manchen Fällen in eine nähere Zusammenarbeit.[42] Auch nach der Krise gaben Islers

40 Vgl. Projektlisten und Findmittel zum Aktenbestand 217 im gta Archiv.

41 In diesem Zusammenhang sei auch erwähnt, dass die Schalenbauten Islers nicht sonderlich viele Unterhaltsarbeiten und Pflege (abgesehen von den Lichtkuppeln) erforderten. Vgl. exemplarisch gta Archiv: 217–01046, Schachtel 1/1, Armeemotorfahrzeugpark AMP Burgdorf, Tankstellendach Sanierung, Korrespondenz, »Dauerhaftigkeit der Isler-Schalen« (Dokument Bösiger), 12.3.1985, S. 1–3.

42 Als wichtigste wiederkehrende Kundenkontakte lassen sich in erster Linie folgende Unternehmen nennen: Blaser, Eschmann, Ramseier & Jenzer (Jura Garage), Florélite Clause (Frankreich), Kleiderfabrik Schweizer, Kunststoffwerk Worbla, Weberei Franz Morat, RUWA Drahtschweisswerk, Schenk Filterbau (Deutschland), Bösiger und Metallbau Fahrni.

Stammkunden einige Isler-Schalen (in der Regel mit denselben Dimensionen wie bei früheren Projekten) in Auftrag und konnten dadurch von Kostenreduktionen während der Konzeption und Ausführung von Schalen profitieren. Übertragen auf das gesamte Œuvre[43] Islers wurde jedes dritte Bauprojekt für einen Stammkunden ausgeführt.

Die allgemein sinkende Nachfrage nach Industrieschalen nach 1975 und die Klientelabhängigkeit der Industrieschalenproduktion gaben Heinz Isler ebenfalls eine Chance, sich umzuorientieren und sich komplexeren, den sogenannten »freien« Schalenformen zu widmen, welche zwar weniger wirtschaftlich waren, aber die nicht-industriellen Bauherren wie Theater und andere öffentliche Einrichtungen durch ihre ästhetischen Qualitäten überzeugten[44] und dadurch Islers öffentliches Auftreten als »bildender Künstler«[45] bekräftigten. Während der 1960er-Jahre wurden zwar einige »freie Schalen« wie die Tankstelle Deitingen Süd und die Feuerlöscherfabrik Sicli SA in Genf (beide wurden 2000 zu Werken der Ingenieurbaukunst erklärt) gebaut, jedoch blieb die Erstellung dieser Art von Isler-Schalen von der gebauten Fläche her eher gering. Im Gegensatz zu Industrieschalen wurde der Bau von freien Schalen selbst ungeachtet der Krise fortgesetzt. In den Jahren 1973–1976 wurden bereits laufende Projekte für Florélite Clause in Bretigny-sur-Orge und das Sportzentrum in Chamonix (beide Frankreich) ausgeführt. Seit 1976 war ein signifikanter Anstieg der Produktion von freien Schalen zu beobachten, der 10 Jahre anhielt. In diesen Zeitraum fällt die Produktion von mehreren Repräsentativbauten, darunter die Naturtheater in Grötzingen und Stetten (beide Baden-Württemberg) und die HIB-Schalen für 10 Tenniszentren in der Schweiz.

2.4 1986-2000: Die Reduktion der Bautätigkeit

In den 1980er-Jahren hielt die Teuerung weiterhin an. So lag 1982 der Preis für einen Quadratmeter einer Isler-Schale bereits über 1'000 Franken.[46] Das ent-

---

43 Darunter sind im Rahmen der vorliegenden Arbeit ausschliesslich gebaute Werke zu verstehen.

44 Als besonders gelungene Beispiele liessen sich in erster Linie die Naturtheater Grötzingen und Stetten (beide Baden-Württemberg) nennen.

45 Billington 1985.

46 gta Archiv: 217–0364, Schachtel 3/3, Tenniscenter Düdingen, Offerten.

sprach einer Teuerung von 550 % gegenüber 1955. Aber die Teuerung der Bauarbeiten im Stahlbetonbau im Berner Mittelland betrug in derselben Zeitperiode lediglich 408 % (der Durchschnittspreis eines Quadratmeters lag somit bei ca. 550–750 Franken), sodass die Schalen aufgrund des hohen Anteils manueller Arbeit bei Erstellung nach der Krise preislich deutlich über dem ortsüblichen Durchschnitt lagen.[47] Aus diesem Grund standen die potenziellen Neukunden Islers Schalenlösungen eher skeptisch gegenüber, und die Kundenakquise brachte auch keine positiven Ergebnisse. Heinz Isler reichte immer wieder Offerten für diverse Ausschreibungen und Bauprojektwettbewerbe ein, die jedoch jedes Mal aus Kostengründen abgelehnt wurden. »Wie erwartet sind die Schalen am teuersten«, beschwerte sich Isler im Februar 1983 bei seinem Kontraktor Heinz Bösiger nach der nächsten Absage bei der öffentlichen Ausschreibung einer Bundeswehr-Helikopterhalle in Detmold.[48]

Diese Situation stand im Zeichen eines graduellen Wandels des Schalenbaus von einer gefragten Technologie zu einer historischen Baupraxis und führte dazu, dass Heinz Isler in den späten 1980er- und den 1990er-Jahren keine Kundenakquise mehr betrieb und nur noch die abnehmende Zahl seiner Stammkunden bediente. Zu jener Zeit führte er bis zu fünf verhältnismässig kleine Bauprojekte pro Jahr aus (Sanierungen, Messungen, Umbauten und Fabrikerweiterungen), mit räumlichem Fokus auf Burgdorf und Langenthal.[49] Diese Aktivitäten sicherten zwar das Fortbestehen des Ingenieurbüros Isler,[50] standen aber in keinem Verhältnis zur regen Bautätigkeit der Vorkrisenjahre und der Periode der grossen Repräsentativbauten der späten 1970er-Jahre.

Während die vorherige Entwicklung des Ingenieurbüros Isler vorwiegend der gesamtschweizerischen Wirtschaftslage entsprochen hatte, lässt sich ge-

47 Schätzungen des Autors anhand der Baustatistiken des Schweizerischen Wirtschaftsarchivs (SWA): SWA Vo H XII 10a Baukosten. Baukosten und Baufinanzierung. Dokumentensammlung: Broschüren 1946–1956; Gesetze, Botschaften und Erlasse; Broschüren 1957–1973; Broschüren 1974–1990. gta Archiv: 217–0364, Schachtel 3/3, Tenniscenter Düdingen, Offerten; 217–01139, Schachtel 1/1, Flugplatz Hobart Barracks.

48 gta Archiv: 217–01139, Schachtel 1/1, Flugplatz Hobart Barracks: Helikopter-Abstell- und Wartungshalle, Vorprojekt, Offerte, Korrespondenz.

49 Eigene Beobachtungen auf der Basis der Projektlisten und Findmittel zum Aktenbestand 217 im gta Archiv.

50 Laut Hans Glanzmann, einem langjährigen Mitarbeiter Islers, hatte das Ingenieurbüro Isler nie Bonitätsprobleme und kam seinen finanziellen Verpflichtungen immer rechtzeitig nach. Vgl. Interview Heinz Bösiger 18.11.2019.

rade in der späten Phase der ingenieurtechnischen Tätigkeit Heinz Islers eine Abkopplung von der Konjunktur beobachten. Trotz einer Neubelebung des Schweizer Bauwesens in den 1980er-Jahren (s. Abbildung 5) und einem steigenden Bedarf an neuen Industrieflächen war es Isler nicht möglich, den Schalenbaupreis wieder konkurrenzfähig und sein Bausystem für neue Kunden attraktiv zu machen. Das »System Isler« zahlte sich somit nur für die bestehenden Mitglieder des Systems aus, die aus ihren früheren Investitionen in die Schalung auch nach 1986 Nutzen zogen und Kosten sparen konnten.

Abbildung 5: Bautätigkeit in der Schweiz 1955–1985.[51]

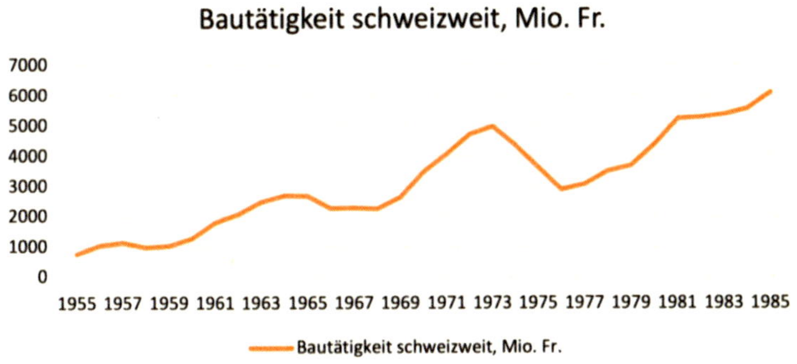

2.5 Grenzen und Potenziale einer konjunkturellen Sichtweise

Im Rahmen dieses Kapitels wurde versucht, das »System Isler« als ein ausschliesslich ökonomisches System aufzufassen, das allgemeinen Wirtschaftstrends folgte. Hält man an dieser Annahme fest, ergibt sich daraus ein Narrativ über den Aufstieg und Fall des Isler-Schalenbaus in der Schweiz.

Einerseits war die wachsende Popularität der Isler-Schalen in den 1950er- und den 1960er-Jahren nicht nur auf die technologischen Errungenschaften des »Systems Isler« zurückzuführen, sondern auch auf äusserst positive gesamtwirtschaftliche Rahmenbedingungen in der Schweiz der »langen« Nachkriegszeit. Der leichte Zugang der Industrieunternehmen des Schweizer

51 StJS, Bd. 1961–1987. Hierbei handelt es sich um nominelle, nicht inflationsbereinigte Zahlen.

Mittellandes zu Baukrediten, der Produktionsboom und ein hoher Bedarf an möglichst stützenfreien Produktionsflächen, Fertigungs- und Ausstellungshallen, Garagen etc. machten die Islersche Schalenbauweise unter den industriellen Kunden besonders populär. Gerade die industrielle Klientel, die sich primär für pneumatische Buckelschalen interessierte, war die wichtigste Konsumentengruppe des »Systems Isler«. Die industriellen Unternehmen zählten zu Islers Stammkunden, wie beispielsweise die Chemisch-Technische Produkte Blaser & Co. AG, die dem Bausystem auch nach der Erdölpreiskrise um 1975 treu blieb.

Andererseits soll es ebenfalls die Konjunktur gewesen sein, die den Schalenbau in der Schweiz unmöglich machte. Die Erdölpreiskrise 1973–1975 war ein tiefer Einschnitt und führte zu einer Teuerung von Bauarbeiten und Kreditverknappung, was die Auftragslage negativ beeinflusste. Nach 1973 konnten die Baupreise der Isler-Schalen zwar nicht mehr auf dem tiefen Vorkrisenniveau gehalten werden, blieben jedoch im Vergleich zu anderen Bausystemen weiterhin konkurrenzfähig. Ein weiteres Problem war ab Mitte der 1970er-Jahre der wachsende Anteil an Stammkunden.[52] Der Schalenbau war zunehmend auf wenige Stammkunden angewiesen, da es Heinz Isler sogar während der erneuten Hochkonjunktur der 1980er-Jahre nicht gelang, Neukunden zu akquirieren. In diesem Sinne stehen die späten Entwicklungen beim Ingenieurbüro Isler der gesamtschweizerischen Konjunktur entgegen.

Das Narrativ von Aufstieg und Fall besticht zwar durch seine Einfachheit, führt aber zu durchaus problematischen Ergebnissen. Bei einem solchen »Exkulpieren« monetärer Anreize wird der Schalenbau im Rahmen eines Kosten-Nutzen-Paradigmas statisch aufgefasst. Dabei wird jede Änderung des »Systems Isler« – sei es die Neuorientierung auf freie Schalen, die Entwicklung und Lancierung neuer Produkte (der Bubble-Häuser und der HIB-Schalen) oder möglicherweise der bewusste Verzicht Islers auf internationale Expansion – zwangsläufig als Zeichen des Niedergangs angesehen. Die einseitige Fokussierung auf Kosten, gebaute Flächen und andere leicht quantifizierbare Parameter würde zur Ausblendung der vielfältigen Facetten des »Systems Isler« führen. Obwohl die schweizweite Konjunktur und das ökonomische Kapital Einflussfaktoren für das Aufkommen und die Entwicklung von Isler-

52 Dieser Prozess entspricht einem kontinuierlichen Übergang von nicht-redundanten in redundante Kontakte, was in Granovetters Theoriebildung den Niedergang eines Unternehmens bedeutet. Vgl. Granovetter 1973, S. 1360.

Schalen darstellen, reichen sie als alleinige Erklärung dieses historischen Phänomens nicht aus.

Vor dem komplexen Hintergrund der historischen Genese der Isler-Schalen bedarf es einer Einbeziehung weiterer Kapitalsorten, die an der Entwicklung und Aufrechterhaltung des »Systems Isler« beteiligt waren, um sich der Essenz dieser Bauweise anzunähern. Wenn man sich die Vergänglichkeit der Isler-Schalen vor dem Hintergrund ihrer Einbettung in die gesamtwirtschaftliche Konjunktur, in lokale technologische und industrielle Milieus und konventionalisierte Gestaltungsweisen in den Massenmedien vor Augen führt, ist es lohnend, sich die Kapitaltheorie von Pierre Bourdieu in Erinnerung zu rufen.[53] Die historische Entwicklung des Schalenbaus kann dabei als Objektivierung unterschiedlicher Kapitalsorten und im Sinne von deren Umwandlungen gedeutet werden.[54]

Folgt man diesem Ansatz, ergeben sich entsprechende Schwerpunktverlagerungen bei der Deutung der »Konjunkturgeschichte« der Isler-Schalen. Gerade zu Beginn der Geschäftstätigkeit Islers als Bauingenieur erweist sich nicht so sehr das ökonomische Kapital der industriellen Bauherren als entscheidend für die Entstehung der ersten Isler-Schalen, sondern vielmehr die persönlichen Bekanntschaften bzw. das soziale Kapital Islers. Diese haben ihm die ersten Aufträge vermittelt, sodass Isler seine Schalenideen bzw. sein inkorporiertes Kulturkapital in die Baupraxis umsetzen konnte.[55] In der Folge fand eine rapide Akkumulation des sozialen Kapitals (bzw. der Kooperationspartner, Zulieferer, Stammkunden etc.) statt, die auch als Netzwerkbildung angesehen werden kann. Die enge Zusammenarbeit der beteiligten Akteure führte auch zur Akkumulation des inkorporierten Kulturkapitals (Wissensvorteile beim Bau von Isler-Schalen), das wiederum monetisiert werden konnte.

Eine erhebliche Störung dieser Kapitalumwandlungen nach 1975 ist aus meiner Sicht in der Fragilität des etablierten Netzwerks zu sehen. Denn bestimmte Teile des sozialen und kulturellen Kapitals (bzw. der Kooperationspartner und deren Erfahrungen) gingen verloren und das ökonomische Kapital war bei den Bauherren nicht mehr vorhanden. Dieses System wurde nicht

53 Vgl. Bourdieu, Pierre: Ökonomisches Kapital, kulturelles Kapital, soziales Kapital, in: Bauer, Ulrich, Uwe H. Bittlingmayer, Albert Scherr (Hg.): Handbuch Bildungs- und Erziehungssoziologie. Bildung und Gesellschaft. Wiesbaden: Springer VS 2012, S. 229–242, hier. S. 231.

54 Vgl. ebenda, S. 239.

55 Vgl. ebenda.

nur durch tiefgreifende wirtschaftliche Veränderungen auf dem Schweizer Baumarkt, wachsenden Kostendruck und zunehmende Konkurrenz ins Wanken gebracht. Vorwiegend waren es netzwerkspezifische interne Prozesse, die den Bau von Schalen sukzessive verkomplizierten. Es entstanden Probleme mit Zulieferern, Produzenten und Kunden von Heinz Isler. Nachdem die Isler-Schalen die Unterstützung des Netzwerks verloren hatten, fanden sie keinen Anschluss mehr an Marktsegmenten, die bereits vom konventionellen Stahlbetonbau erobert worden waren. Betrachtet man aber die Anerkennung zweier Bauten Islers als Baudenkmäler um das Jahr 2000[56] im Kontext des Abrückens Islers von der praktischen Bautätigkeit und seiner Hinwendung zur Öffentlichkeitsarbeit in den Massenmedien, liesse sich von einer Umdeutung seiner Zweckbauten zu objektiviertem, allgemein anerkanntem Kulturkapital bzw. Kulturerbe sprechen.

Die Stärke dieser Sicht auf die historische Genese der Isler-Schalen besteht darin, dass sie die multiplen Interaktionen zwischen unterschiedlichen Komponenten des »Systems Isler«[57] im Sinne der Kapitalumwandlungen beleuchtet und den sozialen Kontext miteinbezieht. Freilich suggeriert der instrumentell gebrauchte Kapitalbegriff eine Vergleichbarkeit aller Kapitalsorten. Das setzt wiederum eine mehr oder weniger deterministische Sichtweise auf die Isler-Schalen voraus, bei der alle Änderungen des »Systems Isler« nur innerhalb der Kapitalsorten geschehen und jede Stärkung bzw. Schwächung einer Kapitalsorte zwangsläufig eine Änderung bei der anderen bewirkt. Dies würde allerdings die Anpassungsfähigkeit des »Systems Isler« an unterschiedliche relevante zeitgenössische Kontexte ausblenden. Um dem entgegenzuwirken, bedarf es zusätzlich der systemischen Sichtweise auf die Isler-Schalen.

Folgt man Niklas Luhmanns profunden systemtheoretischen Gesellschaftsanalysen, so ist das »System Isler« als ein autopoetisches (selbstreferentielles und sich selbst neu erzeugendes) System aufzufassen, dessen

56 Hierbei handelt es sich um die Autobahnraststätte Deitingen Süd (SO) und die Feuerlöscherfabrik Sicli SA (Genf).

57 Darunter sind in erster Linie folgende Komponenten zu verstehen: die langfristigen Netzwerke Islers, die Genealogie seiner Schalenprodukte, die Rolle der Industrie sowie der seriellen Fertigung von Schalen und nicht zuletzt die flankierenden Marketingmassnahmen, die vom Ingenieurbüro Isler über sein gesamtes Bestehen betrieben wurden und für das Unternehmen prägend waren.

besondere Leistung im »Ersetzen verschwindender Elemente durch andere«[58] besteht. In diesem Sinne soll die »vorübergehende Anpassung an vorübergehende Lagen«[59] im »System Isler« insofern gewährleistet gewesen sein, als Teile des Systems – das Kundennetzwerk, die Kooperationspartner, die Technologien, die Kommunikation etc. – inkommensurabel waren und im Zuge einer kommunikativ vermittelten »Co-evolution von System und Umwelt«[60] immer wieder neu ausgehandelt und hervorgebracht wurden. Die situative Stärkung eines bestimmten Aspekts des Schalenbaus musste nach diesem Paradigma nicht zwangsläufig Umwälzungen in anderen Teilen des »Systems Isler« nach sich ziehen. So konnten sich die Teile nicht gegenseitig determinieren, bildeten jedoch eine synkretistische Einheit zwischen System[61] und Netzwerk,[62] bei der eine Systemleistung von einer Netzwerkleistung nicht zu trennen ist.[63]

Vor dem Hintergrund dieser Überlegungen kann die Autopoiesis bzw. die situative Neuerfindung des »Systems Isler« aus unterschiedlichen Perspektiven beleuchtet werden. Das »System Isler« entstand zum einen aus den Beziehungen, die für den Bau der Isler-Schalen auf der Angebots- und Nachfrageseite notwendig waren, und wurde von ihnen über Jahrzehnte hinweg aufrechterhalten. Zum anderen kristallisierte sich das »System Isler« aus vergemeinschafteten praktischen Erfahrungen, die eine sichere und einwandfreie Ausführung dieser komplexen Bauten ermöglichten. Darüber hinaus bildeten netzwerkinterne und systemexterne Konflikte einen wesentlichen Bestandteil des »Systems Isler«. Schliesslich wurde das System auch medial hergestellt, zumal Repräsentationen in den Massenmedien die Interpretation von Isler-Schalen zielgruppenspezifisch beeinflussten und die Genese des Schalenbaus seit den Anfängen begleiteten.

Diese theoretisch plausibilisierten Faktoren der Persistenz der Isler-Schalen als eines bauhistorischen Phänomens und des »Systems Isler« als einer dis-

58 Luhmann, Niklas: Soziale Systeme. Grundriß einer allgemeinen Theorie. Frankfurt a.M.: Suhrkamp 1987, S. 380.

59 Luhmann, Niklas: Soziologische Aufklärung 6. Die Soziologie und der Mensch. Opladen: Westdeutscher Verlag 1995, S. 15.

60 Ebenda, S. 17.

61 Ein relativ stabiler, längerfristig seine Gültigkeit behaltender Teil des sozialen Systems. Vgl. Luhmann 1987, S. 392.

62 Ein dynamischer, sich stets wandelnder Teil des sozialen Systems, der sich potenziell jederzeit aufzulösen droht. Vgl. ebenda, S. 392.

63 Vgl. ebenda.

kursiven,[64] sich stets neu erfindenden und an die Umwelt anpassenden Formation ermöglichen es, über das Ökonomische hinauszugehen und sich die komplexen Wechselbeziehungen zwischen den einzelnen Komponenten dieses Systems und die Eigendynamiken eines jeden Teilsystems zu vergegenwärtigen. Um dieser Aufgabe gerecht zu werden, braucht es in der Folge methodisch-theoretische Rückgriffe sowohl auf Bourdieu als auch Luhmann. Während der Luhmannsche Ansatz den Stellenwert einzelner Entwicklungsphasen des »Systems Isler«, das Ineinandergreifen des Netzwerks und des Systems und die Eigendynamiken einzelner Subsysteme konturieren kann, beleuchtet der Ansatz von Bourdieu zusätzlich zur vorher eingeführten Theorie Gilbert Simondons die Übergänge zwischen verschiedenen temporalen Ausprägungen des »Systems Isler«. In der Folge sollen die herausgearbeiteten Perspektiven auf die Isler-Schalen entsprechend belegt und begründet werden. Dabei wird das ökonomisch tradierte Narrativ vom Aufstieg und Fall aufgebrochen und um eine sozial eingebettete Perspektive und eine sowohl netzwerk- als auch systemlogische Dimension erweitert.

64 Im Sinne von Jürgen Habermas.

3 Netzwerke des Mittellandes

Die Konjunktur der Isler-Schalen hing eng damit zusammen, welche Arten von formellen und informellen Geschäftsbeziehungen Heinz Isler mit unterschiedlichen Unternehmen und staatlichen Institutionen einging. Das folgende Kapitel nimmt eine Vielzahl von Beziehungen über die ganze Wirkungsperiode Islers hinweg in den Blick – von seinem Militärdienst nach dem Studium und der freien Mitarbeit beim Ingenieurbüro Weder + Prim über den Beginn der Selbstständigkeit bin hin zu einem voll ausgebauten Netzwerk von Vertragspartnern und Kunden. Ziel ist es, eine allmähliche Verdichtung einzelner Geschäftsbeziehungen und Transaktionen Islers zu einem Netzwerk des Schalenbaus nachzuverfolgen. Das besondere Augenmerk liegt dabei auf den Faktoren, die eine Zusammenkunft von Islers Partnern und Bauherren förderten, sowie auf den Mitteln, mit denen der langfristige Zusammenhalt des Netzwerks sichergestellt wurde.

3.1 Die Schweizer Armee
Versuchsgelände und Kontaktnetzwerk

Am 5. Dezember 1955 hob ein Dutzend Soldaten im Aargauer Birrfeld die Erde aus einem kreisförmigen Graben aus und bildete daraus anschliessend eine Kugel, den sogenannten »Erdkern«,[1] der danach als Schalung gebraucht und mit einer 20 cm dicken Betonschicht überdeckt wurde. Am nächsten Tag, als der Beton erhärtet wurde, höhlten die Soldaten die Erde aus und legten sie zur Tarnung auf die fertige Konstruktion, welche als eine Art Atomunterstand fungieren sollte. In der Folge wurde die Schale zur Überprüfung ihrer Festigkeit

1 Vgl. Chilton 2021, S. 614.

gesprengt, um die maximale Last herauszufinden, der eine solche Konstruktion standhalten kann (s. Abbildungen 6 und 7).[2] Der skizzierte Bau war vom Oberleutnant Heinz Isler erdacht worden und war eines seiner ersten grossflächigen Experimente im Rahmen seines Militärdienstes, das einen Auftakt zu seiner weiteren erfolgreichen Karriere als Bauingenieur bildete. Auch wenn die angewendete Bautechnik sehr einfach oder gar, wie Isler selbst sie bezeichnete, »prähistorisch«[3] war, brachte der Versuch positive Ergebnisse: Die Schale wies keine Risse und Absplitterungen auf und hatte somit einer Explosion von einem Kilo Trotyl standgehalten.[4]

Abbildung 6: Die Vorbereitung des Erdkerns für den Atomunterstand, 05.12.1955.[5]

2 Vgl. Isler 1956, S. 162.

3 Vgl. Isler 1959a, S. 4.

4 gta Archiv: 217–0630, Schachtel 1/1, Atomschutzbunker, Projekt eines Zeitschriftenartikels. Isler 1956, S. 171.

5 gta Archiv: 217–0630, Schachtel 1/1, Atomschutzbunker, Projekt eines Zeitschriftenartikels, Briefwechsel 1956.

Abbildung 7: Der fertige Bau, 06.12.1955.[6]

Diesen Experimenten gingen Islers rege Tätigkeiten bei der Schweizer Armee voraus. Während Heinz Isler, wie üblich in der Schweiz der Nachkriegszeit, 40 Militäreinsätze verteilt über 31 Jahre zwischen 1945 und 1981 in der Genieabteilung 64 absolvierte, fiel eine besonders aktive Phase seines militärtechnischen Engagements in die erste Hälfte der 1950er-Jahre (15 Einsätze) und soll demnach seinen Eingang in den schweizerischen Baumarkt und die Genese seiner Entwurfsideen begleitet haben.[7] Die Genietruppen waren mit Aufgaben befasst, welche besondere ingenieurtechnische Vorbildung und entsprechende Kenntnisse erforderten, und waren vor allem in die Planung und den Bau von Atomunterständen, Brücken und anderen ingenieurtechnischen Anlagen involviert. Auch Heinz Isler übernahm diese Rolle beim Schweizer Militär und fand hier ein Anwendungsfeld für seine ingenieurtechnischen Kenntnisse.

6 gta Archiv: 217–0630, Schachtel 1/1, Atomschutzbunker, Projekt eines Zeitschriftenartikels, Briefwechsel 1956. Kommentar von Isler ebenda: »Fertig ausgehöhlter und abgedeckter Unterstand. Im Hintergrund Unterstände in früheren Baustadien«.

7 gta Archiv: 217-FX-21-2, Militärdienst EK 81. Vgl. Chilton 2000, S. 16.

Abbildung 8: Die erste Idee des Atomunterstands von Isler.[8]

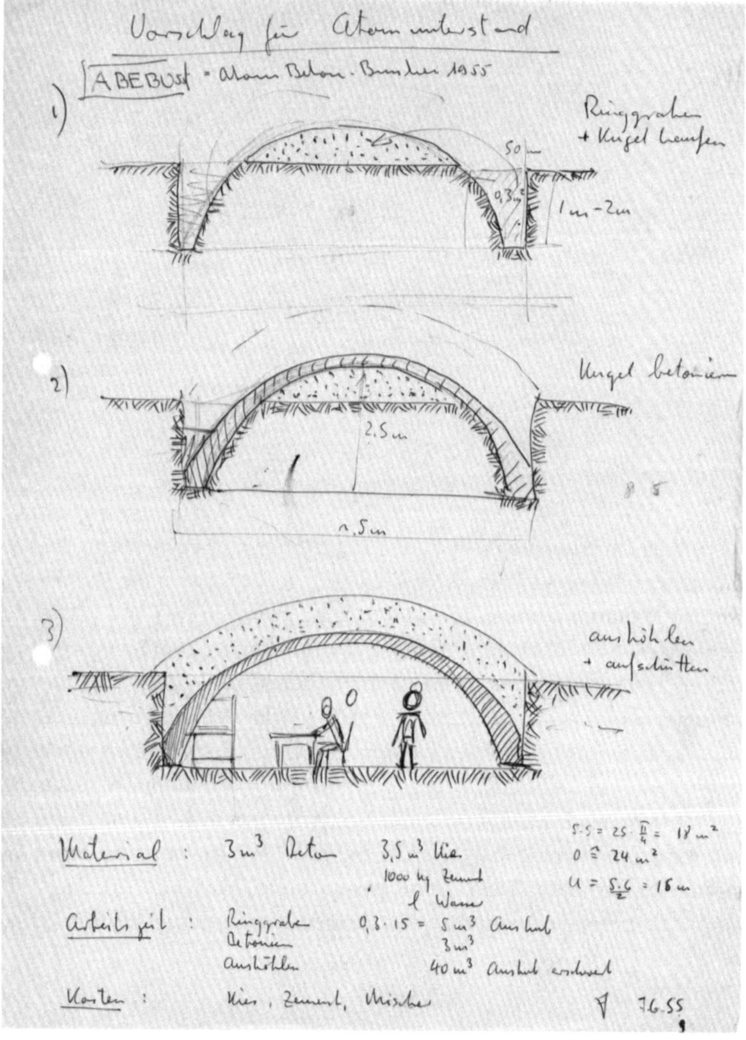

Zugleich stand diese Periode im Zeichen des Kalten Krieges, der auch in der Schweiz vor dem Hintergrund des Koreakrieges 1950–1953 und der

8 gta Archiv: 217–0630, Schachtel 1/1, Atomschutzbunker, Projekt eines Zeitschriftenartikels, Briefwechsel 1956.

Ungarn-Krise 1956 eine Welle der atomaren Abschreckung auslöste. Zu jener Zeit setzte die eidgenössische Verteidigungspolitik auf ein massives Rüstungsprogramm, das die Errichtung diverser kostspieliger Schutzanlagen vorsah.[9] Vor diesem Hintergrund interessierte man sich in den 1950er-Jahren zunehmend für Baukonstruktionen mit einem minimalen Material- und Arbeitsaufwand,[10] was vom Oberleutnant Heinz Isler zum Anlass genommen wurde, eine Kugelschale aus Beton als eine »atomsichere« Konstruktion vorzuschlagen (s. Abbildung 8).[11] Mit seiner Innovation erhoffte sich Isler, »uns auf einfache Weise gegen Atomwaffen zu schützen«[12] und die militärischen Entscheidungsträger davon zu überzeugen, dass »eine wirtschaftliche Lösung [des Bunkerbaus; E. L.] [...] in neuen Formen zu suchen«[13] sei.

Der Schwerpunkt auf das Atomare wurde von Isler wohl bewusst und sehr genau durchdacht gewählt, zumal er in allen seinen Kommunikationen zum Feldexperiment versuchte, den hypothetischen erfolgreichen atomaren Schutz durch Schalenbauten hervorzuheben. Dabei strebte Isler eine Anwendung seiner Innovation beim Militär an und reagierte auf diese Weise auf die Vorhaben der Schweizer Armee, eine Reihe von Atomunterständen in der Schweiz zu bauen. Über seine erfolgreichen Versuche in Birrfeld und ferner auch im Linthtal verfasste Isler Ende Dezember 1955 einen Fachartikel für die Zeitschrift »Technische Mitteilungen für Sappeure, Pontoniere und Mineure«, der nach seinem Erscheinen ins Französische übersetzt und in »Le soldat du génie« im gleichen Jahr veröffentlicht wurde. Dessen Originaltitel lautete »Atomsicherer Unterstand in Beton«, wurde aber von Oberleutnant Hickel aus Effretikon, dem Redakteur der »Technischen Mitteilungen«, zu »Feldmässiger

9 Vgl. Böhi 1964, S. 100. Berger Ziauddin, Silvia: Überlebenszelle, Territorium, Bordell. Bunker|Schweiz im nuklearen Zeitalter. Habilitation Universität Bern, 2019. Buomberger, Thomas: Die Schweiz im Kalten Krieg, 1945–1990. Baden: hier + jetzt 2017. Fabricio, Leo, Eric Troncy, Maurice Lovisa: Bunkers. Gollion: Infolio 2004. Loderer, Benedikt: Im Armeeformhaus. Das Sturmgewehr 57 als Fundament der Armee, in: Buomberger, Thomas, Peter Pfrunder (Hg.): Schöner leben, mehr haben. Die 50er Jahre in der Schweiz im Geiste des Konsums. Zürich: Limmat 2012, S. 201–236, hier S. 206–210. Schmid 1987, S. 42. Tanner 2015, S. 319–325.

10 Vgl. Marti, Sibylle: Strahlen im Kalten Krieg. Nuklearer Alltag und atomarer Notfall in der Schweiz. Paderborn: Ferdinand Schöningh 2020, S. 106–122.

11 gta Archiv: 217–0630, Atomschutzbunker. NZZ vom 28.02.1956, Bl. 10.

12 Isler, Heinz: Feldmässiger Unterstand in Beton, in: Technische Mitteilungen für Sappeure, Pontoniere und Mineure 20/4 (1956), S. 157–183, hier S. 179.

13 Ebenda, S. 157, 164–168.

Unterstand in Beton« geändert. Der Hintergrund dieser Änderung war der in den Augen Hickels übertrieben starke Fokus Islers auf vollumfänglicher Atomsicherheit, sodass der Redakteur vorschlug, den Schwerpunkt des Beitrages darauf zu verlagern, »wie wir primär in der Feldbefestigung mit anderen Mitteln bauen können«.[14] Aus diesem Grund sollte die folgende, etwas überspitzte Schlussfolgerung Islers ebenfalls gestrichen werden: »Die Kugelschale stellt zudem wohl das einzige Mittel dar, das auch innerhalb der 600 m – Zone noch Chancen zum Ueberstehen einer Atomdetonation hat«.[15] In diesem Sinne partizipierte Heinz Isler an dem zu jener Zeit vorherrschenden Diskurs der atomaren Abschreckung,[16] um seine Konstruktionsweise salonfähig zu machen und möglicherweise beim Schweizer Militär einen Absatzmarkt zu finden.

Durch die umfangreichen Korrekturen war die Bedeutung von Isler-Schalen für den Schutz vor Atomangriffen in den Ingenieurkreisen etwas relativiert, sodass die ingenieurwissenschaftliche Rezeption von Isler-Unterständen auf die technische und ökonomische Effizienz der mit einfachen Mitteln erstellten Schutzbauten gerichtet war. Islers Leistung fand ein beachtliches Echo unter seinen Ingenieurskollegen. So schrieb Ruedi Mettler, ein Kollege Islers aus der Genietruppe, am 9. Dezember 1955 an Isler: »Ich kann Dir nur sagen, dass sich Dein Bunker glänzend bewährt hat. Er war fast nicht zum Töten!«[17] Die Publikationen in den Massenmedien deuteten das Ereignis hingegen im Sinne der atomaren Abschreckung. So fokussierten sich die auf dem erwähnten Fachbeitrag aufbauenden Artikel in der »Neuen Zürcher Zeitung« und im »Berner Tagblatt« auf den Atomschutz und dessen gesellschaftliche Implikationen und sorgten für die Popularisierung von Isler-Schalen durch die Hervorhebung ihrer sozialen Relevanz.[18] In diesem Sinne entsprach diese öffentliche Rezeption des ersten Experimentalbaus Islers seinem primären Zweck, ein Aufsehen in der Öffentlichkeit zu erregen, indem er mit seiner Lösung ein akutes, wenn auch in erster Linie imaginiertes Problem der Schweizer Gesellschaft ansprach.

---

14 Ebenda, ohne Seitenangabe, Schreiben Hickels vom 6.01.1956.

15 Ebenda.

16 Vgl. Hecht, Gabrielle: The Radiance of France. Nuclear Power and National Identity after World War II. Cambridge, MA: The MIT Press 2000. Marti 2021.

17 gta Archiv: 217–0630, Schachtel 1/1, Atomschutzbunker, Projekt eines Zeitschriftenartikels, Briefwechsel 1956.

18 NZZ vom 28.02.1956, Bl. 10.

Heinz Isler war selbst der Hauptprofiteur der von ihm angeregten Bunkerversuche. In der Folge wurden zwar einige Isler-Unterstände zu Versuchszwecken gebaut,[19] aber sie dienten lediglich als Zusatz zu üblichen hölzernen Befestigungen und fanden im Endeffekt keine breite Anwendung bei der Schweizer Armee. Der hier skizzierte Militäreinsatz Islers brachte ihm jedoch die ersten praktischen Erfahrungen mit dem Schalenbau, die ihm in seiner weiteren zivilen Karriere von Nutzen waren.[20] Zu jener Zeit verfügte Isler nur über eingeschränkte finanzielle Mittel, die ihm keine grossräumigen Experimente auf eigene Kosten erlaubten. Ein grossmassstäbliches Experiment lieferte Isler aber zweifellos zusätzliche Erfahrungen mit dem Baustoff Beton und dabei konnte er zum ersten Mal seine Entwurfsideen erfolgreich unter Beweis stellen. Darüber hinaus bot die Genieabteilung 64 der Schweizer Armee Isler offenbar eine gute Plattform, sich mit anderen Bauingenieuren zu vernetzen, zumal beinahe alle Bauingenieure ihren obligatorischen Wehrdienst in solchen Truppen absolvierten. Dieses potenziell mächtige Netzwerk brachte zahlreiche engere Kooperationen hervor, welche für die schweizerische Innovationskultur der Nachkriegszeit entscheidend waren. So war es auch im Fall von Heinz Isler: Er lernte während eines seiner frühen Einsätze im Jahr 1947 den Oberleutnant Adolf Weder kennen,[21] einen jungen Bauingenieur, der in den 1950er-Jahren einen wichtigen Beitrag zur Entwicklung von Isler-Schalen als kommerzielles Produkt leisten wird.

3.2 Islers frühe Bauprojekte
Die Rolle des Ingenieurbüros Weder + Prim

Seit 1952 war Isler bei der Burgdorfer Zweigstelle des St. Galler Ingenieurbüros Weder + Prim als »Mitarbeiter für Schalenbauten« tätig und führte während der drei Jahre seiner Beschäftigung insgesamt fünf Bauprojekte aus, die es ihm ermöglichten, den schweizerischen Baumarkt kennenzulernen und sich auf die künftige selbstständige Tätigkeit als Bauingenieur vorzubereiten. Seine frühen Bauprojekte mit der Firma Weder + Prim bedienten sich gängiger zeitgenössischer Baumethoden und Technologien und führten Bauten in der

---

19 Berner Tagblatt vom 05.05.1957.

20 Ebenda.

21 gta Archiv: 217-FX-21-2, Militärdienst EK 81.

Nähe von Burgdorf – im Herzen des Mittellandes – aus. In diesem Zusammenhang sei auf zwei Projekte aus dem Jahr 1954 – der Wasserbehälter Fernstallwald in Burgdorf und das Hotel »Kreuz« in Langenthal – verwiesen.[22]

Die Schale des Hotels »Kreuz« zielte genauso wie alle anderen Schalenprojekte auf eine »wirtschaftliche Konstruktion grosser, stützenfreier Räume«[23] ab und entsprach somit sozialen Erwartungen der Nachkriegszeit (dem möglichst günstigen Bau von grossen Betriebsflächen), die mit diesem Bausystem verbunden waren. Dabei gewann die Frage nach der möglichen Spannweite solcher Schalenkonstruktionen zunehmend an Bedeutung und beschäftigte Isler im Hinblick auf Möglichkeiten der Vergrösserung von Raum, der mit einem Minimum an Stützen überdacht werden konnte. Die Innovation kam dabei in Form einer auf vier Punkten gestützten Buckelschale im Projekt für das Hotel »Kreuz«, wo es um den Einbau eines grösseren Speisesaals ging, zum ersten Mal zum Tragen. Die elegante Wölbung und das Fehlen von Stützen im Saalinneren im Projekt von Isler und Weder sprach den Bauherrn an. Adolf Weder und Heinz Isler schrieben diesbezüglich nach dem erfolgreichen Bauabschluss in der »Schweizerische Bauzeitung«: »Ihre [der Schale; E. L.] besonderen Vorteile liegen im säulenfrei überdeckten Raum von mindestens 400 m^2 und in den stützenlosen Seitenflächen, welche grosszügige Verglasungen oder grossflächige Tore zulassen«.[24]

Diesem Ergebnis ging eine Reihe von akribisch durchgeführten Experimenten mit aufgeblasenen angespannten Membranen voraus, durch welche sich die angemessene Schalenform finden liess (s. Abbildung 9).[25] Zu jener Zeit war diese Vorgehensweise unikal und innovativ, da die mathematischen Formfindungsmethoden vorherrschend waren. Der Hintergrund der Versuche war, dass die gewählte hocheffiziente pneumatische Form nicht berechnet werden konnte, da sich die sie definierende Differenzialgleichung mit damaligen Methoden nicht lösen liess. Zugleich verfügte das Ingenieurbüro Weder + Prim über keine eigenen Räumlichkeiten und keine adäquate technische Ausstat-

22 Vgl. Bächtold 1945. Schubiger, Emil: Die Schalenkuppel in vorgespanntem Beton der Kirche Felix und Regula in Zürich, in: SBZ 17/68 (1950), S. 223–228, hier S. 225. Weder, Adolf: Wasserbehälter aus Spannbeton »Fernstallwald« der Stadt Burgdorf, in: SBZ 73/16 (1955), S. 236–238, hier S. 236.

23 Weder, Adolf, Heinz Isler: Die »Buckelschale«, ein interessantes Bauelement, in: SBZ 73/23 (1955), S. 346–349, hier S. 346.

24 Ebenda, S. 347.

25 Vgl. ebenda, S. 347.

tung, um solche Experimente ausführen zu können.[26] Deswegen wurde (neben der Armee) eine weitere staatliche Institution in die Entwicklung von Isler-Schalen involviert: Die Versuche wurden am Kantonalen Technikum Burgdorf durchgeführt.[27] Darauf folgten die Arbeiten an Messmodellen, mit denen die genaue Form des künftigen Schalendachs bestimmt wurde (s. Abbildung 10). Isler und Weder entwickelten in einem nächsten Schritt eine Form der Holzschalung, die dem Betonguss standhalten konnte.

Abbildung 9: Ein pneumatisches Experiment zur Formfindung der Buckelschale, durchgeführt am Technikum Burgdorf, 1955.[28]

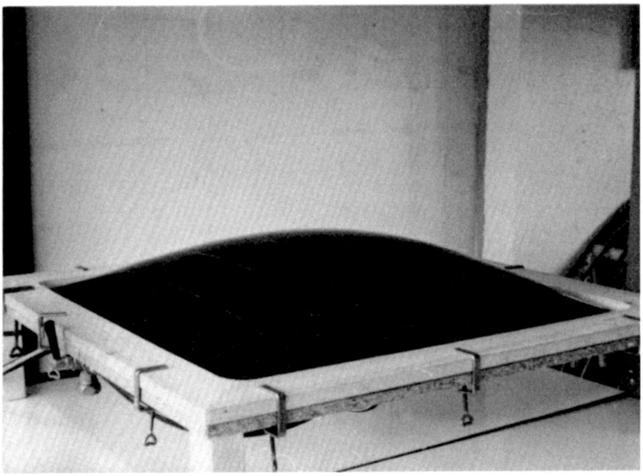

Die gemeinsamen Bauprojekte Adolf Weders und Heinz Islers ermöglichten Letzterem einen Zugang zu seinen Kooperationspartnern und Kontakten in der Industrie, die in der Folge für sein Geschäft entscheidend sein würden. Das Hotel »Kreuz« wurde ausschliesslich unter Beteiligung von lokalen Firmen aus dem Mittelland, etwa den Architekten Hesterberg und Fritz (Bern), dem Gemeinschaftsunternehmen Hornung & Witschi AG und dem Bauunternehmen Willi Bösiger AG (beide Langenthal) ausgeführt.[29] Insbesondere der Kon-

26 Ebenda.

27 Vgl. Nyffeler, Hans: Eine interessante Translationsschale, in: SBZ 76/49 (1958), S. 735–736.

28 gta Archiv: 217-FX-9-S, Hallenbauten mit Buckelschalen.

29 Vgl. Weder/Isler 1955, S. 349.

takt zu der Firma Willi Bösiger AG war entscheidend für Islers Werdegang als Bauingenieur, Schalenbauer und Technologieunternehmer, zumal sich daraus eine lebenslange Partnerschaft zwischen dem künftigen Ingenieurbüro Isler und dem Bauunternehmen entwickelte.[30]

Abbildung 10: Das Messmodel zum Bauprojekt Hotel »Kreuz«, 1955.[31]

Bekräftigt wurde ihre Geschäftsbeziehung 1955 durch den Bau eines Fabrikgebäudes für die Firma Glas Trösch AG in Bützberg, der Nachbargemeinde von Langenthal. Dabei kam dieses Bauprojekt durch die Vermittlung von Willi Bösiger zustande, der den Unternehmensbesitzer persönlich kannte und ihn zum Gebrauch von Isler-Schalen für Produktionshallen ermuntern konnte. Drei 15 × 22 m grosse Schalen waren in gewisser Hinsicht eine Wiederholung der Schale des Hotels »Kreuz«, da dessen von Bösiger aufbewahrten gebrauchten Holzschalungen beim Bau der Fabrik wiederverwendet wurden und dadurch den Konstruktionspreis erheblich (bis zu 20 %) senkten.[32]

Zu jener Zeit entschied sich Isler zur Gründung eines eigenen Ingenieurbüros als Einmannbetrieb, um Schalenprojekte eigenständig auszuführen.

30 Vgl. Bösiger, Heinz: The Building of Isler Shells, in: The Journal of the IASS 52/3 (2011), S. 161–169, hier S. 161. Interview Heinz Bösiger 18.11.2019.

31 gta Archiv: 217-M-10-6-151-2-2, Heinz Isler: Buckelschale (pneum.), statisches Messmodell, Abzug (Messmodell) Konzertsaal Langenthal im Hotel Kreuz.

32 Persönliche Mitteilung von Heinz Trösch vom 26.03.2020.

Seine Verselbstständigung am Baumarkt des Mittellandes bedeutete bei Weitem keine Auflösung der Beziehungen, die der Bauingenieur während seiner Beschäftigung bei Weder + Prim aufgebaut hatte. Ganz im Gegenteil führten sie zu weiteren Bauprojekten, die in enger Kooperation Islers mit Adolf Weder, Ernst Prim und Willi Bösiger ausgeführt wurden. Die beiden Unternehmen leisteten bedeutende Beiträge zur Entwicklung von Isler-Schalen als konkurrenzfähige Produkte und sahen sich demnach auch berechtigt, einen Anteil an Renditen von dieser neuen Baupraxis zu nehmen. Darüber hinaus fürchtete Heinz Isler, dass die Partner seine Schalen ohne seine Beteiligung und eben ohne seine Kenntnis ausführen würden.[33] Um solche Situationen zu verhindern, setzte man auf eine enge Kooperation zwischen den Firmen, die auch einen verbindlichen Charakter haben sollte. Allerdings wurden alle Vereinbarungen zwischen Isler und den beiden Firmen mündlich getroffen, sodass das Fehlen der schriftlichen Fixierung ihre Nachprüfbarkeit erschwert. Im Fall der Firma Willi Bösiger AG erbrachte jedoch die Zeit selbst den Nachweis der Rechtsgültigkeit des mündlichen Vertrages aus den 1950er-Jahren: Isler übergab Bösiger eine Art »Baulizenz« und verpflichtete sich, das Unternehmen in alle seine Schalenprojekte als Kontraktor zu involvieren. Dabei wurde es Bösiger untersagt, Schalenbauten mit anderen Bauingenieuren auszuführen.[34] So wurden beinahe alle Isler-Schalen in der Schweiz bis in die 2000er-Jahre vom Tandem Isler–Bösiger ausgeführt.[35]

Der Interessensausgleich zwischen dem Ingenieurbüro Weder + Prim und Heinz Isler wird lediglich an einer einzigen Stelle erwähnt, als sich Adolf Weder 1958 nicht mehr sicher war, ob die mündliche Vereinbarung mit Isler noch galt. In einem Schreiben an Isler betreffend den Bau der Wollspinnerei in Huttwil – ein gemeinsames Projekt der beiden Ingenieurbüros – fragte Weder nebenbei: »NB. Wir haben erfahren, dass Sie in Thun [für die Kunststoffwerke Eschmann AG; E. L.] und Biel [für die Ramseier und Jenzer AG; E. L.] Schalentragwerke von über 14 m Spannweite ausführen. Es würde uns interessieren,

33 Vgl. Bösiger 2011, S. 162.

34 Diese Art von Kooperation mit exklusiven Produktionsrechten und Preisabsprachen ordnet sich ein in die in der wirtschaftshistorischen Forschung geführten Diskussionen über selbstgewählte »Kartelle« und »korporative« Verflechtungen, die zu jener Zeit in der Schweizer KMU-Landschaft gang und gäbe waren. Vgl. exemplarisch Pitteloud 2017, S. 113–126.

35 Vgl. Bösiger 2011, S. 162.

wie die Gewährleistung unserer vertraglichen Abmachungen durch Sie sichergestellt wird«.[36] Isler erwiderte unverzüglich mit höchster Präzision: »Betreffend meiner übrigen Bauten möchte ich Dich höflich daran erinnern, dass Du mir vergangenen Herbst anschliessend an die Besprechung in St. Gallen am 9. Nov. 1957, die Bewilligung für die Kunststoffabrik [sic!] in Thun, und am 10. Januar 1958 10^h, mündlich Dein Einverständnis für das Objekt Biel gegeben hast«.[37] Vor diesem Hintergrund erweist sich die Beteiligung des Ingenieurbüros Weder + Prim an Islers Schalenprojekten aus den 1950er-Jahren – für die Chemisch-Technische Produkte Blaser & Co. AG in Hasle-Rüegsau und die Wollspinnerei in Huttwil – als Erfüllung der kommerziellen Vereinbarung zwischen den beiden Firmen, die in der Folge immer stärker voneinander divergieren sollten.

Die Anwerbung von Kunden stand dabei in einem direkten Verhältnis zu Interaktionen der Kooperationspartner durch informelle Netzwerke und determinierte den Grad der Involviertheit des Ingenieurbüros Weder + Prim in unabhängige Projekte des Ingenieurbüros Isler. Im Fall von Chemisch-Technische Produkte Blaser & Co. AG, einem genuinen Kunden von Isler, beschränkte sich die Beteiligung Weders auf eine Mithilfe bei der Erstellung von Schalung, die zusammen mit der Firma Willi Bösiger AG ausgeführt wurde, und Isler konnte alle bautechnischen Entscheidungen eigenständig treffen.[38] Bei der Ausführung der Wollspinnerei in Huttwil gestaltete sich das Verhältnis zwischen Isler und Weder auf eine andere Art und Weise. Höchstwahrscheinlich handelte es sich dabei um einen Kunden des Büros Weder + Prim, zumal alle Pläne und Dokumente Islers an Adolf Weder übermittelt wurden, der Kontakt zum Kunden hatte und den administrativen Aufwand auf sich nahm. Isler hatte dabei ein Vorschlagsrecht, von dem er bei der Auswahl von Betonzusätzen, Schutzanstrich, Dachbelag etc. weitgehend Gebrauch machte. Die finalen Entscheidungen wurden jedoch von Weder + Prim getroffen.[39]

Das Projekt einer 54 × 58 m grossen Schale für das Detailhandelsunternehmen Coop in Wangen bei Olten (SO) aus dem Jahr 1960 leitete das Ende der

36 gta Archiv: 217–03, Schachtel 1/2, Wollspinnerei Huttwil, Akten, ohne Seitenangabe, Schreiben Weders an Isler vom 09.07.1958.

37 Ebenda, Schreiben Islers an Weder vom 10.07.1958.

38 Solche Art von Absprachen resp. Kooperationen waren zu jener Zeit üblich im Schweizer Baugewerbe. gta Archiv: 217–0191, Schachtel 1/1, Chemisch Technische Produkte Blaser & Co. AG, Akten (1956/57), Briefwechsel Islers mit Weder + Prim.

39 gta Archiv: 217–03, Schachtel 1/2, Wollspinnerei Huttwil, Akten, Korrespondenz 1958.

Kooperation mit Weder + Prim ein. Obwohl die beiden Ingenieurbüros in den Bau involviert waren, fand beinahe kein (schriftlicher) Austausch zwischen ihnen statt. Während sich Heinz Isler auf den Entwurf und Bau seiner grössten Schale konzentrierte, spezialisierte sich das Ingenieurbüro Weder + Prim auf die Dimensionierung der Fundamente und Stützen für die sich auf demselben Grundstück befindenden Shedschalen des Basler Ingenieurs Heinz Hossdorf, mit dem Isler – nicht zuletzt aufgrund des gemeinsamen Interesses für Schalen – keinen Kontakt pflegte.[40] Der endgültige Bruch Islers mit dem Ingenieurbüro Weder + Prim erfolgte im Jahr 1963 wegen eines weiteren Konflikts, welcher im Zuge der Arbeit an einem Bauprojekt für die Teppichfabrik Wittrup in Dänemark entstand. Weder beschuldigte Isler, Projektunterlagen nicht fristgemäss geliefert zu haben, was Isler aktiv bestritt. Auch wenn Weder sich später für dieses Missverständnis entschuldigen musste, war die Geschäftsbeziehung zwischen den beiden Büros ruiniert und konnte nicht mehr wiederhergestellt werden.[41]

Die ersten Aufträge Islers waren durch Kontakte und das Engagement des Ingenieurbüros Weder + Prim und des Bauunternehmens Willi Bösiger AG zustande gekommen und hatten die Grundlagen für sein funktionierendes Geschäft geschaffen. In diesem Sinne machten regionale informelle Beziehungen zwischen kleineren Privatunternehmen die Ausführung von Isler-Schalen möglich, darüber hinaus trugen sie entscheidend zur Weiterentwicklung der Entwurfs- und Bautechniken von Schalen bei. Darüber hinaus ermöglichten sie es Heinz Isler, viele Klienten aus der Industrie zu gewinnen.

3.3 Islers »idealer Kunde«

So vielfältig und reichhaltig das Œuvre von Heinz Isler auch erscheinen mag, bediente er vor allem eine spezifische Klientel, die sich durch zahlreiche gemeinsame Merkmale charakterisieren lässt. Fast alle seine Klienten waren kleine oder mittelständische Industrieunternehmen im Schweizer Mittelland,[42] und zwar chemisch-technische Werke (die Chemisch-Tech-

40 gta Archiv: 217–017, Schachtel 2/4, Coop Wangen, Akten.

41 gta Archiv: 217–035, Schachtel 1/1, Teppichfabrik Wittrup, Pläne, Akten.

42 Die Analyse der Standorte aller ausgeführten Industrieschalen hat ergeben, dass sich die überwiegende Mehrheit aller Industrieschalenbauten (59 %) im Schweizer Mittelland (mit einem klaren Fokus auf dem Kanton Bern) befindet. So lagen auch

nische Produkte Blaser & Co. AG[43]), Kunststoffwerke (die Kunststoffwerke Eschmann AG[44] und die Kunststoffwerk Worbla AG[45]), Textilunternehmen (die Wollspinnerei Huttwil[46] und die Kleiderfabrik Schweizer in Wangen an der Aare), mechanische Werkstätten (die Mechanische Werkstätte Kurt Studer in Lyssach, die Metallbau Fahrni & Co AG in Lyss und die Ruwa Drahtschweisswerk AG in Sumiswald) und Autogaragen (das Carrosseriewerk Ramseier & Jenzer[47] in Biel (alias die Jura Garage AG seit 1964) und die Carrosseriewerkstatt Baumann in Burgdorf). All diese Branchen erlebten während der Aufbau- und Wachstumsphase des Ingenieurbüros Isler laut zahlreich vorhandenen Firmengeschichten und zeitgenössischen Selbstdarstellungen einen präzedenzlosen Aufschwung, führten zunehmend Mechanisierung der Fertigungsprozesse ein und brauchten demnach immer mehr Produktionsräume.[48] Auch die Auftragshistorie Islers bestätigt diese Sichtweise:

---

die Betriebe seiner Stammkunden in der Regel im Umkreis von 50 Kilometern von dem Sitz des Ingenieurbüros Isler in Lyssachschachen.

43 Dieses Unternehmen wurde 1936 in Hasle-Rüegsau (BE) gegründet und beschäftigte sich mit Produktion von chemischen Ölen und Schmierstoffen für die heimische und später auch internationale Industrie. Die Firma gab bei Weder + Prim ein Schalengebäude in Auftrag, das zu den frühen Projekten Islers zählt. Dadurch ist eine lebenslange Kooperation entstanden.

44 Diese Firma existierte in Thun bis 1980 und stellte Bauelemente aus vorgespanntem Polyester und anderen Kunststoffen her. Aufgrund der Spezialisation des Unternehmens auf Kunststoffverarbeitung ist Isler 1955 auf Eschmann aufmerksam geworden.

45 Dieses Berner Unternehmen kooperierte zuerst mit Isler im Bereich der Kunststoffverarbeitung, wurde aber im Laufe der Zeit zum Kunden, als Erweiterungen von Produktionsflächen erforderlich wurden.

46 Die Firma spezialisierte sich auf Waschen, Spinnen und Zwirnen von Wolle und befand sich Ende der 1950er-Jahre in der Mechanisierungsphase, als neue Geräte eine Umgestaltung von Arbeits- und Lagerräumen erforderten. Nach dem ersten Projekt im Jahr 1958 folgten zahlreiche Erweiterungen.

47 Mit steigender Beliebtheit der Autos in der Schweiz musste die Anfang der 1960er-Jahre eröffnete Garage mehrmals ihr Gelände ausbauen.

48 Vgl. StAB: Eschmann AG Thun, 1960–1983, V Unia 635. Ramseier & Jenzer AG Carrosseriewerk Bern, V Unia 369 Protokollbuch (1931–1959). Blaser-Blatt, Frühling 1986, S. 17. Buomberger, Thomas: Traumreisen und Alpträume. Wie Auto und Strassenbau in den 50er Jahren zu einer Selbstverständlichkeit wurden, in: Ders., Peter Pfrunder (Hg.): Schöner leben, mehr haben. Die 50er Jahre in der Schweiz im Geiste des Konsums. Zürich: Limmat 2012, S. 41–68, hier S. 47. Dommann 2012, S. 50–62. Hediger, Ferdinand: Ramseier + Jenzer AG vom Handwerksbetrieb zum Industrieunternehmen 1919–1989. Muri: H.R Holding AG 2004. Märki 2010, S. 45, 61. Meichtry, Wil-

Insgesamt bediente Isler zwischen 1955 und 2000 über 100 Kunden, aber nur 13 davon (10 im Mittelland) zählten zu seinen Stammkunden, die über längere Zeiträume hinweg Folgeprojekte in Auftrag gaben und dadurch die Entwicklung vom Islers Geschäft wesentlich unterstützten.[49]

Der Bau von Isler-Schalen hing sehr eng mit Interessen, Nutzungsvisionen und Bedürfnissen seiner Kunden zusammen. Die industriellen Bauherren legten dabei besonders viel Wert auf die rationale Flächenverteilung und Anpassungsfähigkeit des Gebäudes an neue prozesstechnische und technologische Gegebenheiten. Sie erhofften sich mit dem Bau eine Schaffung von neuen Platzreserven, Produktions- und Lagerhallen zur Aufbewahrung von Rohstoffen und Fertigerzeugnissen in Paletten und eine einwandfreie Bewegung von Transportmitteln innerhalb des Gebäudes. Diese Eigenschaften waren entscheidend für die industriellen Kunden und deren wirtschaftlichen Erfolg. Heinz Isler bot dabei eine Überdachung von Produktions- und Lagerflächen mit einem Minimum an Stützen, Fassadenumfang und mit kürzesten Verkehrswegen innerhalb des Gebäudes an.[50] Die Vorteile seiner Schalenangebote fasste Heinz Isler im Werkbericht eines Neubaus der Renault-Garage H. J. Streuli AG 1972–1973 in Dierikon (LU) folgendermassen zusammen:

> Im Innern der Halle kann über den Platz frei verfügt werden, Einrichtungen können je nach Bedarf geändert werden, ohne dass grosse bauliche Massnahmen nötig sind, denn das ganze Gebäude bzw. das Schalendach ruht nur auf den vier Stützen und wird von internen Umbauten nicht berührt. Andererseits können erforderliche Einbauten in die Dachkuppel, z.B. Kranbahn, Ventilatoren oder ähnliches auch später noch nach Bedarf vorgenommen werden. In der heutigen Zeit der rasch ändernden Arbeitsmethoden, Maschinen oder ganzer Betriebsarten ist es besonders

---

fried: Von der Schuhcreme zum flüssigen Werkzeug. Die Blaser Swisslube AG – ein Familienunternehmen aus Hasle-Rüegsau. Bern: Stämpfli 2016, S. 28–36. Heimann, Erwin: 1919–1969. Ramseier und Jenzer AG. Zürich: Fotorotar 1969. Märki, Lukas: Mit Vollgas ins 20. Jahrhundert. Eine Geschichte über die Auto-Mobilmachung im Schweizer Mittelland. Büren: Vereinigung für Heimatpflege 2010, S. 61. Zu den wirtschaftlichen Entwicklungen s. Kapitel 2.1 und 2.2.

49 Folgende Kriterien waren massgeblich für die Auswahl der Stammkunden: 1) Anzahl der ausgeführten Projekte; 2) Grösse der Aufträge (gebaute Fläche in m² und Ingenieurhonorar); 3) zeitliche Dauer der Geschäftsbeziehung; 4) räumliche Nähe zum Kunden.

50 Isler, Heinz: Dreidimensionales Gestalten, in: B+W 13/8 (1959a), S. 287–288, hier S. 288.

> günstig, wenn der umbaute Raum »verwandlungsfähig« ist und nicht erst abgerissen werden muss, um Platz für Neues zu schaffen.[51]

Auch Islers Bauherren gaben in zeitgenössischen Publikationen zu Wort, warum sie sich für Isler entschieden, nämlich in erster Linie aufgrund der Überdachung von grossen Flächen ohne Innenstützen. Exemplarisch sei auf das 1960 eröffnete Autohaus Moser in Thun (bestehend aus vier 22 × 22 m grossen Schalen) verwiesen, das genau nach Lösungen suchte, bei denen die Autos in möglichst grossen stützenfreien Räumen ausgestellt werden konnten.[52] Dasselbe gilt wohl auch für alle weiteren Industriebauten, die Isler je projektierte. Aus einer stützenfreien Überdachung möglichst grosser Industrie- und Büroräume ergaben sich weitere architektonische Vorteile, und zwar mehr Gestaltungsspielraum für die Bauherren beim Abtrennen von Produktionsabteilungen und beim Projektieren von kürzesten Betriebswegen. Diese Möglichkeit, mehr Kontrolle und Handlungsspielraum innerhalb eines Produktionsgebäudes oder Lagers zu gewinnen, war für die Bauherren ein wertvolles Gut und beeinflusste deren Entscheidungen.

Auch Islers Kommunikation in den zeitgenössischen Fachmedien[53] brachte den Stellenwert dieser Wünsche der industriellen Klientel für das Produktdesign und die Vermarktung von Isler-Schalen auf den Punkt. Einen Aufschluss darüber gibt sein Infoblatt »Hallen mit Buckelschalen«, das Anfang der 1960er-Jahre von ihm entworfen wurde und alle marketingrelevanten Aspekte seiner Industrieschalen umschrieb (s. Abbildungen 11 und 12). Bereits im Aufbau und in der Reihenfolge der einzelnen Vorteile für die Kunden (stützenfrei, modular, grenzenlos erweiterbar, hell und modern) lässt sich eine starke Orientierung Islers an deren aktuellen Bedürfnissen und den zeitgenössischen Trends feststellen.[54]

---

51 gta Archiv: 217-T, Publikationen Isler 1970–1975. Typoskript, »Warum ISLER-SCHALEN auch im Autohandel und Garagenbau?«

52 Oberländer Tagblatt vom 19.12.1960, S. 7.

53 S. dazu Kapitel 5.1.

54 Dies erfolgte unter anderem durch die Erwähnung von industriellen Maschinen, Lagergestellen und anderen Einrichtungen in der Kommunikation. Somit wird deutlich, dass die Schweizer Industrie mit ihren Bedürfnissen für Heinz Isler 1955–1975 klar im Vordergrund stand.

Abbildung 11: Ein Typoskript Islers über die Buckelschalen, 1960er-Jahre.[55]

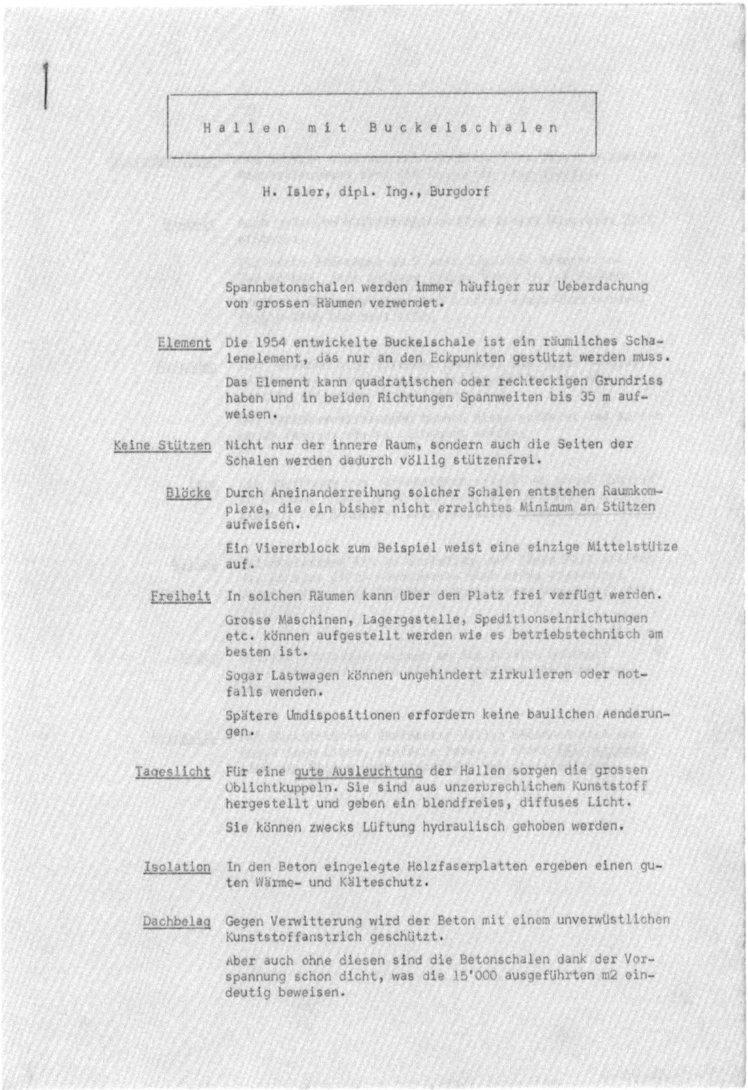

Hallen mit Buckelschalen

H. Isler, dipl. Ing., Burgdorf

Spannbetonschalen werden immer häufiger zur Ueberdachung von grossen Räumen verwendet.

Element — Die 1954 entwickelte Buckelschale ist ein räumliches Schalenelement, das nur an den Eckpunkten gestützt werden muss.
Das Element kann quadratischen oder rechteckigen Grundriss haben und in beiden Richtungen Spannweiten bis 35 m aufweisen.

Keine Stützen — Nicht nur der innere Raum, sondern auch die Seiten der Schalen werden dadurch völlig stützenfrei.

Blöcke — Durch Aneinanderreihung solcher Schalen entstehen Raumkomplexe, die ein bisher nicht erreichtes Minimum an Stützen aufweisen.
Ein Viererblock zum Beispiel weist eine einzige Mittelstütze auf.

Freiheit — In solchen Räumen kann über den Platz frei verfügt werden.
Grosse Maschinen, Lagergestelle, Speditionseinrichtungen etc. können aufgestellt werden wie es betriebstechnisch am besten ist.
Sogar Lastwagen können ungehindert zirkulieren oder notfalls wenden.
Spätere Umdispositionen erfordern keine baulichen Aenderungen.

Tageslicht — Für eine gute Ausleuchtung der Hallen sorgen die grossen Oblichtkuppeln. Sie sind aus unzerbrechlichem Kunststoff hergestellt und geben ein blendfreies, diffuses Licht.
Sie können zwecks Lüftung hydraulisch gehoben werden.

Isolation — In den Beton eingelegte Holzfaserplatten ergeben einen guten Wärme- und Kälteschutz.

Dachbelag — Gegen Verwitterung wird der Beton mit einem unverwüstlichen Kunststoffanstrich geschützt.
Aber auch ohne diesen sind die Betonschalen dank der Vorspannung schon dicht, was die 15'000 ausgeführten m2 eindeutig beweisen.

55 gta Archiv: 217–04, Schachtel 3/4, Kunststoffwerke Eschmann AG, Buckelschalen-Infoblätter.

Abbildung 12: Ein Typoskript Islers zu den Buckelschalen (Fortsetzung).[56]

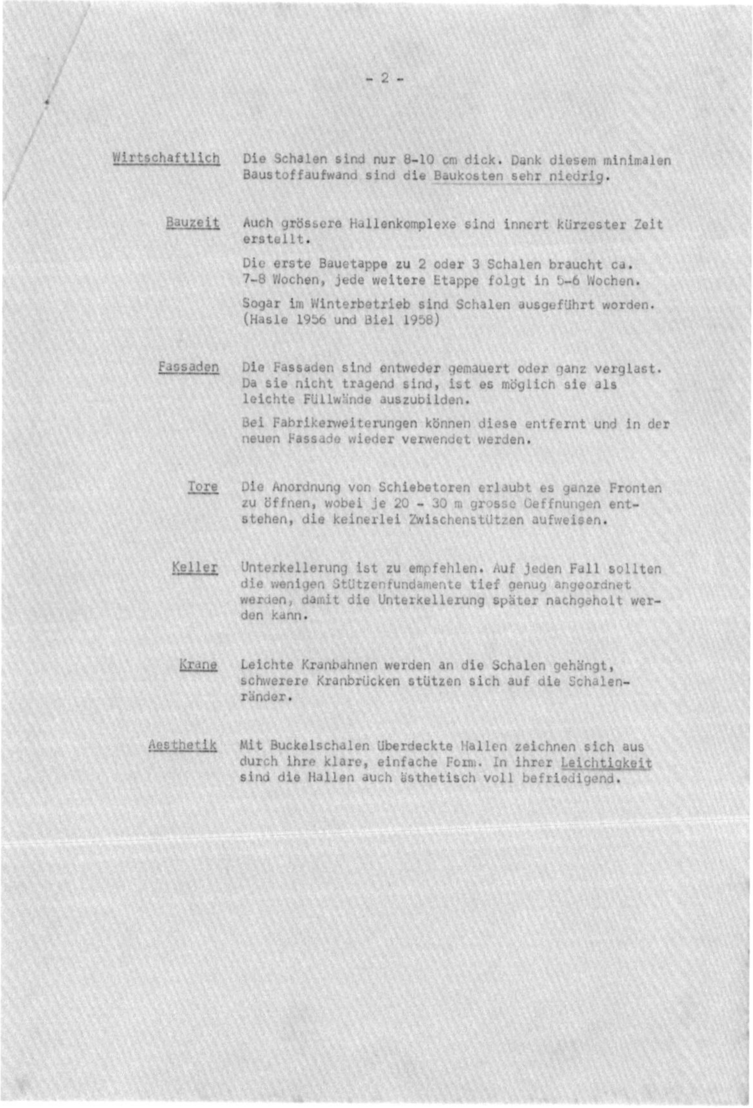

\- 2 -

Wirtschaftlich	Die Schalen sind nur 8-10 cm dick. Dank diesem minimalen Baustoffaufwand sind die Baukosten sehr niedrig.
Bauzeit	Auch grössere Hallenkomplexe sind innert kürzester Zeit erstellt. Die erste Bauetappe zu 2 oder 3 Schalen braucht ca. 7-8 Wochen, jede weitere Etappe folgt in 5-6 Wochen. Sogar im Winterbetrieb sind Schalen ausgeführt worden. (Hasle 1956 und Biel 1958)
Fassaden	Die Fassaden sind entweder gemauert oder ganz verglast. Da sie nicht tragend sind, ist es möglich sie als leichte Füllwände auszubilden. Bei Fabrikerweiterungen können diese entfernt und in der neuen Fassade wieder verwendet werden.
Tore	Die Anordnung von Schiebetoren erlaubt es ganze Fronten zu öffnen, wobei je 20 - 30 m grosse Oeffnungen entstehen, die keinerlei Zwischenstützen aufweisen.
Keller	Unterkellerung ist zu empfehlen. Auf jeden Fall sollten die wenigen Stützenfundamente tief genug angeordnet werden, damit die Unterkellerung später nachgeholt werden kann.
Krane	Leichte Kranbahnen werden an die Schalen gehängt, schwerere Kranbrücken stützen sich auf die Schalenränder.
Aesthetik	Mit Buckelschalen überdeckte Hallen zeichnen sich aus durch ihre klare, einfache Form. In ihrer Leichtigkeit sind die Hallen auch ästhetisch voll befriedigend.

56 gta Archiv: 217–04, Schachtel 3/4, Kunststoffwerke Eschmann AG, Buckelschalen-Infoblätter.

Das Einzige, was den Auftraggebern im Wege stehen konnte, war der Preis für die Erstellung einer Schale. Im Fall des Autohauses Moser wurden die hohen Preise kritisiert: »Der finanzielle Aufwand war rund doppelt so hoch wie für eine übliche Beton- oder Stahlkonstruktion mit Oberlichtern. Man muss hier wohl noch einige Erfahrungen sammeln, um auch in preislicher Hinsicht in einen tragbaren Rahmen zu gelangen«.[57] In der Tat schnitten die Isler-Schalen in den ersten Jahren des Bestehens des Ingenieurbüros Isler und nach 1975 preislich schlechter ab: Da Heinz Isler in erster Linie experimentell arbeitete und hochpräzise und arbeitsaufwendige Versuchsmodelle anfertigen liess, fielen für die Bauherren bereits im Stadium eines Vorprojekts vergleichsweise hohe Kosten (bis zu 20'000 Franken) an, während konventionell arbeitende Ingenieure nur einen Bruchteil davon verlangten.[58] Dieser Nachteil konnte allerdings bei grösseren Bauprojekten und längerfristigen Kooperationen mit Isler im Rahmen mehrerer Bauprojekte schnell ausgeglichen werden, was zusätzlich die starke Kundenbindung an das Ingenieurbüro erklären mag.

In den 1960er-Jahren wandte man sich generell den ökonomischen und technischen Aspekten der Lebenszeit eines Gebäudes zu, wobei die Wiederholung von Bauten und die systematische Reduktion der Diversität von gebauten Konstruktionen als Mittel der Rationalisierung angesehen wurden.[59] Als Normierungsziele galten dabei die »sparsame Verwendung der Baustoffe« und »sichere Funktion der Tragkonstruktion«.[60] Auch Isler wusste die Wiederholbarkeit seiner Schalenprojekte zu vermarkten und bot unter anderem Isler-Schalen mit vordefinierten Dimensionen – die sogenannten »Normschalen« – zur Ausführung an, um dadurch den Aufwand und die Projektkosten möglichst gering zu halten.[61]

57 Stadion-Garage 1962, in: SBZ, S. 670.

58 gta Archiv: 217–0980, Schachtel 4/4, Mehrzweckhalle Grenchen, Akten.

59 SWA, Basel: SWA Vo H XII 10a Baukosten. Baukosten und Baufinanzierung. Dokumentensammlung, Broschüren 1957–1973. United Nations (Hg.): Cost – Repetition – Maintenance. Related Aspects of Building Prices in Europe. o. O: o. V. 1963, S. 15–20.

60 Cogliatti 1977, S. 434.

61 Isler schrieb sehr positiv über seine standardisierten Schalen: »Die normierten Größen, die von Anfang an wegen der Schalungen angestrebt wurden, konnten bloß in knapp 50 % der Fälle eingehalten werden«. Isler, Heinz: Technik und Typologie der Buckelschalen, in: B+W 19/10 (1965), S. 384–388, hier S. 384.

Abbildung 13: Modularität der Isler-Schalen.[62]

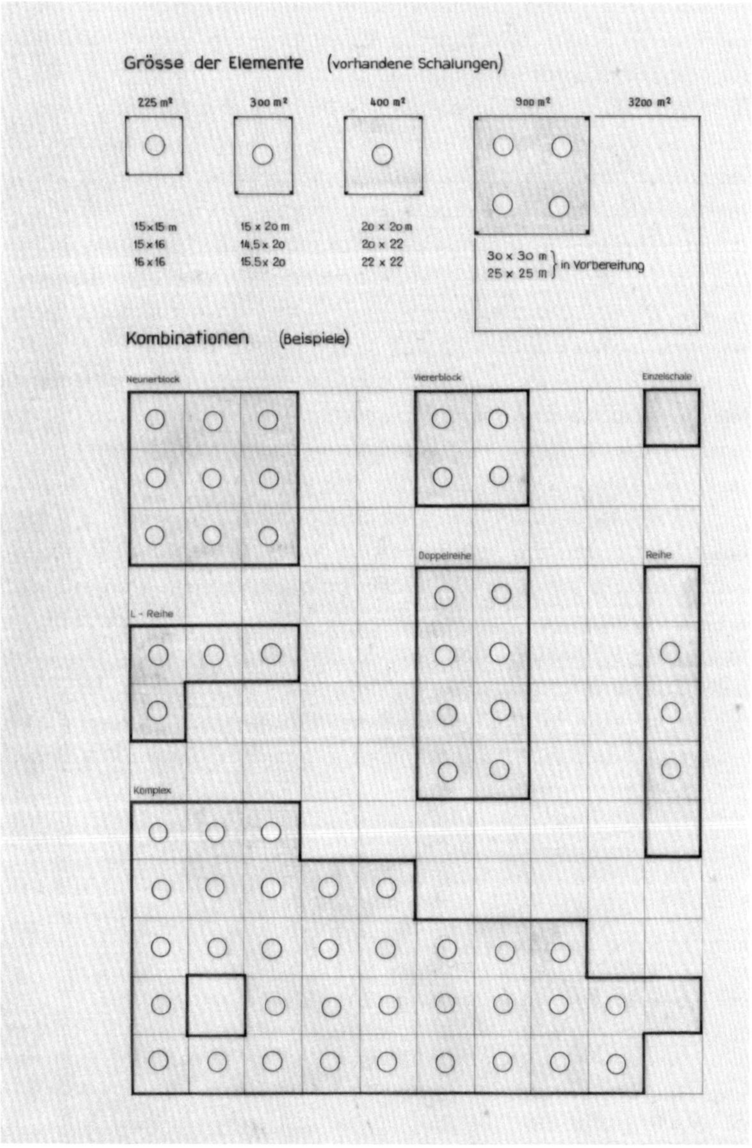

62 Isler 1965, S. 385. Ein modularer Bau entsteht durch eine Anordnung von einzelnen frei kombinierbaren Teilen, sodass unterschiedliche Grundrisse entstehen können. Dadurch können die Gebäude je nach Grösse, räumlicher Aufteilung etc. schneller und leichter konfiguriert werden.

Darüber hinaus spielte die Modularität von Isler-Schalen bei der Kostenreduktion eine wichtige Rolle. In Bezug darauf machte Isler 1965 eine erste Bestandsaufnahme und konstatierte: »Die vollen Vorteile der Buckelschale kommen aber erst zur Geltung, wenn die Schalen zu Blöcken zusammengebaut werden«.[63] Mehrere Schalen konnten mühelos auf unterschiedliche Weisen miteinander kombiniert werden (s. Abbildung 13), unter Umständen konnten auch die Erweiterungen jederzeit vorgenommen werden. Die modulare Struktur dieses Produkts, die eine Anordnung von mehreren gleichen Schalen und eine Wiederverwendung von Schalung erlaubte, machte die Konstruktion sowohl für Isler als auch für seine Kunden rentabel.[64] Aus diesen Gründen fanden auch die Auftraggeber die Isler-Schalen eine »ausserordentlich rationelle«[65] Baumethode.

Auch die Gepflogenheiten und Chancen in der Schweizer Baubranche waren entscheidend für die Popularität von Isler-Schalen bei industriellen Kunden. Vor allem handelte es sich hierbei um eine Art vollkommenen Markt,[66] für den ein Denken in »Systemen« charakteristisch war.[67] Das bedeutete, dass die Konkurrenz lediglich zwischen den verschiedenen Bausystemen und nicht zwischen einzelnen Unternehmen vorhanden war. Alternativ standen die »Bausysteme« Holzbau und Mauerwerk zur Verfügung, konnten aber dem Stahlbetonbau keine ernsthafte Konkurrenz machen. Der Holzbau und das Mauerwerk stiessen aufgrund der Brandschutzprobleme und der Unmöglichkeit von weitgespannten Tragwerken kaum auf Interesse bei industriellen Kunden. Auch der Stahlbau war dem Stahlbeton in Sachen Stützenfreiheit, Unterhaltskosten und Brandschutz unterlegen. Gerade deswegen gewannen

---

63 Ebenda.

64 Vgl. ebenda, S. 388. Beckh, Matthias, Guilia Boller, Rainer Schützeichel: An Auspicious Encounter: Blaser Swisslube as Field of Experimentation for Heinz Isler's Pneumatic-form Shells, in: Mueller, Caitlin, Sigrid Adriaenssens (Hg.): Proceedings of the IASS Symposium 2018. Creativity in Structural Design. Boston: IASS 2018, S. 1–7. Ramm/Schunk 1986, S. 17f.

65 Thuner Tagblatt (TTB) vom 02.05.1964, S. 4.

66 Aus betriebswirtschaftlicher Sicht wird mit dem Terminus »vollkommener Markt« ein Markt bezeichnet, auf dem alle – die Anbieter und die Kunden – wissen, wo welches Produkt zu welchem Preis und in welcher Qualität gekauft werden kann. Bei einem vollkommenen Markt kennen die Anbieter Wünsche der Nachfrager und andere Anbieter.

67 Vgl. ICOMOS Suisse. Arbeitsgruppe System & Serie (Hg.): System & Serie. Systembau in der Schweiz – Geschichte und Erhaltung. Zürich: gta 2022.

die Stahlbetonkonstruktionen in den 1950er- und den 1960er-Jahren immer mehr an Bedeutung, zumal die vorfabrizierten Bauelemente und deren vergleichsweise leichtes Gewicht als produktive Impulse angesehen wurden, den Bau zu rationalisieren und billiger zu machen.[68]

Das »System Isler« bzw. der Bau von dünnwandigen Betonschalen war dabei ein Teilmarkt (eine Nische) innerhalb des weiteren Stahlbetonbaus, der auch von den Baupreisen her der nächste Konkurrent von Isler-Schalen war. Bei einer genaueren Betrachtung der Schalenbauweise und im Vergleich mit konventionellen Stahlbetonbauten fallen viel mehr Gemeinsamkeiten als Unterschiede auf: Genauso wie in der Stahlbetonbauweise fungierte in der Schalenbauweise die tragende (nach Bedarf weitgespannte) Konstruktion zugleich als Raumabschluss; die Bauten wurden aus modernen Baumaterialien kostengünstig hergestellt, waren druckfest, dauerhaft, leicht und brandsicher, erlaubten einen schnellen modularen Bau und eine natürliche Beleuchtung mit Sonnenlicht dank den Kunststoffoberlichtern und erforderten wenig Wartung und Unterhaltsarbeiten.

Das einzige Alleinstellungsmerkmal von Isler-Schalen war deren »Stützenfreiheit«, bei der deutlich grössere Flächen mit einem Minimum an Stützen überdacht werden konnten. Wenngleich dies lediglich ein kleiner

68 Vgl. SWA: SWA Vo H XII 10a Baukosten. Baukosten und Baufinanzierung. Dokumentensammlung, Zeitungsartikel -1961; Zeitungsartikel 1962–1979. Jobst, Hermann: Vorfabrikation und Industrialisierung im Hochbau, in: SBZ 72/42 (1954), S. 608–610. Ders.: Bauen mit Stahlbetonfertigteilen, in: SBZ 73/8 (1955), S. 101f. Dommann 2015, S. 17–20. Knopp/Wassmer 1995, S. 26. Schmid 1989, S. 20. Steinmann, Georges A.: Hallenbauten aus Stahlbeton und Spannbeton, in: SBZ 73/42 (1955a), S. 622–626, hier S. 624. Stocker, P.: Konstruktion und Montage von Grossbehältern und Silos, in: SBZ 74/24 (1956), S. 358–361. S. dazu auch den UNO-Bericht »Cost – Repetition – Maintenance. Related Aspects of Building Prices in Europe« aus dem Jahr 1963: »*The reduction of the total weight of building materials and components to be handled at the factory or on site should be conductive to savings in the number of man-hours, labour costs, cost of machinery needed for processing, handling and transporting such components, as well as cost of storage at the factory and on site*«. Zit. nach: United Nations 1963, S. 19, in: SWA: SWA Vo H XII 10a Baukosten. Baukosten und Baufinanzierung. Dokumentensammlung, Broschüren 1957–1973. Zur Abhängigkeit der Baukosten von der geometrischen Form der Bauten vgl. Meyrat, René: Le coût de construction du logement en relation avec ses caracteristiques géométriques, in: Habitation 3 (1973), S. 1–12, zit.n.: SWA: SWA Vo H XII 10a Baukosten. Baukosten und Baufinanzierung. Dokumentensammlung, Broschüren 1957–1973.

Unterschied im Vergleich zu den Vorteilen des konventionellen Stahlbetonbaus zu sein scheint, konnte dieses Charakteristikum von Isler-Schalen von keinem anderen System sowohl schweizweit als auch international erreicht, geschweige denn übertroffen werden (was in der Regel auch physikalisch unmöglich gewesen wäre). Diese Konstellation ermöglichte es Heinz Isler, sich im Schweizer Mittelland als Schalenbauer zu profilieren und seine Industrieschalen für zahlreiche lokale Unternehmen zu errichten.

3.4 Das ausgebaute Netzwerk des Schalenbaus

Die Kontakte zu unterschiedlichen Unternehmen, die Isler brauchte, um seine Schalen realisieren zu können, erarbeitete er sich allmählich über die Jahre seiner regen Bautätigkeit. Auch wenn einzelne Projekte über eine kryptische Evidenz darüber verfügen, welche Zulieferer und Kooperationspartner Isler zur Auswahl standen und welche Beweggründe ihn dazu veranlassten, sich für den einen oder anderen Anbieter zu entscheiden oder gar eine längerfristige Geschäftsbeziehung einzugehen, gibt es nur selten eine lückenlose Überlieferung dieser Vorgänge und Netzwerkdynamiken. Das liegt vor allem an der informellen Verwaltungs- und Archivierungskultur kleiner und mittelständischer Unternehmen in der zweiten Hälfte des 20. Jahrhunderts. Heinz Isler setzte vor allem auf das Telefon als Hauptmedium in der Geschäftskommunikation. Eine Notiz wurde dabei nur dann hinterlegt, wenn der Ingenieur nicht im Büro war und ein Anruf von seinen administrativen Mitarbeitern entgegengenommen wurde. Da alle wichtigen Entscheidungen von Isler im Zuge mündlicher Vereinbarungen getroffen wurden, hinterliessen sie und ihre Begründungen (im Gegensatz zu technischen Details, die für das operative Geschäft von immenser Bedeutung waren) keine Spuren in der schriftlichen Überlieferung. Auch die immer wieder in den Briefen erwähnten Verweise auf telefonische Termine und persönliche Treffen mit involvierten Unternehmen unterstützen diese Sichtweise.

Eine Ausnahme bildet allerdings die Errichtung von Kaverneneinbauten auf dem Militärgelände in Mitholz im Kanton Bern, die vom Amt für Bundesbauten (AFB) in Auftrag gegeben wurden. Das Eingehen einer Geschäftsbeziehung mit einer staatlichen Behörde bedeutete mehr Transparenz und mehr Informationen zu allen Entscheidungsprozessen, da diese gemeldet und unter Umständen von jeweiligen militärischen Entscheidungsträgern genehmigt werden sollten.[69] Dadurch werden die Tiefendimensionen der Netzwerkdynamiken beim Entwurf und Bau von Isler-Schalen zum Vorschein gebracht und sie machen die Arbeitsweise von Heinz Isler und seine Überlegungen historisch greifbar. Genau das macht die staatlichen Aufträge trotz ihrer kleinen Anzahl im Werk Islers besonders interessant.

Der Bundesauftrag an Isler war Teil eines grösseren Umbauprojekts 1982–1983, welches auf die Modernisierung der Kavernenbauten abzielte, welche als Munitionslager gebraucht wurden. Das Projekt umfasste den Einbau von 224 Bedachungen aus glasfaserverstärktem Polyester in bestehende Felskavernen (s. Abbildungen 14 und 15). Die einzelnen Kavernendecken sollten dabei eine Spannweite von 9 m und eine Höhe von 5,4 m aufweisen.

Der Umbau verfolgte dabei das Ziel, die Güter in den Lagerräumen durch eine wasserfeste Überdachung vor Feuchtigkeit zu schützen.[70] Das AFB begann bereits 1979 mit der Vorbereitung des Bauprojekts und liess das Ingenieurbüro M. Lüthy aus Bern einen Angebotsentwurf anfertigen, woraufhin dieses dem AFB einen Projektvorschlag von Wellplatten aus Hart-PVC (Polyvinylchlorid) mit Produktion durch Kaltverformung an Ort und Stelle unterbreitete. Im Zuge der behördlichen Begutachtung wurde der Projektentwurf im

69 Heinz Isler führte eine geringe Anzahl an Bauprojekten im Auftrag der Schweizer Armee aus. Allerdings sind die Details seiner Beschäftigung beim Militär wenig bekannt und werden aufgrund der Schutzfristen der dazugehörigen Archivalien noch lange nicht öffentlich zugänglich sein. Es liegt zwar auf der Hand, dass die Armee für viele Bauingenieure zu jener Zeit eine wichtige Auftraggeberin für diverse grosse Bauprojekte war, aber im Fall Isler sind militärische Aufträge eher hintergründig bzw. werden von der gewaltigen Menge an industriellen Aufträgen überschattet. Es ist dabei auch nicht von einem spezifischen Kontaktnetzwerk auszugehen, welches sich aus Islers Militäreinsätzen hätte herauskristallisieren können, da die Kontakte mit anderen Bauingenieuren, die Heinz Isler während seiner Militäreinsätze knüpfen durfte, eher wenig bis gar nicht zum Ausbau eines Isler-spezifischen Netzwerks des Schalenbaus beitrugen. Dies mag damit zusammenhängen, dass die meisten entweder weit entfernt vom Islers Operationsgebiet wohnten oder andere Schwerpunkte in der Bautätigkeit hatten. Vgl. dazu exemplarisch: gta Archiv: 217–0107, Schachtel 2/3, Bundeswehrgelände Sulz, Akten, Briefwechsel Diethelm Gölkel und Isler zwischen dem 24.06.1966 und 08.09.1966; 217–0487, Schachtel 2/2, Zivilschutzanlage Zuzwil, Akten, Vertrag für Bauingenieurleistungen; 217–01139, Schachtel 1/1, Flugplatz Hobart Barracks: Helikopter-Abstell- und Wartungshalle, Offerte inkl. Offertenvergleich, Vorprojekt 1983.

70 gta Archiv: 217–0412, Schachtel 3/7, Kaverneneinbauten Mitholz, Verwaltungsheft VII + VIII, Kaverneneinbauten VII, März 1982–Juni 1982 – Objekt Mitholz, EMPA-Bericht, S. 2.

gleichen Jahr verworfen, da die Produktion von Wellplatten umständlich erschien und nicht genug Erfahrungen mit solcher Art von Konstruktionen hinsichtlich deren Sicherheit vorlagen. Deswegen ersuchte man 1980 Heinz Isler, ein revidiertes Projekt vorzulegen. Dieser schlug einen Einbau von vorfabrizierten Schalenelementen aus GFK[71] vor, deren erfolgreiche Anwendung bei einer anderen Anlage er überzeugend nachweisen konnte. Aufgrund der hohen Bekanntheit des GFK als Baumaterial und positiver Erfahrungen anderer Auftraggeber mit Islers Kunststoffbauten fiel die Entscheidung zu Islers Gunsten, während das Ingenieurbüro M. Lüthy die Tiefbauarbeiten übernahm.[72]

Abbildung 14: Die vorfabrizierten Schalenelemente aus Kunststoff, 1983.[73]

71 Glasfaserverstärkter Kunststoff.

72 gta Archiv: 217–0412, Schachtel 1/7, Kaverneneinbauten Mitholz, Notizen, Verträge 1980 etc., Firmendokumentation 1980.

73 gta Archiv: 217-FX-2-82-1, Kontaktabzug: Eisskulpturen; Kaverneneinbauten, Gewölbeschalen.

Abbildung 15: Die fertig montierten Kaverneneinbauten, Mitholz (BE) 1983.[74]

Die mehrmalige Verwendung von ein und demselben vorfabrizierten Schalenelement – das Hauptmerkmal des »Systems Isler« bei diesem Projekt – wurde vom AFB als entscheidender Kostenfaktor und Vorteil wahrgenommen: »Abschliessend ersuchen wir Sie, der Realisierung einer möglichst wirtschaftlichen Lösung Ihre besondere Aufmerksamkeit zu schenken«.[75] Seit August 1980 wurden die Vertragsverhandlungen zwischen Isler und dem AFB geführt. Der Vertrag für die Kunststoffeinbauten kam mit einer honorarberechtigten Summe von 1,6 Mio. Franken und einem Honorar von 135'400 Franken (d.h. mit einem SIA-Honorar-Prozentsatz von 9,90 %) im gleichen Jahr zustande. Auch der Wiederholungsfaktor für 224 Kavernendecken (eine

74 gta Archiv: 217-FX-2-82-4, Kontaktabzug: Hallenbad Brugg; Kaverneneinbauten.

75 gta Archiv: 217–0412, Schachtel 1/7, Kaverneneinbauten Mitholz, Notizen, Verträge 1980 etc., Firmendokumentation 1980, Brief vom AFB an Isler vom 30.10.1980.

gewaltige Auftragsmenge) wurde in den besonderen Bestimmungen des Ingenieurvertrages festgehalten: »Gleiche oder ähnliche Schalen dürfen für andere Anwendungen nur mit ausdrücklichem schriftlichem Einverständnis des Projektverfassers verwendet werden. Es ist gegebenenfalls darüber ein neuer Honorarvertrag mit dem Ingenieur abzuschliessen«.[76] Das entsprach der üblichen Praxis[77] bei solchen Bauprojekten und ermöglichte dem AFB, Kosten für den Entwurf und die statische Berechnung mehrerer unterschiedlicher Konstruktionen zu sparen.

Das AFB war als Auftraggeber und zugleich Behörde federführend beim Umbau des gesamten Militärareals in Mitholz. Im Zuge dessen entstand eine Art Arbeitsteilung zwischen den Bauingenieuren: Während Isler mit Kaverneneinbauten beschäftigt war, übernahm das Architekturbüro Suter + Suter aus Basel den Innenausbau und das Ingenieurbüro Lüthy aus Bern die Projektierung der Ölleitung und andere Tiefbauarbeiten.[78] Was die weitere Auswahl von Kooperationspartnern und ausführenden Unternehmen anbelangt, waren die Ingenieure frei, sich die Partner mit bester Eignung und unter besonderer Berücksichtigung der möglichst wirtschaftlichen Lösungen auszusuchen und die entsprechende Wahl beim AFB zu begründen. Die finale Entscheidung und Bestätigung der ausführenden Unternehmen oblag aber dem AFB, weswegen ausführliche Schilderungen des Auswahlprozesses und der Begründungen – im Gegensatz zu Bauprojekten für die Privatwirtschaft – überliefert wurden.

Im Fall von Heinz Isler war es notwendig, das ausführende Unternehmen für seine Plastikschalen zu finden. Diese Aufgabe wurde vom AFB an Isler delegiert, weswegen er sich bereits im September 1980 auf die Suche machte.

---

76 gta Archiv: 217–0412, Schachtel 1/7, Kaverneneinbauten Mitholz, Notizen, Verträge 1980 etc., Firmendokumentation 1980.

77 Vgl. Norm SIA 118 »Allgemeine Bedingungen für Bauarbeiten«: Art. 21 Wiederholungen: »Für jedes weitere Objekt hat der Ingenieur Anspruch auf Honorierung des dafür geleisteten Arbeitsaufwandes nach Tarif B, zuzüglich 10 % des vollen Honorars für das Projekt des ersten Objektes als Entschädigung seines geistigen Eigentums«. Norm SIA 118 »Allgemeine Bedingungen für Bauarbeiten«: Art. 22 Elementbauweise und fertige Konstruktionen: »Wenn ein Bau in Elementbauweise mehrmals ausgeführt wird, so hat der Ingenieur für jede Ausführung Anspruch auf eine Urheberentschädigung. Diese Entschädigung soll unter Berücksichtigung der speziellen Verhältnisse mit dem Auftraggeber vereinbart werden (Pauschalentschädigung, Lizenzgebühr oder ähnliches)«. Zit. nach SIA 118 (1962).

78 gta Archiv: 217–0412, Schachtel 3/7, Kaverneneinbauten Mitholz, Verwaltungsheft VII + VIII, Kaverneneinbauten VII, März 1982–Juni 1982 – Objekt Mitholz, Aktennotiz der 33. Koordinationssitzung, 3. Juni 1982.

Dabei ging Isler bei der Auswahl seiner Kooperationspartner akribisch und sehr vorsichtig vor, sodass das Selektionsprozedere über den Offertenvergleich mehrerer Kunststoffunternehmen hinausging. Isler achtete besonders darauf, welche Vorerfahrungen die Unternehmen in sein Projekt mitbringen konnten. Heinz Isler meldete in dieser Hinsicht an das AFB: »Es kommen für die Ausführung des Auftrages nur Betriebe in Frage, die sich ausweisen können, Aufgaben ähnlicher Art und Grösse bereits mit Erfolg ausgeführt zu haben«.[79] Es standen folgende Firmen sowohl aus dem Mittelland als auch international zur Auswahl: die Horlacher AG aus Möhlin (AG), Rotaver AG (vormals Räss + Co AG, gehörend der Tettovil Gruppe AG) aus Lützelflüh (BE), Neomat AG aus Reinach (AG), Sonobat aus Battice (Belgien) und Everite (Südafrika). Nach einer telefonischen Kontaktaufnahme besuchte Isler die Unternehmen persönlich und konnte sich umfassend informieren.[80] In einer engeren Wahl landeten lediglich zwei Unternehmen: Horlacher mit einem Offertenpreis von 2'478'011,50 Franken und Tettovil mit einem Offertenpreis von 2'684'830,05 Franken.

Im Endeffekt entschied sich Isler für eine Zusammenarbeit mit der Firma Horlacher AG Kunststoff-Fabrikate Möhlin, deren Auswahl von mehreren Faktoren abhing, und zwar: Firmengrösse, Spezialisierung und Referenzen des Unternehmens, Organisationsform und frühere zufriedenstellende Zusammenarbeit mit Heinz Isler.

In Bezug auf die beiden Firmen merkte Isler in seiner Begründung an: »Bei beiden schlussendlich noch übrig bleibenden Firmen handelt es sich um gute Firmen, die von Grösse und Erfahrung her in der Lage sind einen Auftrag in glasfaserarmiertem Polyester in dieser Grössenordnung abzuwickeln«.[81] Abgesehen von der Reputation einer Firma, die bei solchen Auswahlentscheidungen immer eine Rolle spielte, achtete Isler unter anderem auf das Projektportfolio, welches sich aus möglichst ähnlichen Projekten hinsichtlich Grösse und Schwierigkeitsgrad zusammensetzen sollte. Dies garantierte Isler einerseits die schnellere und effizientere Geschäftskommunikation mit seinen Partnern und trug andererseits mit Expertise anderer Unternehmen zur optimalen Ausgestaltung von Isler-Schalen bei.

79 gta Archiv: 217–0412, Schachtel 1/7, Kaverneneinbauten Mitholz, Notizen, Verträge 1980 etc., Firmendokumentation 1980.

80 Ebenda.

81 gta Archiv: 217–0412, Schachtel 2/7, Kaverneneinbauten Mitholz, Verwaltungsheft I–VII, Mappe Kaverneneinbauten II.

Auch in Bezug auf Spezialisierung und Referenzen erschien Isler die Firma Horlacher erfahrener, denn »die Firma Horlacher AG arbeitet auf dem Gebiet der doppelt gekrümmten grossen Teile seit Jahren«.[82] Dabei war es für Isler, wie aus den erhalten gebliebenen Telefonnotizen hervorgeht, auch nicht unüblich, die ehemaligen Kunden seiner potenziellen Geschäftspartner telefonisch zu kontaktieren, um Erfahrungsberichte einzuholen und sich über die allgemeine Zufriedenheit mit der gebauten Konstruktion zu erkundigen. Dasselbe machte er auch mit Horlacher und Tettovil, wobei die Referenzen der Kunden von Horlacher ihn stärker beeindruckten. Bei Tettovil stellte sich zudem heraus, dass die Erfahrungen der Firma mit Grossformen und doppelt gekrümmten Schalen allzu lange zurücklagen, weswegen man sich im Endeffekt gegen dieses Unternehmen entschied.

Die Organisationsform der Vertragspartner und der Ausführungsort waren ebenfalls entscheidend für Isler, um sich auf eine Zusammenarbeit einzulassen. Diese beiden Aspekte scheinen für ihn im Fall von Horlacher eine ideale Kombination ergeben zu haben. Isler berichtete an das AFB: »Die Firma Horlacher produziert die Teile in ihrem Werk in Möhlin bei Basel. Geschäftsführung, technischer Stab, Formenbau und Ausführung liegen an einem Ort. Herr Horlacher, der Inhaber, ist mir bekannt als sehr beweglicher und einfallsreicher Patron«.[83] Die breitere Auswahl an Unternehmen zeigt deutlich, dass Isler durchaus dazu bereit zu sein schien, mit weiter entfernten und sogar ausländischen Unternehmen zu kooperieren, solange es dem Bauprojekt klare technische bzw. ökonomische Vorteile lieferte. Andernfalls, bei Vergleichbarkeit der Unternehmensprofile und Leistungen, ging Isler in erster Linie von einem räumlichen Prinzip aus, um möglichst viele Bauelemente an einem zum Bauort möglichst nahe gelegenen Ort zu produzieren und dadurch Transaktions- und Transportkosten zu sparen.

Die Firma Tettovil erfüllte diese Voraussetzungen allerdings nicht, auch wenn sich der Hauptsitz des Unternehmens im bernischen Lützelflüh befand. Die Produktion und die Versuche fanden jedoch an jeweils verschiedenen Orten verteilt über die ganze Schweiz statt, sodass dieses Unternehmen Isler nicht lokal genug erschien. Vor allem betraf das die Verzögerungen in der schriftlichen Korrespondenz zwischen den einzelnen Stellen des Unternehmens, was Isler als viel zu kompliziert und zeitraubend empfand.

82 Ebenda.
83 Ebenda.

Die bisherige positive Zusammenarbeit mit Islers Büro war einer der wichtigsten Erfolgsfaktoren im Offertenvergleich und Angebotswettbewerb verschiedener Firmen, die 1970–1980 in die Konstruktion von Schalenbauten involviert waren. Heinz Isler bevorzugte es, immer mit denselben Partnern zusammenzuarbeiten, zumal ihm ein »eingespieltes Team«[84] beim Bau der Isler-Schalen besonders wichtig erschien. Da Isler generell keine Erfahrungen mit Tettovil hatte, stand er dem Unternehmen skeptisch gegenüber. Horlacher hatte dagegen in den vorangegangenen drei Jahren zwei grosse Projekte mit Isler ausgeführt, was diesem Unternehmen einen enormen Wettbewerbsvorteil im Rahmen des Kavernendecken-Auftrages sicherte. Zugleich konnte Isler durch die stabile Geschäftsbeziehung mit denselben Kooperationspartnern eine konstant hohe Qualität seiner Bauten sicherstellen. So wurden in das Kavernendecken-Projekt für das AFB auch andere Kunststoffunternehmen involviert, mit denen Isler längerfristig zusammenarbeitete, darunter die Firma Sarnafil AG aus Sarnen[85] für die Kammerauskleidung (Polyestergewebearmierung) der Kaverneneinbauten und die Firma Valplast AG aus Niedergesteln für die Montage und Fugenabdichtungen der Schalenelemente.[86]

Wie auch von Isler erwartet, lief die Zusammenarbeit mit der Firma Horlacher einwandfrei ab. Die Firma übernahm die Erstellung von Modellen für Islers Experimente[87] und Messungen und begann im April 1982 mit der Herstellung von 224 Schalenelementen. Der Bau hätte bis Herbst 1982 dauern sollen, zog sich aber aus mehreren Gründen in die Länge. Die Verzögerungen betrafen vor allem die Organisation der Arbeiten auf der Baustelle, Bestellungen von Materialien, Folgetermine für weitere Arbeiten anderer involvierter Inge-

84 Ebenda.

85 Eine besonders enge Kooperation dieser Firma mit Isler fällt in die Periode seiner Beschäftigung mit den Bubble-Häusern und Eisskulpturen in seinem Garten. In beiden Fällen hat die Sarnafil AG grossförmige Luftballons aus Kunststoff hergestellt, die als Schalung für diese Objekte dienten.

86 gta Archiv: 217–0412, Schachtel 3/7, Kaverneneinbauten Mitholz, Verwaltungsheft VII + VIII, Kaverneneinbauten VII, März 1982–Juni 1982 – Objekt Mitholz, Mappe Korrespondenz VII, Brief Isler an Horlacher vom 07.06.1982; ebenda, Brief Horlacher AG Kunststoff-Fabrikate Möhlin ans AFB vom 11.05.1982.

87 Hierbei handelte es sich um den Kammereinbau mit einem mit einer Sarnafil-PVC-Folie überzogenen Stahlskelett. Vgl. gta Archiv: 217–0412, Schachtel 3/7, Kaverneneinbauten Mitholz, Verwaltungsheft VII + VIII, Kaverneneinbauten VII, März 1982–Juni 1982 – Objekt Mitholz, Brief vom AFB an Isler vom 29.04.1982.

nieure und markante Teuerung[88] während des Baus.[89] Deswegen wurden die fertigen Kunststoffschalen erst am 8. März 1983 vom AFB abgenommen.[90] Die Montage erfolgte dabei stufenweise und für einige der Elemente war keine Kälteisolierung notwendig, was wiederum gewisse Kostenersparnisse ermöglichte.[91] Zur Fabrikations- und Qualitätskontrolle wurden alle zwei Wochen regelmässige Materialuntersuchungen durch die EMPA in Auftrag gegeben, welche durch die Materialproben die ausreichende Scherfestigkeit und den adäquaten Glasfasergehalt (im Durchschnitt 45,5 %) feststellten.[92]

Dasselbe Team wurde im Jahr 1990 nochmals darum gebeten, die Machbarkeit von Kaverneneinbauten mit einer vergrösserten Spannweite (10,45 m) zu überprüfen. Dieselben Mitarbeiter der Firma Horlacher AG stellten einen Prototyp für Versuche her, welche anschliessend von denselben Teammitgliedern des Ingenieurbüros Isler wie 10 Jahre zuvor auf dem Versuchsgelände Islers durchgeführt wurden. Die Versuche schlossen die Bemessung der Bauteile ein, die montiert und mehreren Belastungsversuchen unterzogen wurden. Dabei stand die Analyse des Langzeitverhaltens für das Isler-Team im Vordergrund, weswegen eine Beobachtung von Verformungen einige Monate in Anspruch nahm. Das Verdikt Islers lautete: Die Ausführung von Kavernendecken aus glasfaserverstärktem Polyester mit einer Spannweite von 10,45 m sei technisch möglich, aber »zur Ausführung darf nur ein Werk mit ausreichender Erfahrung gewählt werden«.[93] Dessen ungeachtet entschied sich das AFB aus

---

88 Die Teuerung war so markant, dass signifikante Unterschiede im Vergleich zur Berechnungsgrundlage 1981 zu beobachten waren. Vgl. gta Archiv: 217–0412, Schachtel 3/7, Kaverneneinbauten Mitholz, Verwaltungsheft VII + VIII, Kaverneneinbauten VII, März 1982–Juni 1982 – Objekt Mitholz, Aktennotiz der 33. Koordinationssitzung am 3. Juni 1982, S. 3. S. dazu auch Kapitel 2.3.

89 gta Archiv: 217–0412, Schachtel 3/7, Kaverneneinbauten Mitholz, Verwaltungsheft VII + VIII, Kaverneneinbauten VII, März 1982–Juni 1982 – Objekt Mitholz, Mappe Korrespondenz VII, Brief Isler an Horlacher vom 07.06.1982.

90 gta Archiv: 217–0412, Schachtel 3/7, Kaverneneinbauten Mitholz, Verwaltungsheft VII + VIII, Kaverneneinbauten VII, März 1982–Juni 1982 – Objekt Mitholz, Mappe Korrespondenz VII, ab Juli 1982.

91 gta Archiv: 217–0412, Schachtel 3/7, Kaverneneinbauten Mitholz, Verwaltungsheft VII + VIII, Kaverneneinbauten VII, März 1982–Juni 1982 – Objekt Mitholz, Aktennotiz der 33. Koordinationssitzung am 3. Juni 1982, S. 2f.

92 gta Archiv: 217–0412, Schachtel 3/7, Kaverneneinbauten Mitholz, Verwaltungsheft VII + VIII, Kaverneneinbauten VII, März 1982–Juni 1982 – Objekt Mitholz, EMPA-Bericht, S. 7.

93 gta Archiv: 217–0517, Schachtel 1/1, Kaverneneinbauten Igis 1990, Akten.

Kostengründen gegen die Schalenbauweise, sodass aus dieser Machbarkeitsstudie kein Auftrag entstand.

3.5 Die Verdichtung von Geschäftsbeziehungen zu einem Netzwerk

Das Ingenieurbüro Isler erwuchs aus Beziehungen, die auf Islers diverse Betätigungsfelder zurückgingen. In diesem Sinne bildete sich das Netzwerk aus einer Reihe paradigmatischer Ereignisse, die nicht zielgerichtet waren. Der junge Isler versuchte in den frühen 1950er-Jahren, seine Individualität im Spannungsfeld zwischen Wissenschaft und Kunst sowie zwischen dem Bauingenieurwesen und dem Militär zu finden. »Was ich suche, ist eine Beschäftigung wo ich auf natürliche Art diesen Überschuss [Konzeptionen unbekannter Schalenformen; E. L.] praktisch verwerten kann. Nutzbar machen. Ihn in Bahnen lenken«,[94] notierte Heinz Isler Ende 1953 in seinem Tagebuch. Zu jener Zeit verwarf er die wissenschaftliche Beschäftigung mit Schalen[95] als möglichen Karriereweg und wenig später auch die künstlerische Verarbeitung von Schalenformen.[96] Daraufhin suchte Heinz Isler Anschluss ans Schweizer Militär. So wurde ihm 1955 erlaubt, seine Versuche mit Atomunterständen im militärischen Kontext durchzuführen. Diese »scheiterten« insofern, als die Schweizer Armee kein Interesse an der praktischen Ausführung der Islerschen Konstruktionen hatte. Allerdings war es gerade das Militär, das Isler mit Adolf Weder zusammenbrachte, der sich von der innovativen Schalenbauweise Islers schnell überzeugte. Über seine Beschäftigung als freier Mitarbeiter beim Ingenieurbüro Weder + Prim kam Isler an seine ersten industriellen Kunden und lernte

94 gta Archiv: 217-IK-1, Tagebuch, ohne Seitenangabe, Eintrag vom 8.09.1953.

95 Heinz Isler war zwischen 1950 und 1953 wissenschaftlicher Assistent am Lehrstuhl für Baustatik und Massivbau Prof. Dr. Pierre Lardy an der ETH Zürich. Vgl. exemplarisch Beckh, Matthias, Rainer Schützeichel: The Formative Years of Heinz Isler, in: Beckh, Matthias, Juan Ignacio del Cueto Ruiz-Funes, Matthias Ludwig, Andreas Schätzke, Rainer Schützeichel (Hg.): Candela Isler Müther. Positions on Shell Construction. Positionen zum Schalenbau. Posturas sobre la construcción de cascarones. Basel: Birkhäuser 2020, S. 90–97, hier S. 90f.

96 Heinz Isler war zwischen September 1953 und Mai 1954 an der Kunstgewerbeschule Zürich inskribiert. Die künstlerische Beschäftigung mit Schalen brachte jedoch für Isler ebenfalls keine positiven Ergebnisse, und er gab sein Kunststudium zeitnah auf. Vgl. ebenda, S. 90f.

Willi Bösiger kennen. Aus diesen Beziehungen bildete sich der Grundstock eines Netzwerks des Schalenbaus. Dieses Protonetzwerk ermöglichte es Heinz Isler, die ersten Isler-Schalen auszuführen und ein eigenes Ingenieurbüro zu gründen.

Die Verflechtungen zwischen Isler bzw. seinem Ingenieurbüro, seinen Auftraggebern und Geschäftspartnern nahmen seit 1955 rapide an Komplexität zu, indem immer mehr Bauherren, Zulieferer und Kooperationspartner in den Schalenbau involviert wurden. Ab dieser Zeit lassen sich eine Bindung der beteiligten Akteure an das Ingenieurbüro Isler und eine Verdichtung der Kontakte zu einem Netzwerk feststellen. Einerseits geschah die Expansion des »Systems Isler« informell über die Bauherren, die in der Nähe des Ingenieurbüros Isler ansässig waren. Diese wurden vor allem über eine Erwartung von Folgeprojekten an das Ingenieurbüro gebunden. Andererseits wurde die Bindung der wichtigsten Kooperationspartner an Isler über informelle vertragliche Abmachungen gestärkt. Die Akkumulierung des sozialen Kapitals förderte demnach die Ausführung einer zunehmenden Zahl von Isler-Schalen im Schweizer Mittelland und führte zur Verdichtung der Kontakte Islers zu einem Netzwerk.

Trotz der vermeintlichen Inklusivität des »Systems Isler« in seiner frühen Ausgestaltung lässt sich plausibilisieren, dass es von Anbeginn an als ein System der Zugehörigkeit und Ausschliessung konzipiert war. Der Zugang zum System wurde über das Netzwerk geregelt, um die Beziehungen im Granovetterschen Sinne nicht redundant zu halten bzw. für jeden Arbeitsprozess einen Kooperationspartner zu haben. Die Exklusivität des »Systems Isler« wird insbesondere am Beispiel von Heinz Hossdorf erkennbar. Obwohl Isler und Hossdorf 1961 auf dem gleichen Gelände zwei unterschiedliche Schalenbauten errichteten, gab es kein Anzeichen für gegenseitiges Interesse oder einen Austausch. Die Abgrenzung des Systems nach aussen manifestierte sich bei Heinz Isler durch eine Ablehnung der Zusammenarbeit mit anderen Ingenieurbüros. Dies ist auch am Umgang mit potenzieller Konkurrenz des »Systems Islers« ersichtlich. Für das Denken in Systemen war es charakteristisch, Konkurrenz zwischen einzelnen Bauingenieuren auszuschliessen und die Kunden zwischen »Systemen« entscheiden zu lassen.[97]

Das »System Isler« war nicht nur imstande, die im Netzwerk erwünschten Beziehungen herzustellen und die unerwünschten auszuschliessen, sondern

97 Vgl. ICOMOS Suisse 2022.

auch mit dem Wegfall von Beziehungen adäquat umzugehen. Denn die Systemleistung blieb bei einer fehlenden bzw. substituierten Netzwerkleistung weiterhin bestehen. Dies wird insbesondere an der allmählichen Auflösung der Partnerschaft mit dem Ingenieurbüro Weder + Prim ersichtlich. Im Jahr 1963 endete diese Kooperation abrupt und ohne Konsequenzen, auch wenn sie in den Anfängen der ingenieurtechnischen Tätigkeit Islers von entscheidender Bedeutung gewesen war. Dabei kam eine inhärente Eigenschaft des »Systems Isler« zum Tragen, vormals relevante temporale Verbindungen aufzulösen, sobald diese für die aktuelle Agenda nicht mehr von Belang waren.[98]

Die Bindung des Ingenieurbüros Weder + Prim an Isler war im Gegensatz zur Willi Bösiger AG nicht stark genug, zumal sie lediglich auf Islers Verpflichtungen gegenüber Weder + Prim aus der frühesten Zeit des Schalenbaus basierte. Die je nach Kundschaft wechselnde Federführung und die wachsenden Kommunikationsprobleme zwischen beiden Büros sorgten für eine Intransparenz dieser Geschäftsbeziehung und gefährdeten sie nachhaltig.[99] Als Zeichen der Auflösung der Partnerschaft kann Weders Vergessen von wichtigen mündlichen Abmachungen zum Bau der frühen Isler-Schalen angesehen werden, denn eine Abmachung ist für das System relevant, solange sie erinnert resp. eingehalten wird.[100] Davon zeugt vor allem die Tatsache, dass die getroffenen Vereinbarungen zwischen beiden Firmen entweder wie 1958 beim Bau der Garage Ramseier & Jenzer vergessen oder wie 1963 beim Bau der Teppichfabrik Wittrup seitens Weders nicht beachtet wurden.[101] Das führte dazu, dass die Geschäftsbeziehung zwischen beiden Netzwerkern immer weniger verbindlich wurde.

Die in Kapiteln 3.1-3.4 geschilderten Prozesse der Kapitalumwandlungen und der Einschluss- und Ausschlussmechanismen zeugen von einer habituellen Natur der Interaktionen im Netzwerk, zumal sie immer auf ähnliche Weise abliefen und sich durch einen niedrigen Formalisierungsgrad auszeichneten. Dennoch entsprachen sie den im Netzwerk des Schalenbaus jeweils gül-

98 Zur Temporalität der sozialen Systeme vgl. Luhmann 1987, S. 390f.

99 Im Luhmannschen Sinne waren die beiden Unternehmen nicht in der Lage, die doppelte Kontingenz (d.h. die Kluft zwischen eigenem Handeln und eigenem Erleben einerseits und dem Handeln und Erleben anderer andererseits) zu überwinden. S. dazu Luhmann 1995, S. 115.

100 Vgl. Luhmann 1987, S. 390.

101 gta Archiv: 217–03, Schachtel 1/2, Wollspinnerei Huttwil, Akten, ohne Seitenangabe, Schreiben Islers an Weder vom 10.07.1958; 217–035, Schachtel 1/1, Teppichfabrik Wittrup, Pläne, Akten.

tigen Verhaltensregeln und Vorstellungen. Der spezifische Habitus der Netzwerker lässt sich hierbei durch ein dialektisches Verhältnis von Vertrauen und Kontrolle charakterisieren. Das Fehlen jeglicher schriftlichen Abmachungen mit Kooperationspartnern (insbesondere zu Beginn der Geschäftstätigkeit Islers) zeugt davon, dass der Isler-Schalenbau auf einem Vertrauensnetzwerk basierte.[102] Alle Absprachen wurden mündlich (entweder persönlich oder telefonisch) getroffen.[103] Nichtsdestotrotz war die Kontrolle durch Heinz Isler insofern omnipräsent, als er den Netzwerkern Bedingungen zur Zusammenarbeit auferlegte und bei deren Nichteinhaltung die Geschäftsbeziehung abbrach.

Aus systemtheoretischer Sicht bedeutet dies, dass das »System Isler« auf das »Wiedererstellen der Erwartbarkeit«[104] abzielte. Diese spiegelte sich in einer möglichst konstanten Zusammensetzung von ausführenden Teams und Bauherren mit ähnlichen Bedürfnissen, um die Isler-Schalen einwandfrei und effizient zu errichten. Vor diesem Hintergrund erweist sich die Forderung Islers nach einem »eingespielten Team« bei der Ausführung seiner Schalen als ein Effekt der beziehungsgestützten Netzwerkbildung, der nicht nur einen effizienten Bauvorgang, sondern auch die Erreichung der ökonomischen Ziele aller involvierten Unternehmen unterstützte.[105] Im Sinne der gegenseitigen Umwandlungen des sozialen und ökonomischen Kapitals handelte es sich bei einer exklusiven Kooperation Islers mit einigen wenigen Partnern und industriellen Stammkunden um Wiederholungshandlungen des Kennens und Anerkennens, die fest in den Habitus der involvierten Akteure eingeschrieben waren und die Transaktionen erleichterten. Dies spiegelte sich darin wider, dass

---

102 Heinz Bösiger unterstrich in seinem Interview immer wieder die Relevanz der Vertrauensbeziehungen im Netzwerk, damit die Isler-Schalen ausgeführt werden konnten. Vgl. Interview Bösiger 2019.

103 Vgl. für die frühen Jahre des Schalenbaus insbesondere: gta Archiv: 217–03, Schachtel 1/2, Wollspinnerei Huttwil, Akten, ohne Seitenangabe, Schreiben Islers an Weder vom 10.07.1958. Es sei hervorgehoben, dass Isler auch in den späten Jahren seiner Ingenieurtätigkeit ähnliche Verhaltensmuster hatte. Vor allem traf er die wichtigsten Vereinbarungen entweder persönlich oder telefonisch. S. dazu gta Archiv: 217–02560, Atom Unterstand London Office Interiors, Protokoll des Telefongesprächs zwischen Armin Brand und dem Schweizerischen Bankverein vom 01.09.1980.

104 Vgl. Luhmann 1987, S. 390.

105 gta Archiv: 217–0412, Schachtel 2/7, Kaverneneinbauten Mitholz, Verwaltungsheft I–VII, Mappe Kaverneneinbauten II.

Isler sich immer wieder für dieselben Firmen seines Vertrauens entschied, ohne dass ein substanzieller Offertenvergleich durchgeführt wurde.[106]

Die Habitualisierung von Geschäftsbeziehungen Islers mit seinen Stammkunden und Kooperationspartnern hatte auch eine andere Seite, die sich im Laufe der Zeit in einer zunehmenden Unübersichtlichkeit und Intransparenz des »Systems Isler« manifestierte. Da die vorherige Zusammenarbeit und persönliche Bekanntschaften für Heinz Isler entscheidend waren, um eine Geschäftsbeziehung mit einem Unternehmen einzugehen, erstarrten die systemischen Mechanismen der Ausschliessung, Selektion und Kundenakquise schnell. Dies führte langfristig dazu, dass nur wenige neue Unternehmen ins Netzwerk aufgenommen und alte Beziehungen insbesondere auf der Nachfrageseite vernachlässigt wurden.[107] Die Auftragsvergabe lässt sich insbesondere im ausgebauten Netzwerk als irrational bezeichnen, zumal alle Auswahlentscheidungen zu einer Routine wurden und keine Einbeziehung neuer Unternehmen in den Bau der Isler-Schalen trotz eines formellen Offertenvergleichs ermöglichten.[108] In diesem Sinne war die Konservierung der Zustände der 1960er-Jahre im Netzwerk ein wesentliches Hemmnis für die Weiterentwicklung des »Systems Isler«, auch wenn eine exklusive Kooperation mit ausgewählten Kunden und Partnern die Erhaltung des Systems für weitere drei Jahrzehnte sicherte.

Die Verdichtung einzelner Geschäftsbeziehungen zu einem Netzwerk des Schalenbaus mündete in eine stark ausgeprägte Institutionalisierung bzw. Dauerhaftigkeit der Verflechtungen zwischen den involvierten Unternehmen, die wiederum von einem spezifischen Verhältnis von Nähe und Distanz zu Isler im Netzwerk des Schalenbaus gekennzeichnet waren. Bei den Isler besonders nahestehenden Firmen gingen die Beziehungen zum Ingenieurbüro Isler weit über die üblichen Netzwerkleistungen hinaus und bildeten andere Formen der ingenieurtechnischen Gemeinschaft, die in der Folge diskutiert werden.

---

106 Vgl. exemplarisch gta Archiv: 217–0412, Schachtel 2/7, Kaverneneinbauten Mitholz; 217–04, Schachtel 3/4, Kunststoffwerke Eschmann AG.

107 Vgl. dazu die in Kapiteln 2.3 und 2.4 dargestellten Ergebnisse in Bezug auf den Rückgang der Kunden.

108 S. Kapitel 3.4 als Beleg dieser Entwicklung.

4 Der Schalenbau als konjunktives Erfahrungsfeld

Im Jahr 1961 begann das Ingenieurbüro Isler mit dem Bau von acht 20 × 20 m grossen Buckelschalen für die Maschinenfabrik Kunz in Burgdorf (BE), die das »System Isler« aus technologischer Sicht veranschaulichen. Zahlreiche Baustellenvideos, Fotografien (s. Abbildungen 16–18), Bautagebücher und Korrespondenzen verdeutlichen dabei nicht nur die einzelnen Bauschritte und die eingesetzten Technologien, sondern auch technikgeschichtliche Entwicklungen, die die Isler-Schalen wesentlich mitprägten.

Der Bau begann mit der Erstellung von Streifenfundamenten durch die Bauunternehmung Willi Bösiger AG, anschliessend wurden die Aussen- und Innenstützen aus Beton PC 325[1] errichtet.[2] Danach erstellten die Mitarbeiter der Bauunternehmung, namentlich Polier, Maurer, Handlanger und Schlosser, mithilfe mehrerer Kräne eine doppelt gekrümmte hölzerne Schalung und Stahlrohrgerüste mit gebogenen Trägern für die ersten zwei Betonschalen, verlegten und verschweissten die Bewehrungseisen. Zur gleichen Zeit verlegten die Mitarbeiter der Firma Stahlton AG die Vorspannkabel. In einem nächsten Schritt wurden die Perfektaplatten als Wärmedämmung in die Schalung gelegt, sodass man zum Betonieren der Schalen übergehen konnte.[3]

Der Betoniervorgang lief dabei immer in drei Etappen ab. Begonnen wurde stets mit dem Schalenfuss, welcher bis zu einer Höhe von 3 Metern in einem Guss inkl. Schalensockel ausgebildet werden musste und aus hochfestem Beton PC 400[4] bestand. Dabei kam ein feinmaschiges Drahtnetz als Konterschalung zum Einsatz, um einen speditiven Einbau des Betons garantieren zu

1 Eine Betonsorte mit einem Zementgehalt von 325 kg/m³.

2 gta Archiv: 217–03, Schachtel 1/2, Wollspinnerei Huttwil, Bautagebuch; 217–021, Schachtel 1/6, Maschinenfabrik Kunz, Akten, Taglohn-Rapporte, Fa. Bösiger: Oktober 1961–Mai 1962; 217-CINE 4, 7, 9, Bau Kunz und Co.

3 Ebenda.

4 Eine Betonsorte mit einem Zementgehalt von 400 kg/m³.

können. In einem nächsten Schritt wurde die Schale mit Beton PC 350 von oben nach unten in einem Guss fugenlos betoniert, woraufhin der Betoniervorgang mit der Bearbeitung einer Übergangszone zwischen dem Schalenfuss und der Schale selbst abgeschlossen wurde. Nach der Ausführung wurde der Beton während der nächsten sieben Tage kontinuierlich mit Rasensprengern gewässert, um das Schwinden gering zu halten und somit einer Rissbildung entgegenzuwirken.[5]

Abbildung 16: Der Bau der Maschinenfabrik Kunz, Burgdorf um 1961.[6]

Sobald der Beton genügend erhärtet war und dies durch eine von der EMPA geprüfte Probe nachgewiesen wurde, erfolgten die Vorspannarbeiten durch die Firma Stahlton AG. Die Kabel wurden mittels Spannpressen vorgespannt,

5 gta Archiv: 217–021, Schachtel 1/6, Maschinenfabrik Kunz, Akten, Taglohn-Rapporte, Fa. Bösiger: Oktober 1961–Mai 1962; 217-CINE 4, 7, 9, Bau Kunz und Co.; 217–01, Schachtel 1/2, Glas Trösch AG, Akten, ohne Seitenangabe, 217–061, Schachtel 1/1, Migros Verkaufscenter Bellinzona: Markthalle, Akten.

6 gta Archiv: 217-FX-2-61-10, Kontaktabzug: Gartencenter Wyss Soehne AG; Maschinenfabrik Kunz & Co.

wodurch sich das Tragverhalten der Schale wesentlich verbesserte.[7] Als Nächstes erfolgte die Montage von Kunststoffoberlichtern der Firma Kunststoffwerke Eschmann AG mittels eines Krans über der Öffnung im Scheitel der Schale. 2–3 Wochen nach dem Betonieren erfolgte der Ausschalvorgang, bei dem alle Gerüste weggenommen wurden.

Abbildung 17: Die Kunststoffoberlichter (Mitte) und Vorspannkabel (rechts) auf der Baustelle für die Maschinenfabrik Kunz, 1961.[8]

In einem letzten Schritt erfolgte das Anbringen eines Kunststoffanstrichs, um die Betonoberfläche der Schale vor Witterungseinflüssen zu schützen (s. Abbildung 18). In den 1950–1960er-Jahren war noch wenig über die Einflüsse der Witterung auf den Sichtbeton bekannt.[9] Es wurde angenommen, dass das alkalische Milieu des Betons die Bewehrungseisen uneingeschränkt

7 gta Archiv: 217–04, Schachtel 3/4, Kunststoffwerke Eschmann AG, Spezielle Bedingungen für die Eisenbetonarbeiten.

8 gta Archiv: 217-FX-2-61-10, Kontaktabzug: Gartencenter Wyss Soehne AG; Maschinenfabrik Kunz & Co.

9 Interview Heinz Bösiger 18.11.2019.

vor Korrosion schützt. Den Angaben der Zeitgenossen zufolge sei erst Jahre später wissenschaftlich nachgewiesen worden, dass die im Sauerregen enthaltenen Chlormoleküle den Beton ausgehend von seiner Oberfläche schädigen können.[10] Trotzdem machte Heinz Isler bereits in den späten 1950er-Jahren Beobachtungen, dass ein kunststoffbasierter Schutzanstrich den Beton abdichten und demnach vor Witterung adäquat schützen kann.

Abbildung 18: Die ausgeführten Isler-Schalen der Maschinenfabrik Kunz mit dem »Fanalon«-Kunststoffbelag, 1964.[11]

Nach Abschluss dieser Schritte wurde der Rohbau fertiggestellt, sodass der Bauherr zum Innenausbau übergehen und in der Folge seine Geschäftstätigkeit aufnehmen konnte. Die rasche Erstellung der Schalen für das Bauprojekt Kunz macht dabei nicht nur den Nutzen für den Bauherrn, sondern auch die beträchtlichen Beiträge mehrerer Unternehmen des Schweizer Mittellandes zum »System Isler« historisch greifbar. Vor diesem Hintergrund erweist

10 Ebenda.

11 gta Archiv: 217-FX-2-64-24, Heinz Isler: Fotokonvolute: Kontaktabzüge, Maschinenfabrik Kunz & Co.; 217-FX-2-64-28, Heinz Isler: Fotokonvolute: Kontaktabzüge, Maschinenfabrik Kunz & Co.

sich der Schalenbau – genauso wie die anderen zeitgenössischen Bausysteme (Holzbau, Stahlbau, Betonbau und Mauerwerk) – als keine generische Technologie, sondern vielmehr als Treiber und Ergebnis der inkrementellen Entwicklung und Synergie von mehreren aufeinander bezogenen Technologien. Die Beiträge besonders Isler-naher Kooperationspartner zum Schalenbau gingen fast immer über übliche Vertragsbeziehungen hinaus und führten durch die gemeinsamen Bauerfahrungen zu einer Konvergenz von technologischen Produkten, deren Zusammenhänge vorher nur unzureichend erkannt worden waren.[12] Dies gilt nicht nur für die einzelnen Elemente und Vorgänge beim Erstellen von Isler-Schalen (etwa Holzkonstruktionen für die Gerüstung und Schalung, Vorspannkabel und -anker, Kunststoffoberlichter, chemische Schutzbeschichtung des Betons usw.), sondern auch für deren gesamten Lebenszyklus (inkl. Erhaltung, Instandhaltung und Instandsetzung der Schalen), zumal die involvierten Unternehmen – in erster Linie die Stahlton AG, die Willi Bösiger AG und die Kunststoffwerke Eschmann AG – strategische Allianzen bildeten und längerfristig zusammenarbeiteten. Im Folgenden wird die Erfahrungsseite des »Systems Isler« fokussiert, bei der sich aus konkreten Arbeitsvorgängen auf Baustellen und aus Fertigungsprozessen von einzelnen Elementen des Schalenbaus die wesentlichen Charakteristika des Systems ergeben.

4.1 Die Vorspannung

Alle Isler-Schalen wurden in einer Spannbetonbauweise errichtet, weswegen die Vorspannung als integraler Teil des »Systems Isler« angesehen werden kann. Die Vorspanntechnologie ermöglichte durch Einlegen von Spanndrähten und deren Vorspannung nach dem Erhärten des Betons eine positive Beeinflussung der Betonkonstruktionen. Die ersten Anwendungen der Vorspannungstechnik nach dem französischen »System Freyssinet« erfolgten zwar bereits vor dem Zweiten Weltkrieg, aber jenes Verfahren fand in der Schweiz bis 1944 keine Anwendung und wurde erst seit 1945 nach Ablauf des

12 Dies entspricht unter anderem der Konzeption der sogenannten »schlanken Unternehmen« von Boltanski und Chiapello, die versuchen, Kundenbedürfnisse durch vernetztes Arbeiten vieler Unternehmen in Team- resp. Projektform zu treffen. S. dazu Boltanski, Luc, Ève Chiapello: Der neue Geist des Kapitalismus. Aus dem Französischen von Michael Tillmann. Mit einem Vorwort von Franz Schultheis. Konstanz: UVK 2006, S. 112.

Patentschutzes von Freyssinet gebraucht.[13] In diesem Sinne stellte das strenge Patentrecht zugleich einen Hemmfaktor für die Verbreitung dieser Innovation in der Schweizer Baubranche dar. Auch die überwiegende Mehrheit von nach 1945 gebauten vorgespannten Schalen wurde nach den damals üblichen analytischen Methoden entworfen. Es handelte sich dabei weitgehend um zylindrische Schalen und Shedschalen des Systems Finsterwalder – seit Langem die Klassiker des Industriebaus –, die zur Überdachung von grossen Fabrikräumen gebraucht wurden.[14]

In der Nachkriegszeit wurde die Schweiz zu einem Standort, an dem die älteren Vorspannverfahren perfektioniert und Spezialgeräte für Spannbetontechnik entwickelt wurden.[15] Hierbei handelt es sich um das sogenannte BBRV-Verfahren, das in den 1950er- und 1960er-Jahren die schweizerische Baubranche buchstäblich eroberte. Vier Ingenieure der Zürcher Firma Stahlton AG – M. Birkenmaier, A. Brandestini, M. Roš und K. Vogt – entwickelten ein Vorspannkabel mit einem Durchmesser von 60 mm (bestehend aus 42 patentierten Stahldrähten) und lancierten ein innovatives Vorspannverfahren, das nach den Anfangsbuchstaben der Nachnamen der Erfinder »BBRV« benannt wurde.[16]

Mit der Vorspannung gelang es den Ingenieuren der Stahlton AG, das Reissen des Betons hinauszuzögern. Im Vergleich zu nicht vorgespanntem Beton konnten dank der BBRV-Vorspannung schlankere Träger entworfen werden, sodass grössere Spannweiten bei den Balken und Platten in einem Gebäude möglich wurden. Die Vorspannung leistete somit einen Beitrag dazu, grössere Flächen zu überspannen. Deswegen konnten auch dünnere Betonplatten eingesetzt werden, was folglich den Materialverbrauch und somit auch die Baukosten verringerte.[17] Die Vorspannkabel selbst waren verglichen

13 Vgl. Adriaenssens/Block 2014, S. 14.

14 Vgl. Berger, Fritz: Über die Ingenieurarbeiten der Weichenbauhalle, in: SBZ 77/53 (1959), S. 866–869. Ders.: Vorgespannte Schalensheds, in: SBZ 73/36 (1955), S. 533–537. Keller, Oskar: Der Schalenshedbau der Sphinxwerke Müller & Cie. AG. in Solothurn, in: SBZ 77/2 (1959), S. 15–18. Stefan, Joh.: Bau einer Shedhalle aus Betonfertigteilen, in: SBZ 75/4 (1957), S. 52–55. Steinmann, Georges A.: Hallenbauten aus Stahlbeton und Spannbeton, in: SBZ 73/44 (1955b), S. 703f.

15 Brandestini, A.: Schweizerische Spezialgeräte für die Spannbetontechnik, in: SBZ 74/37 (1956), S. 551–558.

16 Birkenmaier, M., A. Brandestini, M.R. Roš: Zur Entwicklung des vorgespannten Betons in der Schweiz, in: SBZ 70/8 (1952), S. 107–114, hier S. 107.

17 Stahlton: Vorspanntechnik. Zürich: o. V.: o.J., S. 2.

mit einer schlaffen Bewehrung quasi kostenneutral, da der höhere Preis pro Gewicht durch die grössere Festigkeit des Spannstahls praktisch kompensiert wurde. Die wichtigste technische Besonderheit des BBRV-Verfahrens war »die direkte Verankerung der Drähte mit Stauchköpfen. Diese garantieren einen schlupffreien Sitz im Ankerkopf, welcher bereits vor dem Spannen gewährleistet ist«.[18]

Heinz Isler war in den 1950er-Jahren unter den ersten Bauingenieuren, die sich auf eine Zusammenarbeit mit der Stahlton AG einliessen.[19] Er durfte die Vorspannung bereits während seines Studiums und seiner Assistenzzeit an der ETH Zürich kennenlernen. Islers Hochschullehrer und Betreuer an der ETH, Pierre Lardy, stand am Anfang der Vorspannungstechnik in der Schweiz und animierte seine Studenten zum Gebrauch der Vorspannung in ihren Betonbauten.[20] So schloss Heinz Isler bereits in seiner im September 1950 zur Begutachtung eingereichten Diplomarbeit »Textilfabrik: Fabrikhalle und Kohlenbunker«, in der Shedschalen berechnet wurden, die Vorspannung ein.[21] Dies bildete den Auftakt zu Islers praktischem Gebrauch der Vorspannung beim Entwurf und bei der Ausführung von Isler-Schalen.

Allerdings sei hervorgehoben, dass diese für das »System Isler« folgenreiche technologische Entscheidung weder naheliegend noch zwingend erforderlich war. Obzwar die Vorspannung einen zusätzlichen Aufwand bei der Errichtung der Isler-Schalen bedeutete, verbesserte sie kaum das Tragverhalten der Isler-Schalen und war somit entbehrlich, hätte man den Aufwand sowie die Risiken beim Projektieren und Bauen reduzieren wollen.[22] Auch das BBRV-Vorspannverfahren trug keineswegs zur technischen Ausführbarkeit der Isler-Schalen bei.

Die Bereitschaft Islers, durch den konsequenten Gebrauch der Vorspannung in allen Bauprojekten einen zusätzlichen Aufwand auf sich zu nehmen, kann aus mehreren Perspektiven erklärt werden. Zum einen versuchte der

18 Ebenda, S. 8.

19 Weder 1955, S. 236.

20 Vgl. exemplarisch Beckh/Schützeichel 2020, S. 96f.

21 gta Archiv: 217–01197, Studium ETH Zürich, Diplomarbeit »Textilfabrik: Fabrikhalle und Kohlenbunker«.

22 Vgl. zum »Mythos Vorspannung« exemplarisch Pistor, L., R. Oppermann, W. Passer, F. v. Emperger: Vorspannung im Eisenbetonbau. Grundlagen, Ziel, Zweck und Anwendung. Berlin: Wilhelm Ernst & Sohn 1940. Specht, M. u.a. (Hg.): Einführung in die teilweise Vorspannung und Vorspannung ohne Verbund. 2. Auflage. Berlin: TU Berlin 1985.

junge Heinz Isler zu jener Zeit, eine rationale Baumethode zu finden, welche die langwierigen rechnerischen Ingenieurarbeiten vereinfachen könnte. Dazu schrieb er am 20. September 1950 in seinem Tagebuch: »Wohl konnte ich das primitive Denken da und dort brauchen: Aber die Methoden, die im Ingenieurwesen üblichen, die sind mir recht fremd geblieben«.[23] Eine solche Methode sah er im Experimentieren mit hängenden und aufgeblasenen Membranen, aus denen er seine Inspiration für die Schalen schöpfte. Dies war nicht nur eine Frage der Entwurfsmethode oder Schalenform, sondern entsprach auch Islers Suche nach einem individuellen Stil.[24] An derselben Stelle in seinem Tagebuch hielt Isler fest: »Weil ich überall eine eigene Lösung finden wollte. Denn ich empfand es als unedel oder unrühmlich den Weg zu benützen den andere vor mir geschritten«.[25] Gerade dieser Anspruch Islers, etwas machen zu können, was sich andere Bauingenieure nicht zutrauten, mag ihn zur Entscheidung für den Gebrauch der Vorspannung veranlasst haben.

Zum anderen kann der Gebrauch der Vorspannung Teil der Vermarktungsstrategie Islers gewesen sein, um sich dadurch stärker von anderen Ingenieuren abzusetzen. Die Vorspannung verstärkte somit das Alleinstellungsmerkmal des »Systems Isler«, mit einem Minimum an Material grösstmögliche Bauflächen stützenlos zu überdachen. Die technische Komplexität der Vorspannarbeiten sollte auch potenzielle Nachahmer davon abhalten, die Isler-Schalen nachzubauen. Zu diesem Zweck liess Heinz Isler den Schalenbau für die Aussenstehenden komplexer erscheinen, als er tatsächlich war.[26]

Schliesslich sorgte die Verwendung der Vorspannung beim Bau von Isler-Schalen insbesondere in den frühen Jahren des Schalenbaus in der Baubranche für grosse Beachtung von Islers Ingenieurleistungen. Die gebauten Isler-Schalen wurden zum Inbegriff der wachsenden Popularisierung des BBRV-Vorspannverfahrens, denn die Stahlton AG gebrauchte die Schalenkonstruktionen Islers zu eigenen Werbezwecken, um die Stichhaltigkeit und Zuverlässigkeit ihres Vorspannverfahrens zu veranschaulichen. Die zeitgenössischen Publikationen zeigen, dass Islers Bauten aus den 1950er- und den

23 gta Archiv: 217-IK-1, Tagebuch, ohne Seitenangabe, Eintrag vom 20.09.1950.

24 Vgl. Ramm/Schunck 2002, S. 41.

25 gta Archiv: 217-IK-1, Tagebuch, ohne Seitenangabe, Eintrag vom 20.09.1950.

26 gta Archiv: 217–02, Schachtel 3/4, Carrosseriewerk Ramseier & Jenzer AG, Biel, Akten.

frühen 1960er-Jahren als die besten Beispiele von vorgespannten Konstruktionen angesehen wurden (insbesondere die Garage Ramseier & Jenzer in Biel, bei der Isler als Bauingenieur nicht erwähnt wurde) und als eine Art Werbung in den Fachmedien fungierten.[27] In einem Bericht der Firma Stahlton AG in der »Schweizerischen Bauzeitung« wurden die frühen Projekte mit Heinz Isler folgendermassen charakterisiert:

> Während die Berechnung und Konstruktion von Kugelschalen schon längst bekannt ist, blieb die Ueberdeckung eines rechteckigen Grundrisses ein besonderes Problem. Mit Hilfe von Modellmessungen ist es gelungen, eine sehr tragfähige neue Schalenform zu entwickeln. Bereits sind bei uns einige solcher Buckelschalen ausgeführt worden, wobei jeweils die Randglieder vorgespannt wurden. [...] Gegenwärtig ist eine solche Schale mit einer stützenfreien Grundrissfläche von 60 m × 60 m im Bau [Coop Wangen; E. L.], was deren ausgezeichnete Tragfähigkeit deutlich zeigt.[28]

An diesem Beispiel wird die Dialektik von Netzwerk und System beim Bau der Isler-Schalen deutlich. Obwohl die beiden Technologien unabhängig voneinander entwickelt wurden, nutzten sie die Synergien der Kooperation, um ihre jeweilige Position auf dem Schweizer Baumarkt zu stärken. Für Heinz Isler wurde die Vorspannung zu einem zentralen Systemmerkmal, das weder von Islers Kunden noch Kooperationspartnern hinterfragt wurde und Islers Leistung als Bauingenieur bekräftigte, auch wenn die Vorspannung entbehrlich war. In den 1950er-Jahren hatte er faktisch keine Auswahl an Vorspanntechnologien, da kein anderes Unternehmen ausser der Stahlton AG vergleichbare technische Lösungen anbot. Isler wurde prompt zum Stammkunden der Firma Stahlton AG und ist ihr auch für längere Zeit treu geblieben.[29] Für die Stahlton AG hingegen war das Ingenieurbüro nur auf der Netzwerkebene relevant, da sie Islers Bauten nur zu Beginn ihrer Tätigkeit für kurze Zeit zu Werbezwecken einsetzte. Ungeachtet des systemischen Anspruchs Islers und der zahlreichen Aufträge über mehr als 30 Jahre hinweg ging die Kooperation mit der Firma Stahlton AG nicht über die in der Baubranche üblichen Geschäftsbezie-

27 Berger, Fritz: Vorgespannter Beton im Hochbau: Auszug aus dem Vortrag, in: SBZ 78/14 (1960), S. 229–236, hier S. 232.

28 Ebenda.

29 Persönliche Mitteilung von Rainer Zünd vom 26.03.2020.

hungen hinaus.[30] Das hing vor allem damit zusammen, dass die Vorspannkabel im Schalenbau nur in geringen Mengen bestellt wurden und die Vorspannarbeiten in der Regel 1–2 % der ganzen honorarberechtigten Bausumme nicht überschritten.

Laut den firmenspezifischen Bedingungen für die Eisenbetonarbeiten lieferten die Mitarbeiter der Stahlton AG die bestellte Menge an Vorspannkabeln auf die jeweilige Baustelle und führten deren Einbau unter Aufsicht des Bauingenieurs aus.[31] Auch in diesem Fall war ein eingespieltes Team wichtig für Heinz Isler, was ihn vermutlich dazu veranlasst haben mag, auch nach 1960, als die Vorspanntechniken in der Schweiz gang und gäbe wurden, primär mit der Stahlton AG zusammenzuarbeiten und andere Vorspannsysteme nur in Ausnahmefällen einzusetzen. Zu Beginn seiner Tätigkeit als Bauingenieur standen Isler aber keine anderen Vorspannfirmen zur Auswahl, was die Kooperation mit der Stahlton AG insbesondere in den 1950er-Jahren förderte.

Eine Konkurrenz für die Stahlton AG war das 1957 gegründete Berner Unternehmen Spannbeton AG, das trotz räumlicher Nähe aufgrund der zum Zeitpunkt noch vorhandenen technischen Unzulänglichkeiten von Isler als Kooperationspartner zurückgewiesen werden musste:

> Vorspannarbeiten werden gegenwärtig in der Schweiz ausgeführt von zwei Firmen: die Stahlton AG in Zürich, die seit dem Krieg sehr viele Arbeiten ausgeführt hat und die Spannbeton AG in Bern, die ihr neues Spannsystem vor einem Jahr lanciert hat. Da diese letztere Firma aber noch nicht über die bei Buckelschalen nötigen Kupplungen verfügt, verzichte ich auf eine Offerte von dieser zweiten Firma.[32]

Auch in späteren Jahren, als eine vergleichbare Vollständigkeit der Produkte der Spannbeton AG vorhanden zu sein schien, gab es keine weitere Zusammenarbeit im Rahmen von Bauprojekten mit dieser Firma. Die einzige Ausnahme war dabei das Vorprojekt eines Betriebsgebäudes in Lyssach für die Spannbeton AG selbst aus dem Jahr 1963. Geplant wurden sechs Buckelscha-

30 Telefonisches Gespräch mit Rainer Zünd (Stahlton AG). Laut Angaben sei die Firma nicht mehr im Besitz von historischen Unterlagen, welche die Zusammenarbeit zwischen Isler und der Stahlton AG schildern können.

31 Stahlton: Vorspanntechnik. Zürich: o. V.: o.J., Abschnitt »Vorspannen«.

32 gta Archiv: 217–02, Schachtel 3/4, Carrosseriewerk Ramseier & Jenzer AG, Biel, Akten, ohne Seitenangabe, Schreiben Islers an Schwaar vom 19.11.1958.

len mit Ausmassen von 22 × 20 m, die jedoch aus unbekannten Gründen nicht zur Ausführung gelangten.[33]

Seit 1956 war auch die Firma Vorspannsysteme Losinger VSL Heinz Isler bekannt. Als Mitarbeiter bei Weder + Prim arbeitete Heinz Isler 1956 an einem Vorprojekt für eine Produktionshalle für Losinger in Bern, aber der Bauherr entschied sich für einen konventionellen Bau in Stahlbeton, da die Erzeugnisse der Firma Vorspannsysteme Losinger VSL beim Bau nicht eingesetzt werden konnten.[34] Erst in den späten 1960er- und in den 1970er-Jahren konnte dieses Problem gelöst werden. In dieser Zeit fing Heinz Isler an, seine Beziehungen zu den Vorspannfirmen zu diversifizieren und ebenfalls Bauprojekte mit Produkten dieser Firma auszuführen.[35] Dies war unter anderem die einzige Vorspannfirma, die neben der Rolle eines Zulieferers auch die Rolle eines Kunden Islers übernahm, was dem Unternehmen ermöglichte, eigene Vorspannkabel beim Bau einzusetzen:[36] Im Jahr 1981 wurde eine neue Produktionsstätte der Losinger AG in Lyssach gebaut.[37] Es war eigentlich keine Ausnahme, dass Islers Zulieferer und industrielle Kooperationspartner zu seinen Kunden wurden. Diese Wechselwirkung zwischen der Kooperation am Bau und den tiefergehenden ökonomischen Beziehungen zwischen den Netzwerkern kam bei der Zusammenarbeit mit vielen involvierten Unternehmen zum Tragen.

4.2 Die Schalung

Der Erstellungsprozess einer Schale wurde von Heinz Isler folgendermassen umrissen: »Auf leichte Stahlrohrgerüste werden gebogene Träger gelegt. Diese tragen eine Sparlattung und als eigentliche Schalung die im Bau verbleibenden

33 gta Archiv: 217–0742, Schachtel 1/1, Spannbeton AG Bern. Betriebsgebäude: Neubau.

34 gta Archiv: 217–01222, Schachtel 1/1, Losinger & Co. AG, Werkstattgebäude.

35 Darunter auch die Feuerlöscherfabrik Sicli SA in Genf.

36 Dasselbe Handlungsmuster war auch bei vielen anderen Unternehmen zu beobachten. So baute Isler beispielsweise Zementwerke für seine Zementlieferanten, Kiesfabriken für Kieslieferanten, Lagerhallen für Vorspannungsfirmen etc. (vgl. gta Archiv: 217–0134, Schachtel 1/1, Zementwerke E. Grob, Akten; 217–0194, Schachtel 1/1, Zementwarenfabrik K. Studer, Akten u.a.).

37 gta Archiv: 217–0422, Schachtel 1/1, Vorspannsysteme Losinger VSL, Werk Lyssach.

Isolationsplatten«.[38] Die hölzerne Schalung war daher eines der entscheidenden Elemente beim Bau von Isler-Schalen und ohne diese Schalung wäre diese Bautechnik kaum realisierbar gewesen. Darüber hinaus ermöglichte dieses Bauelement eine grosse Vielfalt der von Isler kreierten Schalenformen, die sich aus einer Kombination von standardisierten Schalungsbrettern auf Baustellen erst ergaben.

Diese Innovation war Willi Bösiger zu verdanken, der bereits im Jahr 1958 ein neues Schalungssystem konstruierte, »welches eine einwandfreie Arbeitsausführung garantiert, zudem viel rascher erstellt und wieder ausgebaut werden«[39] konnte. Auch Heinz Isler war sich dessen bewusst und behauptete in den 1980er-Jahren, er habe gerade mit und dank Willi Bösiger und später seinem Sohn Heinz Bösiger eine »Gelegenheit [gehabt; E. L.], seither [seit den 1950er-Jahren; E. L.] in kontinuierlicher Folge eine grosse Anzahl dieser neuartigen Bauformen zu verwirklichen für Sportbauten, Bäder, Ausstellungen, Garten-Center, Kirchen, Wohnhäuser, für Industriebauten und Schutzbauten«.[40] Während Isler für Statik und Entwurf zuständig war, war die Willi Bösiger AG mit dem Entwurf von Baumethoden, der Qualitätssicherung und der Wirtschaftlichkeit der gebauten Isler-Schalen befasst.[41]

Damit die Schalenform auf der Baustelle korrekt montiert werden konnte, mussten die geschnitzten Holzbretter, die als Schalungen fungierten, mit höchster Präzision hergestellt werden.[42] Von der Qualität der Schalung hing dabei weitgehend der Bauerfolg ab, weswegen alle Vorgänge zur Herstellung, Montage und Verwendung der Schalung genau beschrieben wurden und ihren

38 Isler, Heinz: Schalen für Repräsentativ- und Industriebauten, in: Polonyi, Stefan (Hg.): Schalen in Beton und Kunststoff. Entwurf, Bemessung, Ausführung. Wiesbaden/Berlin: Bauverlag 1970, S. 97–112, hier S. 105.

39 gta Archiv: 217–03, Schachtel 1/2, Wollspinnerei Huttwil, Akten, ohne Seitenangabe, Schreiben Bösigers an Isler vom 10.02.1958.

40 Isler, Heinz: Typologie und Technik der modernen Schalen, in: W, B + W 70/12 (1983), S. 34–42, hier S. 34.

41 Der Firma Willi Bösiger AG ist es insbesondere gelungen, die Ausführung der Isler-Schalen durch unternehmensinterne Standards, geschulte Arbeitskräfte auf den Baustellen und den sparsamen Umgang mit Baustoffen wirtschaftlich zu machen. Diese Entwicklungen fallen mit dem Aufkommen der Baurationalisierung in der Schweizer Baubranche der Nachkriegszeit zusammen. Vgl. Bösiger 2011, S. 161–168.

42 Alle Holzschalungen für Isler-Schalen wurden von der Holzverarbeitungsfirma Gribi AG und später von deren Nachfolgerin Zimmerei Roth + Co. (beide Burgdorf) ausgeführt. Leider sind über die Tätigkeit und Entwicklung der beiden Unternehmen keine näheren Informationen bekannt.

Eingang in die speziellen Schalenvorschriften von Heinz Isler fanden.[43] Diese Regeln entsprachen hinsichtlich der Materialqualität, Handlungsanweisungen und Kontrollpflichten des Bauingenieurs zum Teil den zeitgenössischen Standards. Sie unterschieden sich von ähnlichen Vorschriften anderer Ingenieure lediglich dahingehend, dass die empirische Evidenz aus früheren Bauprojekten Islers in sie eingeflossen war und dadurch eine möglichst zügige und einwandfreie Ausführung seiner Schalen ermöglichte: Hierbei handelte es sich um den Gebrauch von mit Wasser gründlich getränkten Perfekta- bzw. Isolierplatten als Schalung[44] (auch »verlorene Schalung«[45] genannt). Diese Holzfaserplatten verblieben nach dem Betoniervorgang im Bauwerk und fungierten dabei als Wärmedämmung.[46] Die Vereinigung beider Funktionen in einem Bauteil ermöglichte es dem Bauunternehmen Willi Bösiger AG, zusätzliche Materialkosten zu sparen und den Errichtungsprozess von Schalen zu vereinfachen.

---

43 »Schalung. Es sind durchgehend saubere Bretter zu verwenden. Ritzen müssen mit Gips ausgestrichen werden. An Säulenfüssen sind Putzöffnungen vorzusehen. Wo Sichtbeton verlangt wird, ist die Schalung mit gut passenden, gehobelten Brettern zu erstellen. Gerüste. Es sind Gerüste zu verwenden, die die genaue Form der Schalungen während und nach dem Betonieren gewährleisten. Schalungen. Die Schalungsbretter oder -Platten dürfen erst versetzt werden, nachdem die Holzlehren vom Ingenieur kontrolliert wurden. Die Isolationsplatten, die im Bau verbleiben, müssen mit Stiften befestigt werden, die auch nach dem Abbiegen noch rostfrei sind. Aufgeweichte Isolationsplatten müssen ersetzt werden. Die Schalung der Rand- und Zwischenträger muss genügend Putzöffnungen enthalten. Es ist zu beachten, dass die Ankernischen nach ca. zwei Tagen ausgeschalt werden und zwar unabhängig von der übrigen Schalung. Ausschalen. Die Ausschalfristen und der Ausschalvorgang werden vom Ingenieur bestimmt. Es darf nur in Anwesenheit des Ingenieurs ausgeschalt werden. Vorheriges Lockern von Keilen, Gerüstungen etc. ist strikte verboten«. Zit. nach: gta Archiv: 217–04, Schachtel 3/4, Standards, Spezielle Bedingungen für die Eisenbetonarbeiten.

44 Vgl. Isler, Heinz: Perfecta-Platten als Schalung und Isolation, in: Gips-Union-Information 10 (1973), S. 11–13. Ders.: Perfekte Schalen mit Perfecta, in: Gips-Union-Information 15 (1974), S. 7–9.

45 Persönliche Mitteilung von John Chilton vom 17.02.2022: »*The parts relating to insulation boards would not be typical of other engineers. Casting concrete directly onto insulation boards that are left in place is perhaps the most innovative, cost saving aspect of Isler shells. This saves very expensive single-use board shuttering. The use of surface vibrators is also specific for the thin shell to compact the surface well*«.

46 Isler 1970, S. 104.

Diese schalungsbezogenen Standards wurden bereits in den späten 1950er-Jahren formuliert und behielten während der ganzen Schaffensperiode von Heinz Isler ihre Gültigkeit. Sie haben lediglich in den 1970er-Jahren eine Erweiterung erfahren, indem eine Berücksichtigung der Witterung eingeflossen ist, welche zur korrekten Berechnung der Ausschalfristen notwendig war. So waren dreimal am Tag Temperaturmessungen durchzuführen, und die Messberichte wurden einmal pro Woche Heinz Isler zugesendet.[47]

Abgesehen von den dargestellten technischen Aufgaben war die Willi Bösiger AG zuständig dafür, die Wirtschaftlichkeit des Baus von Isler-Schalen sicherzustellen. Diese war nur beim Zusammenspiel mehrerer Faktoren zu erreichen: Zur Errichtung einer Schale sollte möglichst wenig Material verbraucht werden, die stützenlose Spannweite sollte möglichst gross sein und das Gerüst bzw. die Schalung sollte möglichst robust, um dem Betonguss standzuhalten, und dauerhaft sein. Vor diesem Hintergrund bot sich zur besseren Wirtschaftlichkeit unter anderem die Wiederverwendung der Schalung an. Dies konnte die Baukosten potenziell senken und war insofern vorteilhaft, als die einmalige Verwendung von Holzschalungen deren volle Ressource nicht ausschöpfte und viele potenziell brauchbare und wiederverwendbare Bauteile weggeworfen werden mussten. Diese Überlegung bildete den Auftakt zur Standardisierung von Schalungselementen, mit denen sich unterschiedlich dimensionierte Betonschalen errichten liessen. Die physikalischen Eigenschaften von Holz wie leichte Bearbeitung, beliebige Formgebung, Robustheit und (bei entsprechender Verleimung) Dauerhaftigkeit erlaubten eine breite Anwendung von Holzschalungen.

Da des Öfteren ähnliche Holzbretter zur Erstellung von Schalungen verwendet wurden, spornte dies eine Weiterentwicklung von gleichartigen bzw. ähnlichen Schalenbauprojekten an. Bereits bei Islers erstem Schalenbau – der Fabrik Glas Trösch 1955 – kam diese Logik zum Tragen. Erinnerungen von Heinz Trösch zufolge wurde die Bauentscheidung zugunsten der Isler-Schalen vor allem deswegen gefällt, weil die Holzschalung für dieses Projekt bei der Willi Bösiger AG bereits vorhanden war und ohne Weiteres wiederverwendet werden konnte (s. Abbildung 19).[48] Das bildete den Auftakt zur standardmässigen Wiederverwendung von Schalungsbindern im Schalenbau, was auch positive wirtschaftliche Effekte zeigte. Wie Isler 1965 berichtete, soll die Wiederverwendung von Schalungen zu einer Verbilligung des Baus um 25 %

47 Ebenda.

48 Persönliche Mitteilung von Heinz Trösch vom 26.03.2020.

geführt haben.[49] Da dadurch keine extra Fertigung von Holzschalungen für jedes Projekt notwendig war, brachte die Wiederverwendung der Schalung auch Zeitersparnisse beim Bau mit sich.

Abbildung 19: Der Bau der Fabrik Glas Trösch in Bützberg 1956.[50]

Die ersten Holzschalungen aus den 1950er-Jahren waren das Eigentum der Bauherren, die die ersten Schalenprojekte in Auftrag gaben und diese dann für Schalenprojekte anderer Bauherren ausleihen konnten. Das war z.B. bei der Firma Chemisch-Technische Produkte Blaser & Co. AG in Hasle-Rüegsau der Fall, die bereits 1958 die Schalung für die Ausführung des Schalenprojekts der Kunststoffwerke Eschmann AG zur Verfügung stellte (s. Abbildung 20). Durch das Teilen der Holzschalung entstand eine Synergie, die Islers industrielle Kunden und Partner geschäftsmässig und technologisch einander näherbrachte. So nahmen Islers frühere Kunden durch die Ausleihe von Schalungsbindern am Geschäft Islers teil und profitierten von Mietzinsen, die sie für die

49 Isler 1965, S. 383. Diese Einschätzung Islers ist als treffend zu bezeichnen, denn, wie im Kapitel 2 dargelegt, konnte der Quadratmeterpreis der Isler-Schalen um 1960 von ca. 200 Franken auf ca. 145 Franken gesenkt werden, was ungefähr 27,5 % des Quadratmeterpreises ausmachte.

50 gta Archiv: 217-FX-2-55-Trösch-1, Kontaktabzug.

Verwendung ihrer Schalungen verlangten. Folgende Bedingungen galten für die Ausleihe der Blaser-Schalungen an die Kunststoffwerke Eschmann AG:

> Wir nehmen Bezug auf Ihre Anfrage vom 8. ds. Wie Sie ja wissen, haben uns die Binder ca. Fr. 16'000.-- gekostet. Es ist anzunehmen, dass sie noch einmal für zwei gleiche Bauten, wie wir sie errichtet haben gebraucht werden können. Unter Berücksichtigung dessen müssen wir für den zweimaligen Gebrauch je Schale Fr. 2000.-- Miete verlangen, also Total Fr. 4000.--. Voraussetzung ist natürlich ganz sorgfältige Behandlung, zudem müssten die Binder in einwandfreiem Zustand franko Lagerplatz zurücktransportiert werden. Auch der Hintransport [mit dem Auto; E. L.] würde zu Lasten des Mieters gehen.[51]

Abbildung 20: Der Bau der Fabriken Chemisch-Technische Produkte Blaser & Co. AG (links) und Kunststoffwerke Eschmann AG (rechts) mithilfe ein und derselben Schalung.[52]

Für spätere Projekte wurden Holzschalungen vermietet, die im Besitz Islers waren und extra dafür hergestellt wurden, im Rahmen mehrerer Projekte wiederverwendet zu werden. Diese Bauteile wurden vom Burgdorfer Unternehmen Gribi AG über Jahre hinweg angefertigt, sodass keine zusätzlichen Transportkosten bis zum Aufbewahrungsort der Schalungen entstanden.[53] Sehr oft fehlen die Informationen zur Herkunft der Schalung in der Projektdokumentation. Aber gerade bei Islers Bauprojekten im Ausland kamen die

51 gta Archiv: 217–04, Schachtel 3/4, Kunststoffwerke Eschmann AG, Akten, Brief Blasers an Isler vom 13.03.1958 betreffend die Miete der Schalung (Projekt Eschmann).

52 gta Archiv: 217-FX-2-55-Hasle-2, Kontaktabzug, Chemisch Technische Produkte Blaser & Co. AG; 217-FX-2-58-11, Kontaktabzug, Kunststoffwerke Eschmann AG.

53 gta Archiv: 217–017, Schachtel 2/4, Coop Wangen, Akten.

Besonderheiten der Ausleihe und Wiederverwendung der Schalung deutlich zum Vorschein. In diesem Zusammenhang sei der Bau der Teppichfabrik Wittrup AG in Dänemark 1963 erwähnt:

> Die Binder werden durch den Unternehmer in der Schweiz ab Lager abgeholt und dort unverändert, vollständig und in einwandfreiem Zustand wieder deponiert. Allfällige Schäden die über die normalen Abnützungserscheinungen hinausgehen sind zu beheben oder zu bezahlen. Die Binder sind innert 3 Wochen nach Freiwerden wieder in die Schweiz zurück zu schicken. Transportkosten, Zoll und andere Gebühren gehen zu Lasten der Unternehmung.[54]

Seit 1965 wurde folgende Klausel ein fester Bestandteil aller Ingenieurverträge Islers und zielte darauf ab, sowohl die Mietbedingungen zu regeln als auch das Know-how zur Erstellung und zum Einsatz von Schalungsbindern in seinen Händen zu behalten:

> [Die Baufirma wird:; E. L.]
> Die erforderlichen Schalungsbinder vom Ing. Büro Isler oder einer von ihm bezeichneten Firma zu einem den Selbstkosten entsprechenden Mietzins mieten, die Transportkosten ab und zum Abholplatz der Binder übernehmen, keine eigenen Binder herstellen oder herstellen lassen, sowie die gemieteten Binder weder anderweitig verwenden noch kopieren.[55]

Die einzelnen verleimten Holzbinder wurden insofern standardisiert, als ihre Anzahl und Zusammensetzung eine von Isler normierte baufähige Schalenform ergab. Die Standardisierung von Schalungselementen hatte zur Folge, dass sich mit denselben Holzbrettern unterschiedliche Schalenformen kreieren liessen. In diesem Zusammenhang berichtete Heinz Isler 1966 nach dem Bau der Schale für die Bauisolationen Kilcher AG in Recherswil: »Ein an Hunderten von Buckelschalen erprobtes System von verleimten Holzträgern mit Sparlattung erlaubte es, die Schalungen rasch und günstig zu erstellen. Zudem konnten die gleichen Holzlehren im selben Jahr für drei verschiedene, in der Gestalt sogar völlig anders aussehende Schalenbauwerke verwendet

---

54 gta Archiv: 217–035, Schachtel 1/1, Teppichfabrik Wittrup, Pläne, Akten, Brief Islers an die Firma C. Christoffersen vom 09.09.1963.

55 gta Archiv: 217-S-2 Verträge, Vertrag mit der Gustav Epple AG, Deutschland, vom 16.02.1966.

werden«.[56] Jedem Bindertyp wurde eine spezifische Bezeichnung zugewiesen und jeder Binder besass einen bestimmten Mietpreis. Die Festsetzung des Mietpreises wurde jeweils ausgehend von konkreten Bedürfnissen eines jeden Bauherrn individuell berechnet und variierte je nach Anzahl der Verwendungen. So kostete bei der Teppichfabrik Wittrup die Miete von Schalungsbindern 8'300 Franken für die erste Verwendung und 6'450 Franken für die Verwendung bei jeder weiteren Schale.[57]

Die vorgefertigten Schalungen wurden dabei von Isler nach den ersten Objekten benannt, die mithilfe dieser Schalhölzer errichtet wurden. Die Schalungstypen »Huttwil« und »Hasle« wurden dabei besonders oft gebraucht. Die dritte Schalung »Huttwil« enthielt 21 unterschiedliche Typen von Bindern unterschiedlicher Längen und Ausmasse, zählte insgesamt 90 Bestandteile und hatte ein Gewicht von 4 Tonnen und ein Volumen von 9 Kubikmetern. Als absolut notwendiges Zubehör wurden ebenfalls spezielle Holzschrauben zum Befestigen von einzelnen Bindern mitgeliefert. Die beiden ersten Schalungen »Hasle« umfassten lediglich 18 Typen von unterschiedlichen Bindern (insgesamt 148 Bestandteile) und hatte ein Volumen von über 20 Kubikmetern und ein Gewicht von 9,4 Tonnen. Mitgeliefert wurden dabei jeweils 59 Eisenschrauben mit einem Durchmesser von 35 mm und 30 Holzschrauben mit einem Durchmesser von 18 mm. Der Wert von diesen Schalungen lag in der Regel zwischen 10'500 und 21'000 Franken, womit sie sich bereits nach einigen wenigen Projekten rentieren konnten.[58]

4.3 Der Betoniervorgang

In den Schalenvorschriften Heinz Islers ist unter anderem die folgende Passage zu finden: »Alle Arbeitsgänge – insbesondere bezüglich Gerüst, Plattenteilung, Randkurvenschalungen, Wasserabläufe, Betoniervorgang etc. – [sind; E. L.] derart zu studieren, vorzubereiten und einzuüben, dass auf der Baustelle ein reibungsloser Arbeitsfortschritt gewährleistet ist«.[59] Dadurch wurde die

---

56 Isler 1966, S. 318, 320.

57 gta Archiv: 217–035, Schachtel 1/1, Teppichfabrik Wittrup, Pläne, Akten, Brief Islers an die Firma C. Christoffersen vom 09.09.1963. Insgesamt hat das Projekt den Bau von zwei Isler-Schalen vorgesehen.

58 Ebenda.

59 gta Archiv: 217–061, Schachtel 1/1, Migros Verkaufscenter Bellinzona: Markthalle, Akten.

eminent wichtige Rolle des Bauunternehmers Willi Bösiger AG zum Ausdruck gebracht, die ihm bei der Ausführung von Schalen zukam, um im Sinne der Baurationalisierung »mit einem Minimum an Arbeitsaufwand ein Maximum an Baufortschritt«[60] zu erzielen. Bereits während der Arbeit am Bauprojekt für die Firma Glas Trösch entwickelte Willi Bösiger einen Standard für den Beton, der nicht nur für den laufenden Bau, sondern auch für künftige Schalenprojekte der beiden Firmen seine Gültigkeit behielt. Dadurch erlangte die Willi Bösiger AG auf lange Sicht einen Wissensvorteil, dank dem die einwandfreie Errichtung von Schalenbauten gesichert wurde.

Die Willi Bösiger AG richtete sich beim Betonieren nach gängigen technischen Möglichkeiten und üblichen Fertigungsprozessen in der Schweiz. Im Zuge der Baurationalisierung der 1950er-Jahre wurden besondere Fortschritte im Bereich der Betontechnologie erzielt, die durch eine »selbstbewusste Ausnützung des Materials durch Erhöhung seiner Qualität«[61] erfolgte und darauf abzielte, »das Letzte aus den Baustoffen herauszuholen«[62] resp. »mit einem Minimum an Mitteln ein Maximum an Wirkung [zu] erreichen«.[63] Die Verbesserung der Betonkonsistenz und -festigkeit durch die Entstaubung des Zements, den Gebrauch von chemischen Zusatzstoffen, die Genauigkeit der Dosierung von Zement, Sand, Kies und Wasser sowie die Verteilung des Betons am Bauwerk wurden dabei als entscheidende Faktoren der Betonqualität angesehen.[64] Man arbeitete dabei nach einem Technologieprozess, der die Herstellung und Qualitätskontrolle des Betons durch die Eidgenössische Materialprüfungsanstalt (EMPA) in Dübendorf vorsah, bevor der Beton auf die Baustelle kam.[65] Dieses Produktions- und Kontrollverfahren des Betons etablierte sich in der Folge als eine Art Standard und galt im Schweizer Baugewerbe weithin als akzeptiert.[66]

60 Bächtold 1980, S. 24.

61 Steinmann 1955a, S. 623.

62 Fritsch, Josef: Neue Erfahrungen im Massenbetonbau, in: SBZ 72/10 (1954), S. 125–131, hier S. 131.

63 Bächtold 1954, S. 436.

64 Vgl. ebenda, S. 433–437. Fritsch 1954, S. 131. Kalter, Scheidegger, F.: III. Internationaler Vacuum Concrete-Kongress, in: SBZ 74/11 (1956), S. 160–161, hier S. 160.

65 Vgl. Fietz, H. R.: Die Ueberwachung des Eisenbetons auf mittleren und kleinen Baustellen, in: SBZ 76/32 (1958), S. 467–470, hier S. 467f.

66 Vgl. Nyffeler, Arthur: Die Kontrolle der Zementbeigabe zum Beton, in: SBZ 72/3 (1954), S. 27–29.

Für die Willi Bösiger AG war nicht nur die richtige Zusammensetzung des Betons, sondern auch die Art und Weise des Einbringens und der Verarbeitung des Betons von grosser Bedeutung, was nicht alles allein durch Kenntnisse und Erfahrungen eines Bauingenieurs abgedeckt werden konnte. Wenn man die Isler-spezifischen Schalenvorschriften betrachtet, wird sofort deutlich, dass dem Betonieren der meiste Platz eingeräumt wurde.[67] Obschon die-

67 Im Folgenden wird der genaue Wortlaut aller Islerschen Betonvorschriften angeführt, der in jedem seiner Ingenieurverträge von 1958 bis 2000 vorzufinden war: »Kies – Sand. Die Granulometrie soll möglichst der Fullerkurve entsprechen. Vor allem soll das Verhältnis von Sand (0–8 mm) zu Kies (8–30 mm) 5:7 sein. Der Kiessand soll sauber gewaschen sein. Zement. Die Zementbeimischung wird auf Grund eines Zementraumgewichtes von 1,25 und eines Kiessand-Bedarfes von 1200 Liter pro m3 fertigen Beton berechnet. Für einen 200 Liter-Mischer ergibt sich z.B. eine Zementmischung von 38 Liter (PC 300), für vibrierten Beton 8 % weniger. Beton. Der Beton muss sorgfältig bearbeitet und in plastischem Zustand in die Schalung eingebracht werden. Die Würfeldruckfestigkeiten nach 28 Tagen betragen: BN: 220 kg/cm2. BH: 300 kg/cm2. BS: 450 kg/cm2. Armierung. Die Preise beziehen sich auf plangerecht verlegte, gebundene und mit Zementklötzchen unterlegte Armierungen, inkl. 4 % Gewichtstoleranz. Alle Armierungen werden vom Ingenieur vor dem Betonieren abgenommen. Blattrost an Armierungen ist zu entfernen. Ebenso sind Eisen, die mit Mörtel oder Zementmilch verschmutzt sind, vor dem Betonieren zu reinigen. Proben. Würfelproben werden vom Ingenieur angeordnet und müssen die verlangten Druckfestigkeiten ergeben. Proben mit ungenügenden Festigkeiten gehen zu Lasten des Unternehmers, der auch alle von der Bauleitung angeordneten Vorsichtsmassnahmen zu befolgen hat. Beton. Kies – Sand ist in mindestens 2 Komponenten anzuliefern. Es dürfen nur erstklassige Materialien verwendet werden. Bei Baubeginn sind sofort Vorproben für den Schalenbeton anzufertigen, die bei PC 325 eine Würfeldruckfestigkeit von mindestens 340 kg/cm2 (28 Tage) aufweisen müssen. Betonieren. Die 2 Schalen einer Bauetappe sind in einem Guss, ohne Unterbruch und ohne Arbeitsfuge herzustellen. Das Programm des Betoniervorganges ist dem Ingenieur zur Genehmigung vorzulegen. Der ganze Arbeitsbereich einer Etappe muss im Schwenkbereich der Krane sein. Es darf nur in Anwesenheit des Ingenieurs betoniert werden. Die Schalungen und die Isolationsplatten sind unmittelbar vor dem Aufbringen des Betons gründlich mit Wasser zu tränken. Der Betonnachschub ist so zu regulieren, resp. zu verlangsamen, dass der Beton sofort fertig verarbeitet werden kann. Er muss sofort fertig abtaloschiert werden, einschliesslich Ausbilden der Wasserrinne. Unter keinen Umständen darf der Beton an irgend einer Stelle länger als 20 Minuten unverarbeitet liegen bleiben. Die Schalenecken sind mit grösster Sorgfalt zu betonieren. Das Versagen einer einzigen Ecke hat Einsturz der Schale zur Folge. Die dünnen Schalenpartien sind mit Oberflächenvibratoren lückenlos zu verdichten. Für die Randträger sind Tauchvibratoren zu verwenden. Es sind genügend Reservevibratoren und Aggregate bereitzuhalten,

se Regeln in vieler Hinsicht den zeitgenössischen branchenüblichen Standards in der Schweiz entsprachen, wiesen sie einige markante Unterschiede auf. Einerseits beschloss Willi Bösiger, den Zementanteil für die Schalenbauten von im Stahlbetonbau üblichen 300 kg/m^3 auf 400 kg/m^3 zu erhöhen, um eine höhere Druckfestigkeit des Betons zu gewährleisten und das Tragverhalten von Schalenbauten zu optimieren.[68] Dadurch konnte man Rissen im Beton und dessen Karbonatisierung vorbeugen.[69] Andererseits wurde das Feuchthalten der Schalenoberfläche nach dem Betonieren deutlich über das zu jener Zeit im Stahlbetonbau übliche Mass ausgeweitet. Der Einsatz von Rasensprengern (die kaum bei anderen Ingenieuren zum Einsatz kamen, um den Beton feucht zu halten) war unter anderem darauf zurückzuführen, dass die Schalen mit ihrer Form und wegen geringer Dicke der Betonschicht viel stärker der Sonne und dem Wind ausgesetzt waren und somit vor der vollständigen Aushärtung des Betons eher austrockneten als beispielsweise kräftige Betonbalken oder Bodenplatten in einem Gebäude. Die schnelle Austrocknung konnte die Oberfläche der Schale schwächen und poröser und anfälliger für zukünftige Witterungseinflüsse machen.[70]

Wie die zahlreichen Bilder des Betoniervorganges von Isler-Schalen auf den Baustellen zeigen (s. Abbildung 21), lässt sich ein wichtiger Befund zur Temporalität der Ausführung von diesen Bauten ableiten. Deren rasche Erstellung war nicht nur deren spezifische Charakteristik und ein Konkurrenzvorteil, sondern überhaupt eine Voraussetzung dafür, dass die Schalen mit ihrer gekrümmten Form in Beton ausgeführt werden konnten. Bereits bei den frühen Kooperationen Islers mit Bösiger galt es, die Betonstreifen in einem Guss herzustellen, wobei der Beton ausschliesslich mit der Schaufel verteilt und zwingend innerhalb von 20 Minuten fertig verarbeitet werden musste. Dies war dadurch begründet, dass der fertig eingebaute Beton sehr schnell

---

um bei Störungen Arbeitsunterbrüche zu vermeiden. Der frisch eingebrachte Beton ist gegen Sonnenbestrahlung, Regen oder Kälte zu schützen. Die Schalen sind während 14 Tagen nach dem Betonieren mit Rasensprengern nass zu halten. Für das Betonieren bei Nacht ist eine reichliche Beleuchtung vorzubereiten. Die Schalendicke von 8 cm ist einzuhalten. Nicht plangemässe Betonmehrstärken gehen zu Lasten des Unternehmers«. Zit. nach gta Archiv: 217–04, Schachtel 3/4, Standards, Spezielle Bedingungen für die Eisenbetonarbeiten.

68 Interview Heinz Bösiger 2018.

69 Persönliche Mitteilung von John Chilton vom 17.02.2022.

70 Ebenda.

erstarrte, was ein genaues, selbstsicheres, geschicktes und geschultes handwerkliches Handeln der Bauarbeiter erforderte.

Abbildung 21: Der Betoniervorgang, Maschinenfabrik Kunz 1961.[71]

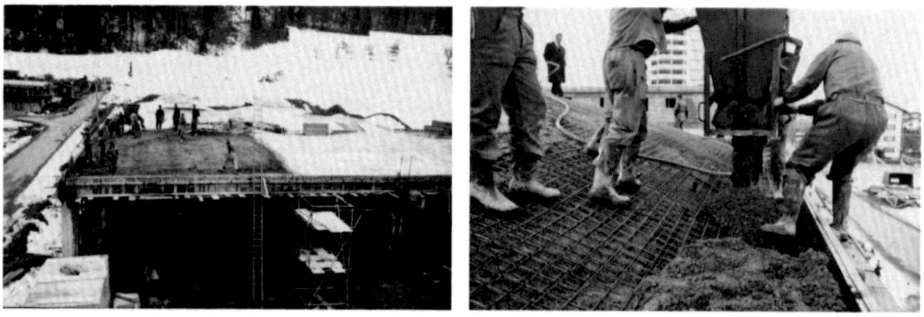

Diese kurze Bearbeitungszeit, um die einzelnen Betonstreifen in die richtige Form zu bringen und sauber zu verarbeiten, konnte selbst durch die Zugabe von chemischen Zusatzmitteln zur Erhöhung der Dichtigkeit und zum Frostschutz nicht verlängert werden.[72] Vor allem kamen dabei die chemischen Betonzusatzstoffe Friolite oC der Firma Kaspar Winkler AG aus Düdingen (FR) zum Einsatz.[73] Die Notwendigkeit, in einer entsprechend kurzen Zeit komplexe Arbeitsvorgänge hochpräzise auszuführen, erforderte viel praktische Erfahrung beim Betonieren dieser Art von Bauten. Auf lange Sicht ermöglichte es der Willi Bösiger AG, ihre Expertise auf dem Gebiet des Schalenbaus auszubauen und zum Besitzer eines praktischen Know-hows zu werden. Dies begünstigte die strategische Allianz des Bauingenieurs Isler mit dem Bauunternehmer Bösiger und machte die praktische Ausführung von Schalenbauten überhaupt erst durch die Expertise und die Kooperation der beiden Firmen möglich.

---

71 gta Archiv: 217-FX-2-63-101, Mittelformat-Kontaktabzüge, Maschinenfabrik Kunz & Co.

72 gta Archiv: 217–0359, Schachtel 2/2, Markthalle Riad, Skizzen.

73 Vgl. exemplarisch Werbung in: SBZ Heft 3 (1954), Anzeigenseite 13; Heft 1 (1954), Anzeigenseite 10; Heft 50 (1956), Anzeigenseite 13; Heft 49 (1958), Anzeigenseite 25.

4.4 Das Oberlicht

In der Nachkriegszeit gewann die chemische Industrie im Bauwesen zunehmend an Bedeutung und ermöglichte es, vorgefertigte Bauteile aus neuartigen Kunststoffen herzustellen.[74] Das traf ebenfalls auf die Herstellung von Oberlichtkuppeln zu, die zur möglichst blendfreien und regelmässigen Ausleuchtung der Gebäude beitrugen und von mehreren Firmen produziert wurden. Die vorfabrizierten Kuppeln aus glasfaserverstärktem Polyester standen dabei im Zeichen der Baurationalisierung.[75] Mit ihrer Anwendung erhoffte man sich finanzielle Ersparnisse dank einer einfachen und kostengünstigen Herstellung ohne Druck und Wärme, verbunden mit Zeitersparnissen bei der Montage.[76]

Heinz Isler war sich dieser Marktentwicklungen bewusst und entschied sich beim Bau der Fabrik Chemisch-Technische Produkte Blaser & Co. AG in Hasle-Rüegsau für acht doppelwandige Kunststoffkuppeln mit einem Durchmesser von 5 m, um eine bessere Lichtverteilung im Gebäude zu erzielen. Darüber hinaus sollte die doppelwandige Herstellung den Kuppeln einen zusätzlichen Schutz verleihen und sie dauerhafter machen, und dies bei sehr geringen Unterhalts- und Erneuerungsarbeiten.[77] Nachdem der Rohbau 1956 fertigge-

---

74 Historisches Lexikon der Schweiz: Chemische Industrie, https://hls-dhs-dss.ch/de/articles/014007/2007-02-22/#HDiechemisch-pharmazeutischeIndustrieim20.Jahrhundert (06.03.2022).

75 Vgl. Genzel/Voigt 2005, S. 74–87. Genzel, Elke: Zur Geschichte der Konstruktion und der Bemessung von Tragwerken des Hochbaus aus faserverstärkten Kunststoffen 1950–1980. Dissertation Bauhaus-Universität Weimar 2006. Voigt, Pamela: Die Pionierphase des Bauens mit glasfaserverstärkten Kunststoffen (GFK) 1942 bis 1980. Dissertation Bauhaus-Universität Weimar 2007.

76 Vgl. Jobst 1955, S. 101f. Dommann 2015, S. 17–20. Knopp/Wassmer 1995, S. 26. Schmid 1989, S. 20. Steinmann 1955a, S. 624. Jobst 1954, S. 608–610. Stocker 1956, S. 358–361. Brandenberger, E.: Bauelemente aus Kunststoffen, in: SBZ 75/32 (1957), S. 501–505. Copolux, das neue Perspex-Oberlicht, in: B+W 10/7 (1956), S. 162. Licht als Element der Architektur, in: SBZ 72/36 (1954), S. 515–518. Haps, Silke: »Stahl im Kunststoffkleid«. Das Beispiel Hoesch-Bungalow, in: Apfelbaum, Alexandra, Silke Haps (Hg.): Von »Stahlschachteln« und Bausystemen. Zum Umgang mit Stahlbauten der Nachkriegszeit. Aufsatzband zur Tagung am 16. März 2018 in Dortmund. Dortmund: Kettler 2019, S. 34–45. Westermann, Andrea: Plastik und politische Kultur in Westdeutschland. Interferenzen 13, Zürich: Chronos 2007.

77 Vgl. Westermann 2007, S. 227. Isler, Heinz: Großlichtkuppeln, in: B+W 13/5 (1959b), S. V 28–29.

stellt worden war, drohte dieser Plan zu scheitern. Es stellte sich heraus, dass lediglich kleinere Kuppeln (mit Dimensionen von bis zu 2 × 3 m) auf dem Markt vorhanden waren und keine Firma imstande war, die gewünschten Grosslichtkuppeln *ad hoc* zu produzieren.[78] Die marktüblichen Oberlichter wurden von Isler als Lösung zurückgewiesen, da alle verfügbaren Produkte unter 200 Franken pro Quadratmeter lediglich in einwandiger Ausfertigung angeboten wurden und aus seiner Sicht nicht ausreichend druckfest waren. Die Preise für doppelwandige Oberlichter beliefen sich dabei auf 280–325 Franken pro Quadratmeter, was die kleiner dimensionierten Kuppeln unnötig verteuerte und den Einsatz mehrerer solcher Bauelemente erforderlich machte, um die Räume mit genügend Licht zu versehen.[79]

Das Fehlen eines passenden Produkts auf dem Markt verleitete Isler dazu, aus dem dringenden Bedarf heraus eine Eigenkonstruktion der Kunststoffoberlichter zu entwickeln.[80] Die Firma Chemisch-Technische Produkte Blaser & Co. AG zeigte sich interessiert an solchen experimentellen Bauteilen und förderte Isler bei diesem Unterfangen. Seine technische Innovation bezeichnete Isler 1957 als »Lichtkuppeln, die dank des großzügigen Entgegenkommens der Firma Chemisch-Technische Produkte Blaser & Co. unter tatkräftiger Mithilfe der Belegschaft in den weiten Räumen der Firma verwirklicht werden konnten«.[81] In seiner Schlussabrechnung für die Erstellung von neun Kunststoffoberlichtern vom 28. November 1959 sprach Isler der Chemisch-Technische Produkte Blaser & Co. AG seine höchste Anerkennung für ihre Unterstützung aus:

> Ich möchte nicht unterlassen, Ihnen meinen besten Dank auszusprechen für die grosszügige Art in welcher Sie mir das Experiment ermöglicht ha-

78 Vgl. Chilton 2000, S. 16.

79 Die Berechnungsgrundlage bilden Werbeprospekte und eingereichte Offerten der Firmen Armiplast (Zug), W. F. Lievre Kunststoffe (Basel) u.a. in: gta Archiv: 217–02674, Schachtel 1/3, Grosslichtkuppeln allgemein, Offerten.

80 Genzel, Elke, Pamela Voigt: More than Concrete. Heinz Isler's Projects in Glass Fiber Reinforced Plastics, in: Beckh, Matthias, Juan Ignacio del Cueto Ruiz-Funes, Matthias Ludwig, Andreas Schätzke, Rainer Schützeichel (Hg.): Candela Isler Müther. Positions on Shell Construction. Positionen zum Schalenbau. Posturas sobre la construcción de cascarones. Basel: Birkhäuser 2020, S. 118–125.

81 gta Archiv: 217–024, Schachtel 1/5, Chemisch Technische Produkte Blaser & Co. AG, ohne Seitenangabe, Akten.

> ben. Ich glaube, dass es schwierig wäre eine zweite ebenso unternehmungsfreudige Bauherschaft [sic!] zu finden.
> Im übrigen möchte ich auch Ihrer Belegschaft meinen besten Dank aussprechen für die tatkräftige Mithilfe und Unterstützung, dank welcher die zahlreichen Schwierigkeiten leichter überwunden werden konnten.[82]

Dem eigentlichen Bau der »freitragenden Oblichter System Isler«[83] gingen allerdings 15 Monate Entwicklungsarbeit voraus, die sowohl eine akribische Recherche der bis 1956 in der Schweiz ausgeführten Kunststoffkuppeln (vorwiegend für Verladerampen der SBB und Hallen kleinerer Industrieunternehmen) umfasste als auch statische Berechnungen von Kuppeln einschloss. Vor dem Hintergrund dieser Analysen entschied sich Heinz Isler für die Form eines Kugelsegments für seine Oberlichter. Hierbei handelte es sich um eine Übertragung seiner Erfahrungen mit Betonschalen auf das Arbeiten mit Kunststoffen, denn Heinz Isler adaptierte seine pneumatische Form der Schalen[84] an die im Kunststoffbau erforderlichen Dimensionen, zumal auch dieselben Methoden zur Formfindung angewendet wurden.

In einem nächsten Schritt ging es um die Wahl der Kunststoffe und Lieferanten. Isler entschied sich aufgrund deren leichter Verarbeitbarkeit für ein Gemisch aus Polyester und Glasfasermaterialien, und die notwendigen Komponenten (vor allem Harz, Polyester und andere Kunststoffe) wurden von den Firmen Öl- und Chemiewerk AG (Brugg), Papiermühle Worbla AG (Bern), Räss Kunststoffwerk (Lützelflüh) und Seidenweberei Kägi (Horgen) geliefert.[85] Die Materialkosten machten dabei einen erheblichen Teil der Konstruktionskosten aus. Die Polyesterkosten beliefen sich auf 44,7 % der Gesamtkosten (1'492 Franken pro Oberlicht) und die Kosten anderer Materialien auf 20,6 % (688 Franken pro Oberlicht).[86] Vor diesem Hintergrund fiel die Wahl auf diejenigen Unter-

82 gta Archiv: 217–02674, Schachtel 1/3, Grosslichtkuppeln allgemein, Brief Islers an W. Blaser & Co. vom 28.11.1959.

83 gta Archiv: 217–0630, Schachtel 1/1, Atomschutzbunker, Akten, ohne Seitenangabe, Schreiben des Patentanwaltsbüros Rebmann-Kupfer (Zürich) an Isler vom 10.10.1956.

84 Islers Kunststoffoberlichter aus glasfaserverstärktem Polyester waren an die Form seiner Buckelschalen angelehnt.

85 gta Archiv: 217–0630, Schachtel 1/1, Atomschutzbunker, ohne Seitenangabe, Akten; 217-KS-prov19, Kunststoffbauten und -experimente.

86 Eigene Berechnung basierend auf: gta Archiv: 217–02674, Schachtel 1/3, Grosslichtkuppeln allgemein, Brief Islers an W. Blaser & Co. vom 28.11.1959, Gesamtauslagen Kuppelfabrikation Blaha.

nehmen, welche imstande waren, diese Stoffe zu den günstigsten Preisen in ausreichender Qualität zu liefern.

Heinz Isler führte Verhandlungen über die Herstellungsmöglichkeit seiner Oberlichter mit insgesamt acht kunststofffabrizierenden Unternehmen: die Isoplex AG (Zürich), Carosserie Fliechiger AG (Huttwil), Carosserie Gebrüder Teuscher AG (Zürich), Stesalit AG (Solothurn), Replex AG (Montreux), Polstermöbelfabrik AG (Uster), Kappeler AG (Zofingen) und Kunststoffwerke Eschmann AG (Thun). Die offerierten Preise variierten von 3'300 bis 6'500 Franken pro Stück (resp. 170 bis 325 Franken pro Quadratmeter), sodass sich Isler für die Firma Kunststoffwerke Eschmann AG entschied, welche die kostengünstigste Herstellung von Oberlichtern für die Firma Chemisch-Technische Produkte Blaser & Co. AG für nur 3'338 Franken und 20 Rappen pro Stück anbieten konnte.[87] Die 3,5 mm dicken doppelwandigen Oberlichter mit 5 m Durchmesser wurden mithilfe hölzerner Formen hergestellt, auf welche die Kunststoffe gegossen und über die Fläche verteilt wurden. Nach dem Erhärten der Kunststoffe nahm die Kuppel die Form des hölzernen Prototyps an, wurde geschliffen und konnte als vorgefertigtes Bauteil für eine Vielzahl von Bauaufgaben flexibel eingesetzt werden (s. Abbildung 22).

Die Oberlichter wurden in einem Stück hergestellt und konnten mit einem Lastwagen einfach transportiert und schnell (ca. eine halbe Stunde pro Kuppel[88]) montiert werden (s. Abbildung 23).[89]

---

87 Vgl. gta Archiv: 217–0630, Schachtel 1/1, Atomschutzbunker, ohne Seitenangabe, Akten, Schreiben vom 25.07.1956; 217–02674, Schachtel 1/3, Grosslichtkuppeln allgemein, W. Bösiger – Beurteilung KS-Kuppel, Grogg Lichtkuppel.

88 Für gleichdimensionierte Glaskonstruktionen hätte man laut zeitgenössischen Schätzungen mindestens zwei volle Arbeitstage gebraucht. Die Montage einer Isler-Kuppel durch die Firma Frutiger AG (Thun) belief sich auf 362 Franken und 20 Rappen. Vgl. gta Archiv: 217–024, Schachtel 1/5, Chemisch Technische Produkte Blaser & Co. AG, Akten; 217–02674, Schachtel 1/3, Grosslichtkuppeln allgemein, W. Bösiger – Beurteilung KS-Kuppel, Grogg Lichtkuppel. Kohler 2019.

89 Vgl. Isler, Heinz: Tragende Bauteile aus Kunststoff: Anwendungsbeispiele, in: SBZ 95/3 (1977), S. 13–20, hier S. 13f.

Abbildung 22: Herstellung der ersten Oberlichter Islers von der Firma Kunststoffwerke Eschmann AG in Thun, 1956.[90]

Um dem Bauherrn die hohe Druckfestigkeit seiner Oberlichter zu demonstrieren, liess Heinz Isler dabei ein ungewöhnliches Experiment durchführen: Die Kuppel wurde mit einem Lastkraftwagen überfahren und blieb dabei unbeschädigt.[91] Diese simple Darstellung diente dazu, die Chemisch-Technische Produkte Blaser & Co. AG davon zu überzeugen, dass sich eine experimentelle Entwicklung einer neuartigen Konstruktion zusammen mit dem Ingenieurbüro Isler lohnte. Auch in der Folge blieb die Firma Chemisch-Technische Produkte Blaser & Co. AG über Jahrzehnte einer der treusten Kunden Islers.

90 gta Archiv: 217–02674, Schachtel 1/3, Grosslichtkuppeln allgemein.

91 Vgl. Chilton 2000, S. 16.

Abbildung 23: Kunststoffoberlichter System Isler. 1956 wurden sie von Heinz Isler als die grössten freitragenden Lichtkuppeln der Welt beworben.[92]

4.5 Der Schalenbau zwischen Mystifizierung und realen Baubedingungen

In diesem Kapitel wurde der Versuch einer Rekonstruktion von Bauerfahrungen der Schlüsselnetzwerker Islers unternommen, um das »System Isler« zu erklären. Aus dieser Perspektive ist die konstituierende und zusammenhaltende Kraft des Systems in den Erfahrungen einzelner involvierter Unternehmen beim Bau zu sehen, die sich verdichteten und zu einer Vergemeinschaftung der Baupraxis führten. Eine solche Sichtweise widerlegt den vorherrschenden Mythos von Heinz Isler als Einzelgänger. Da sein Ingenieurbüro über kein grosses Planungsteam verfügte, war es nicht imstande, alle Planungs- und Bauvorgänge selbst zu übernehmen, und blieb stets auf das Partnernetzwerk und die Erfahrungen von Kernpartnern beim Bau angewiesen.

Die Genese des Schalenbaus als einer bautechnologischen Praxis des Schweizer Mittellandes brachte mehrere Unternehmen der Baubranche näher und ermöglichte Kooperationen im Herstellungsprozess und im gesamten

92 gta Archiv: 217–04, Schachtel 3/4, Kunststoffwerke Eschmann AG: Fabrik und Bürogebäude, Akten.

Lebenszyklus der Isler-Schalen, die eine synergetische Wirkung entfalteten. Die wichtigsten Komponenten der Islerschen Schalentechnologie – die Schalung, Betonrezeptur, Betonverarbeitung und Ausschalung der Willi Bösiger AG, die Vorspannung der Stahlton AG, der Kunststoffbelag der Bauisolationen Kilcher AG und die Kunststoffoberlichter der Kunststoffwerke Eschmann AG – wurden entweder im Kontext des Schalenbaus oder parallel zum Schalenbau entwickelt. Das Zustandekommen, das Agieren und die Entfaltung eines spezifischen Netzwerks des Schalenbaus, in welches zahlreiche Unternehmer des Schweizer Mittellandes involviert waren, machte den Schalenbau möglich und beeinflusste nicht nur das Tragverhalten und die Beständigkeit der Isler-Schalen, sondern auch deren ästhetisches Erscheinungsbild und deren weitgehend unterhaltsfreie Nutzung über Jahrzehnte. Heinz Isler ging von den auf dem Schweizer Baumarkt vorhandenen Technologien aus und inkorporierte das Know-how seiner Netzwerker in die Schalentechnologie.

Wenn man den Schalenbau als eine kollektive Tätigkeit und ein konjunktives Erfahrungsfeld denkt, kommt man um die Unternehmen Willi Bösiger AG, die Kunststoffwerke Eschmann AG und die Stahlton AG nicht herum. Diese Unternehmen kooperierten jahre- oder jahrzehntelang mit dem Ingenieurbüro Isler und stellten ein »eingespieltes Team« dar, das sein Wissen und seine Expertise im Bereich des Schalenbaus im Rahmen zahlreicher Bauprojekte sammelte und vervollkommnete. Die exakte Kenntnis der involvierten Firmen über die für den Isler-Schalenbau kritischen Vorgänge wie die Schalung, die Vorspannung, den Betoniervorgang etc. verschaffte Heinz Isler einen Vorteil und ermöglichte sowohl technische Innovationen im Schalenbau als auch eine wirtschaftliche Erstellung von Schalenbauten bis Mitte der 1970er-Jahre.

Vor allem die Willi Bösiger AG spielte eine entscheidende Rolle in der bautechnischen Konfiguration der Isler-Schalen.[93] Die Wirtschaftlichkeit des Isler-Schalenbaus definierte sich im Spannungsfeld von minimalem Materialverbrauch, robustem Gerüst und grösstmöglicher stützenfreier Spannweite, was in anderen Bausystemen aufgrund des Nichtgebrauchs gekrümmter Formen nicht so einfach zu erreichen war. Eine Ökonomisierung des Schalenbaus stellte aus systemtheoretischer Sicht eine »Form der Erzeugung von Redundanz«[94] dar. Tatsächlich war die Wiederholbarkeit der Isler-Schalen eine Besonderheit des »Systems Isler«, sodass einige von ihnen (beispielswei-

93 Dies wurde in den Kapiteln 4.2 und 4.3 ausführlich behandelt.

94 Luhmann 1987, S. 406.

se Kilcher, Florélites Clause, Industrieschalen, Normschalen etc.) mehrmals gebaut und dadurch reihenbildend wurden.

Wenngleich die Wiederverwendung von früheren Bauprojekten und Bauelementen zu jener Zeit eine gängige Verkaufsstrategie in der Schweizer Baubranche war, ergaben sich die Vorteile der Bauweise Islers erst im Team und im Zusammenspiel mehrerer Faktoren. Im Gegensatz zu anderen zeitgenössischen Bausystemen setzte das »System Isler« nicht auf standardisierte bzw. vorgefertigte Bauteile, sondern auf die Standardisierung und Wiederverwendung von Lehrgerüsten und hölzernen Schalungselementen, die wiederum unterschiedlich zusammengesetzt werden konnten und flexibel genug waren, um mit derselben Schalung unterschiedliche Schalenformen zu kreieren. Dieser Vorteil kam allerdings nur durch die praktische Baustellenerfahrung der Willi Bösiger AG zur Geltung, zumal eine einwandfreie Ausführung der Arbeiten viel handwerkliches Geschick erforderte.

Auch die Bereitschaft der Willi Bösiger AG, ihr technisches und praktisches Know-how auf exklusiver Basis mit dem Ingenieurbüro Isler zu teilen, bestätigt die Vergemeinschaftung der Baupraxis im »System Isler«. Wenngleich Heinz Isler den Schalenbau nach aussen als seine eigene, unabhängig von anderen entwickelte Innovation darstellte, wurde die Rolle Bösigers innerhalb des Netzwerks stets anerkannt. Willi Bösiger stimmte dieser Rollenverteilung zu, sodass er sich laut mündlichen Vereinbarungen zwischen den beiden auf die Wirtschaftlichkeit und Baupraxis und Isler auf die Baustatik, die Vermarktung der Isler-Schalen und Publikationen über diese fokussierte.[95] Auch beide Söhne Willi Bösigers hielten sich an diese Abmachung. So publizierte Heinz Bösiger seinen ersten Beitrag zu Schalen erst zwei Jahre nach dem Tod Islers.[96] Vor diesem Hintergrund erweist sich Heinz Isler bei der Ausblendung der Netzwerkbeziehungen aus dem öffentlichen Diskurs nicht nur als Nutzniesser der schalenbezogenen Innovationen der Willi Bösiger AG, sondern auch als Hüter der gemeinsamen Betriebsgeheimnisse beider Unternehmen.

Die über Jahrzehnte stabile Beziehung Islers zu Bösiger bezeugt, dass die Willi Bösiger AG mehr als nur ein Netzwerker im »System Isler« war. Das Unternehmen drang in den Kern des Systems ein und war im »System Isler« weder substituierbar noch auf seine Netzwerkleistung reduzierbar, was seine besondere Stellung im Vergleich zu sämtlichen übrigen Kooperationspartnern

95 Vgl. Bösiger 2011, S. 162.

96 Gemeint wird dabei folgender Beitrag: Bösiger 2011.

begründet.[97] Die Erfahrung der Willi Bösiger AG kann auf systemischer Ebene als Medium des praktischen Schalenbaus betrachtet werden, zumal gerade bei ihrer Tätigkeit unterschiedliche Formen der Effizienz des »Systems Isler« ineinander greifen: a) planungstechnisch bei der Entwicklung von passenden Gerüsten, die sowohl der grossen Spannweite als auch der Anforderung des minimalen Materialverbrauchs gerecht wurden; b) arbeitstechnisch im Sinne hoher Ausführungsqualität und des handwerklichen Geschicks; c) ökonomisch im Sinne von Kostenersparnissen beim Bau und d) ästhetisch durch die Formenvielfalt und saubere Form ausgeführter Betonschalen.

Die systemische Ebene des Schalenbaus war allerdings nicht nur durch den rationalen Kern, sondern auch durch irrationale Tendenzen und Verbindungen geprägt, wenn Produkte ins System eingeschlossen und zu unerlässlichen Bestandteilen des »Systems Isler« erhoben wurden, obwohl sie für dieses nicht unbedingt notwendig waren. Das war insbesondere bei der Vorspannung und der Entwicklung von Oberlichtern der Fall. Beide Technologien trugen zur Etablierung eines Das-kann-nur-ich-Mythos bei Heinz Isler bei. Vor allem die Vorspannung verdeutlicht die Selbstreferentialität des »Systems Isler« im Luhmannschen Sinne,[98] denn Heinz Isler entschied sich für den Gebrauch der Vorspannung lediglich um seines Systems willen: Dadurch versuchte er, die ingenieurtechnische Komplexität seiner Schalenbauprojekte zu steigern und Kopien durch andere Ingenieure zu verhindern. Diese »protektive« Funktion der Vorspannung im Schalenbau sicherte über lange Zeit das Islersche Know-how und trug so zur Selbstproduktion des Systems bei.[99]

Das im Rahmen dieses Kapitels vorgestellte Narrativ über die ersten Oberlichter Islers muss ebenfalls kritisch hinterfragt werden. Ziel jenes grossräumigen Experiments war die kostengünstige Herstellung von Oberlichtern, aber dieser Prozess erwies sich als sehr kostspielig und langwierig. Darüber hinaus erscheint fraglich, ob Heinz Isler als Bauingenieur tatsächlich zuvor nicht überprüft hatte, dass keine Oberlichter mit einem Durchmesser von 5 m auf dem Markt vorhanden waren. Dazu finden sich – im Gegensatz zu zahlreich vorhandenen Offerten für die Produktion der von Isler entwickelten Oberlichtkuppeln – keine Absageschreiben in der projektbezogenen

97 Die Firma war beinahe das einzige Bauunternehmen, das die Isler-Schalen über Jahrzehnte ausführte.

98 Luhmann 1987, S. 390.

99 Dieser Aspekt wurde in Kapitel 4.1 ausführlich diskutiert.

Korrespondenz.[100] Dieser Sachverhalt deutet auf eine mögliche Inszenierung dieses Problems hin, das in der Planungs- und Entwurfsphase kaum beachtet wurde. Es ging einerseits mit Islers ästhetischen Ansprüchen und seinem Wunsch einher, das Maximum an materieller Effizienz zu erreichen. Andererseits sprach Isler die Bedürfnisse der Bauherren nach mehr Licht direkt an, denn sein Angebot, eine grössere Oberlichtkuppel zu entwickeln, klang für die Chemisch-Technische Produkte Blaser & Co. AG plausibel. Aus beiden Perspektiven ist eine Deutung dieser bedarfsgesteuerten Innovation als verdeckte Expansionsstrategie des Ingenieurbüros Isler in ein neues Marktsegment zulässig.

Islers erste Kunststoffoberlichter wurden von einem Netzwerk hergestellt, das einen Kunden Islers und seine Kooperationspartner umfasste. Darin spiegelt sich allerdings auch die systemische Ebene dieser Entwicklung wider, denn das Kunststoffoberlicht erwächst als Teil des Systems aus konjunktiver Erfahrung des Ingenieurbüros Isler, der Chemisch-Technische Produkte Blaser & Co. AG und der Kunststoffwerke Eschmann AG am Bauprojekt Blaser. Dieser Akt der Schöpfung eines neuartigen Bauelements war insofern systembildend, als die Kooperation zwischen den beteiligten Akteuren von Anfang an auf Dauer angelegt war. Das ist daran ersichtlich, dass sich der Bauherr trotz hoher Entwicklungskosten für eine Eigenkonstruktion des Ingenieurbüros Isler entschied. Das heisst wiederum, dass der Bauherr weitere Folgeprojekte mit Heinz Isler antizipierte sowie Isler eine Erwartung künftiger Profite bei der Vermarktung seiner neuen Ware hatte. Aus systemischer Sicht erweist sich diese Entwicklung nicht als zufälliger »Fehler« bei der Planung, sondern als aktive Leistung aller Beteiligten zur Bildung eines spezifischen Systems des Schalenbaus.[101]

Die vermeintliche Irrationalität der Inklusion und Eigenentwicklung von Technologien, die für die praktische Ausführung von Isler-Schalen nicht notwendig waren, wurde durch die konjunktive Erfahrung der involvierten Akteure legitimiert und bekräftigt. Die Intention war dabei oft, das »System Isler« von anderen zeitgenössischen Bausystemen abzugrenzen und das systeminterne, auf unterschiedliche involvierte Akteure ungleichmässig verteilte Know-how abzusichern. Das dem »System Isler« inhärente Netzwerk von Kunden und Partnern hatte zudem das Potenzial, die Irrationalität des Systems zu verschleiern und zum gegenseitigen Vorteil der involvierten Akteure

---

100 gta Archiv: 217–024, Schachtel 1/5, Chemisch Technische Produkte Blaser & Co. AG.

101 Die Details dieses Prozesses können dem Kapitel 4.4 entnommen werden.

auszunutzen. Die Erwartung von Folgeprojekten und näherer Kooperation veranlasste die Netzwerker dazu, auf gegenseitige Interessen zu achten und gemeinsam zu handeln. In diesem Sinne wurde im »System Isler« gemeinsam nach Wegen gesucht, das Irrationale rational und für das Geschäft vorteilhaft zu machen. Das »System Isler« wurde von Anfang an von einem irrationalen Verständnis von Rationalität getrieben. Dies bot Heinz Isler allerdings nicht nur Chancen, sein Geschäft auszubauen, sondern eröffnete potenzielle Spannungs- und Problemfelder, die den Schalenbau im Schweizer Mittelland zu unterschiedlichen Zeiten herausforderten.

5 Spannungs- und Problemfelder

Nach Niklas Luhmann ist die »Co-evolution« eines jeden sozialen Systems von seiner Umwelt nicht zu trennen.[1] Das trifft insofern auf das »System Isler« zu, als es in mehrere Spannungs- resp. Problemfelder der Schweizer Baubranche eingebettet war und auf die netzwerkinternen und -externen Irritationen reagieren musste. Die Formen des Umgangs mit Problemen und Konflikten innerhalb und ausserhalb des Systems lassen sich in vieler Hinsicht als soziale Aushandlung des »Systems Isler« bezeichnen.[2]

Erstens handelte es sich um eine rechtliche Absicherung des Systems, indem Eigentumsrechte an Islers technologischen Produkten geklärt wurden und Isler festlegte, wer seine Bauelemente produzieren durfte. Zweitens wurde das System in seinem Lebenszyklus technologisch konfiguriert, sooft dies aus der Sicht Islers oder seiner engsten Netzwerker notwendig war. Drittens betraf die Aushandlung der Schalentechnologie die Existenzberechtigung der Isler-Schalen auf dem Schweizer Baumarkt, indem den Gefahren einer Verdrängung der Isler-Schalen aus der Baubranche durch andere zeitgenössische Bausysteme eine aggressive Kundenakquise entgegengestellt wurde. Viertens beeinflussten Islers subjektive Wahrnehmungen dieser angedeuteten Konfliktlinien seine Entscheidungen und die historische Genese der Isler-Schalen. Durch eine systematische Einbeziehung dieser Dimensionen des Schalenbaus wird in der Folge ein Versuch unternommen, die Grenzen des »Systems Isler« zu konturieren und dessen potenzielle Schwächen aufzudecken.

1 Luhmann 1995, S. 17.

2 Vgl. Pinch/Bijker 1987.

5.1 Die Oberlichter »System Isler«
Die rechtliche Absicherung des Know-hows und der Fabrikation

Patente sind zentrale Mittel der Systembildung und -erhaltung, da sie die Urheberschaft von Innovationen sichern und deren staatlich anerkannten und geprüften Status als geistiges Eigentum bestätigen. Auf einer systemischen Ebene übten die Patente eine Funktion aus, die doppelte Kontingenz zu reduzieren bzw. sicherzustellen, dass das Verhalten anderer Ingenieure und involvierter Netzwerker Islers Erwartungen entsprach.[3] Aus der Perspektive des »Systems Isler« war es notwendig, dass alle Isler-Schalen nur mit Heinz Isler ausgeführt wurden und kein Unternehmen versuchte, sie zu kopieren.

Erstaunlicherweise strebte Heinz Isler niemals ein Patent für seine innovativen Betonschalenformen an, da diese ohne Vorerfahrungen im Schalenbau gewissermassen als nicht kopierbar galten. Im Bereich des Kunststoffbaus verhielt es sich anders, da der praktische Bau der Islerschen Kunststoffoberlichter deutlich weniger erfahrungs- und arbeitsintensiv war und daher Spielraum für die Verletzung des geistigen Eigentums Islers offenliess. Islers Erfolg mit den Kunststoffoberlichtern beim Bau der Fabrik der Chemisch-Technische Produkte Blaser & Co. AG bereitete den Weg zu deren weiterer Anwendung beim Bau von Isler-Schalen,[4] zumal sich eine Entwicklung von Neukonstruktionen im Bauwesen erst bei deren mehrmaligem Gebrauch auszahlte. Vor diesem Hintergrund kam die Patentierung der Oberlichter als präventive Massnahme in Frage, um den exklusiven Vorteil einer Herstellung von überdimensionierten Kuppeln dem System vorzubehalten.

5.1.1 Patentierung und Lizenzvergabe

Heinz Isler, vertreten durch das Zürcher Patentanwaltsbüro Rebmann und Kupfer, stellte am 18. Oktober 1956 einen Patentantrag, der offiziell den Titel »Verfahren zur Herstellung eines selbsttragenden, insbesondere als Bauelement verwendbaren Körpers« trug.[5] Die Neuartigkeit seiner Konstruktion

3 Vgl. Luhmann, Niklas: Die Wirtschaft der Gesellschaft. Frankfurt a.M.: Suhrkamp 1994 (= suhrkamp taschenbuch wissenschaft 1152), S. 74.

4 Vgl. gta Archiv: 217–02674, Schachtel 1/3, Grosslichtkuppeln allgemein, W. Bösiger – Beurteilung KS-Kuppel, Grogg Lichtkuppel.

5 gta Archiv: 217–0630, Schachtel 1/1, Atomschutzbunker, Akten, ohne Seitenangabe, Schreiben des Patentanwaltsbüros Rebmann-Kupfer (Zürich) an Isler vom 10.10.1956; 217–024, Schachtel 1/5, Chemisch Technische Produkte Blaser & Co. AG, Akten.

begründete Isler dabei folgendermassen: »Gegenüber den konventionellen, aus organischem Glas hergestellten Oberlichtkuppeln, haben Grosslichtkuppeln den Vorteil, dass sie praktisch in jeder gewünschten Grösse hergestellt werden können«.[6] Nach ungefähr einem Jahr Prüfung des Patentantrages durch das Eidgenössische Amt für geistiges Eigentum wurde dem Antrag stattgegeben und Isler konnte seine Innovation vermarkten.

Unter Patentschutz gestellt wurden dabei die von Isler entwickelten Modellformen. Vor diesem Hintergrund sollten auch die Ansprüche des Ingenieurbüros Weder + Prim geregelt werden, zumal dieses an der Entwicklung von pneumatischen Schalenformen beteiligt und ebenfalls in das Blaser-Projekt involviert war. Auch in diesem Fall holte Heinz Isler eine mündliche Zustimmung Adolf Weders ein, dass er keine Ansprüche auf Islers Kunststoffoberlichter erheben werde. Dies wurde erst Mitte 1958 in einem Brief schriftlich bestätigt.[7] Die Islerschen nahtlosen Grosslichtkuppeln wurden im Zuge der Evaluation durch das Patentamt als feuerfest, unzerbrechlich, hagelsicher, nicht rostend und nicht faulend befunden.[8]

Für die serielle Fertigung und erfolgreiche Vermarktung der Oberlichter mussten jedoch neben dem Patent weitere wirtschaftlich-rechtliche Voraussetzungen geschaffen werden, und zwar war eine Klärung der ökonomischen Interessen Islers und der künftigen Produzenten seiner Oberlichter notwendig.[9] Zwecks besserer Kontrolle und Übersicht über die Produktion der Oberlichter setzte Heinz Isler in erster Linie auf die lokale Fertigung.[10] 1960 wurde das Produktionsrecht für Oberlichter an die Schweizer Firma Kunststoffwerke Eschmann AG übergeben, was im Lizenzvertrag auch dadurch begründet war, dass sich die Kunststoffwerke Eschmann AG an der Entwicklung und Produktion der ersten Isler-Oberlichtkuppeln aktiv beteiligt hatte.[11] Im Lizenzvertrag wurde unter anderem den Lizenzgebühren ein wichtiger Platz einge-

6 gta Archiv: 217-S-2 Patentanträge, Patentantrag vom 18.10.1956.

7 Vgl. gta Archiv: 217–03, Schachtel 1/2, Wollspinnerei Huttwil, Akten, Schreiben Weders an Isler vom 09.07.1958.

8 Vgl. ebenda. gta Archiv: 217–02674, Schachtel 1/3, Grosslichtkuppeln allgemein, W. Bösiger – Beurteilung KS-Kuppel, Grogg Lichtkuppel.

9 Vgl. Blum, R. E.: Zur Frage des Rechtsschutzes technischer Konstruktionen, in: SBZ 72/35 (1954), S. 505–506.

10 gta Archiv: 217-S-2 Patentanträge, Patentanträge Ausland 1965. 217-S-2 Verträge, Besprechung Eschmann, Protokoll der Sitzung vom 31. Mai 1966, S. 1f.

11 gta Archiv: 217-S-2 Verträge, Vereinbarung mit der Eschmann AG betreffend Fabrikation der Grosslichtkuppeln »System Isler« 1960, S. 1.

räumt. Diese änderten sich mehrmals im Laufe der Zeit. Am Ende des Jahres 1960 hatte die Kunststoffwerke Eschmann AG 7 % der jeweiligen Bestellsumme als Lizenzgebühr zu entrichten, aber bereits 1962 wurde diese Gebühr auf 2 % reduziert und 1965 wieder auf 5 % erhöht.[12] Diese Kommission ist im Vergleich zur gängigen Praxis zu jener Zeit als unterdurchschnittlich zu bezeichnen, da sich Lizenzgebühren in der Regel auf 10 % der jeweiligen Bestellsumme beliefen.[13]

Bei den Islerschen Oberlichtern kamen bei der Wiederholung ein und derselben Form auch Skaleneffekte zum Tragen,[14] welche den Kostenanteil der manuellen Arbeiten pro Stückpreis reduzierten. Dies ermöglichte Isler, mit seinen Kunststoffoberlichtern nicht nur sofort konkurrenzfähig zu werden, sondern auch das Preis-Leistungs-Verhältnis aller auf dem Schweizer Baumarkt vertretenen Bauelemente aus Kunststoff zu übertreffen. Insbesondere die Wiederverwendung von Holzformen beim Fertigungsprozess von Lichtkuppeln trug dazu bei, dass die Herstellungskosten auf lange Sicht minimiert werden konnten. In der Folge zeigte sich, dass die Holzkosten im Rahmen der Produktion von Isler-Kuppeln lediglich 0,4 % der gesamten Herstellungskosten ausmachten.[15]

5.1.2 Der Wegfall der Kooperationspartner

Die Thuner Firma Kunststoffwerke Eschmann AG war bis in die 1970er-Jahre die exklusive Produzentin von Islers Kunststoffoberlichtern. So beeinflusste die Wahl dieser Partnerschaft auch Islers gesamtes Geschäft nachhaltig, wobei deren Einflüsse je nach Zeitperiode sowohl positiver als auch negativer Natur sein konnten. Im Laufe der 1960er-Jahre gestaltete sich die Kooperation zwischen Heinz Isler und Hans Eschmann zweckmässig, auch wenn es manchmal

---

12 gta Archiv: 217-S-2 Verträge, Brief Eschmanns an Isler vom 25.06.1962. 217–02674, Schachtel 1/3, Grosslichtkuppeln allgemein, W. Bösiger – Beurteilung KS-Kuppel, Grogg Lichtkuppel.

13 gta Archiv: 217–02674, Schachtel 1/3, Grosslichtkuppeln allgemein, W. Bösiger – Beurteilung KS-Kuppel, Grogg Lichtkuppel.

14 Diese mögen von den Firmen, die Isler die teuersten Offerten machten, übersehen worden sein, sodass als Berechnungsgrundlage Fertigungsprozesse von kleineren Oberlichtern genommen wurden.

15 gta Archiv: 217–02674, Schachtel 1/3, Grosslichtkuppeln allgemein, Brief Islers an W. Blaser & Co. vom 28.11.1959, Gesamtauslagen Kuppelfabrikation Blaha.

zu Verzögerungen bei der Lieferung von Oberlichtern kam.[16] Durch die Kooperation mit Isler hatte die Firma ständig eine hohe Anzahl an Aufträgen und expandierte in den 1960er-Jahren nach Baden-Württemberg, das wirtschaftliche Einzugsgebiet der Isler-Schalen. Diese Expansion ging in erster Linie von Heinz Isler und seinen Kunden aus, während sich die Kunststoffwerke Eschmann AG von ihm lediglich leiten liess.

Als Reaktion darauf gründete Hans Eschmann die Eschmann GmbH (Bundesrepublik Deutschland) mit Sitz in Karlsruhe und belieferte deutsche Kunden Islers mit dem sogenannten »Kunststoffoberlicht Isler + Eschmann«. Diese deutsche Firma verursachte einen tiefen Riss in der Beziehung zwischen Heinz Isler und Hans Eschmann, da die Firma aufgrund der ungeschickten Führung schnell zahlungsunfähig wurde und 1968 Konkurs anmelden musste. Die deutsche Eschmann GmbH schuldete Isler ein Honorar in der Höhe von 9'665,80 Franken, als Isler 1969 eine Meldung des deutschen Amtsgerichts Philippsburg über die Eröffnung eines Konkursverfahrens erhielt. Das Verfahren wurde 1972 abgeschlossen und Isler bekam sein Geld nicht, da die vorhandenen finanziellen Mittel der GmbH nicht zur Begleichung aller Schulden ausreichten. Darüber hinaus bestritt Hans Eschmann vehement die Forderungen Islers, was ihre Beziehung zueinander vergiftet haben soll.[17]

Die enge (und teils ausschliessliche) Kooperation Islers mit Eschmann war eines der Spezifika des »Systems Isler«. Dies verhalf ihm in den Zeiten der Hochkonjunktur zum Aufstieg, liess Transaktionskosten minimieren und effiziente Arbeitsabläufe etablieren. In den Krisenzeiten erwies sich diese Abhängigkeit der Kooperationspartner voneinander zunehmend als Nachteil für das Ingenieurbüro Isler. Das bekam Isler insbesondere bei seinen ausländischen Schalenprojekten zu spüren, da der Bankrott der deutschen Eschmann GmbH eine termingerechte Ausführung von Bauten in Gefahr brachte. 1969 gab Isler zu: »Nach dem Konkurs von der deutschen Eschmann GmbH haben wir Schwierigkeiten mit den 5 m – Lichtkuppeln in Deutschland«.[18] Für ein dringendes Projekt in der BRD wurde ein Oberlicht sogar vom Ingenieurbüro Isler eigenständig gegossen, da der Termindruck keine Zeit zur Findung eines passenden Kunststoffunternehmens mehr übrigliess. So wurde eine alte hölzerne

16 gta Archiv: 217–022, Schachtel 1/6, Maschinenfabrik Kunz, Akten.

17 gta Archiv: 217-KS-prov18, Kunststoffbauten und -experimente. TTB vom 23.12.1970, S. 9.

18 gta Archiv: 217-KS-prov18, Kunststoffbauten und -experimente, Konkurs Eschmann GmbH.

Modellform als Prototyp herangezogen, und alle Herstellungsarbeiten wurden im Ingenieurbüro Isler auf eigene Faust erledigt.[19] Dann erwies sich eine Lieferung aus der Schweiz nach Deutschland als problematisch, da die Transport- und Zollkosten den Wert einer Kuppel stark in die Höhe trieben.[20]

Auch in der Schweiz zeichneten sich kurz darauf die ersten Probleme mit der Produktion von Oberlichtern ab. Mit dem Führungswechsel in der schweizerischen Firma Kunststoffwerke Eschmann AG 1970 verschlechterte sich zunehmend die Zahlungsbilanz dieses Thuner Unternehmens. Ein »Problem wegen Krediten«[21] bei der Kunststoffwerke Eschmann AG fiel Isler bereits 1973 auf. Auch die Wirtschaftskrise 1974–1975 war ein Tiefschlag für das Unternehmen.[22] Das Jahr 1975 war das schlechteste Geschäftsjahr bei der Kunststoffwerke Eschmann AG: »Das Jahresergebnis 1975 liegt vor. Es hat uns einen beträchtlichen Verlust gebracht. Die Generalversammlung hat beschlossen, zur Sanierung das bisherige Kapital herabzusetzen und durch Neuausgabe von Aktien die nötigen Mittel für die Weiterführung und eine kontinuierliche Weiterentwicklung des Unternehmens zu beschaffen«,[23] hiess es in einer internen Mitteilung für Mitarbeitende der Firma. Das Unternehmen, das einst über 150 Mitarbeitende beschäftigte, schrumpfte auf 37 Mitarbeitende (vor allem Monteure, Mechaniker, Polyesterarbeiter, Installateure und Siebdrucker), die zur Weiterführung der Produktion absolut notwendig waren.[24]

Die finanzielle Erholung der schweizerischen Kunststoffwerke Eschmann AG trat erst 1978 ein, wenngleich die Führung alle Chancen verpasste, um die finanzielle Lage des Unternehmens zu stabilisieren. Die Firma konnte Ende der 1970er-Jahre nur dank einiger weniger Grossaufträge über die Runden kommen: Es handelte sich primär um eine Lieferung der ersten Cola-Verkaufskabinen in die Sowjetunion für die Olympischen Spiele in Moskau 1980.[25] Diese Erfolge waren allerdings trügerisch, zumal die Geschäftsfüh-

19 Ebenda.

20 Ebenda.

21 gta Archiv: 217–04, Schachtel 3/4, Kunststoffwerke Eschmann AG: Fabrik und Bürogebäude, Akten, Aktennotiz Isler, Vorbesprechung am 26.2.1973.

22 S. dazu Kapitel 2.3 der vorliegenden Dissertation.

23 StAB: V Unia 635.

24 gta Archiv: 217–042, Schachtel 3/3, Kunststoffwerke Eschmann AG – Erweiterung, Akten. StAB: V Unia 635. TTB vom 05.09.1981, S. 4.

25 Vgl. TTB vom 11.01.1979, S. 3, vom 13.05.1980, S. 3. Alexander, Roman: American Fast Food as Culture and Politics: The Introduction of Pepsi and McDonald's into the USSR. Masterarbeit, University of Oregon 2013.

rung keinesfalls imstande war, die ein- und ausgehenden Finanzflüsse zu steuern. So waren bei der Kunststoffwerke Eschmann AG um 1980 mehrere Aufträge für 2,5 Mio. Franken vorhanden, aber keine finanziellen Mittel für die Produktion.[26] Die Firma musste schliesslich 1981 Konkurs anmelden, der diesem vorher zuverlässigen und vielversprechenden Unternehmen ein endgültiges Ende setzte.

Während dieser krisenhaften Jahre fand beinahe keine Kooperation mehr zwischen dem Ingenieurbüro Isler und der Kunststoffwerke Eschmann AG statt. Die Wege der beiden Unternehmen drifteten auseinander, sodass Isler plötzlich in eine schwierige Situation geriet, da er auch in der Schweiz keinen festen Kooperationspartner mehr hatte, der die Kunststoffoberlichter für seine Schalenprojekte produzieren konnte. Dabei bestand für das Ingenieurbüro Isler auch die Gefahr, bei Bankrott eines seiner Kooperationspartner Geschäftsverluste zu tragen und von deren schwieriger finanzieller Lage mitgerissen zu werden. Daher setzte der Bauingenieur seit den späten 1970er-Jahren auf Diversifikation der produzierenden Unternehmen und begründete neue Kooperationen.[27] In der Schweiz wurden die Oberlichter seit den 1970er-Jahren von den Firmen Scobalit AG (Nürendorf ZH) und Grogg AG (Lotzwil BE) hergestellt. Wenn Heinz Isler mit diesen Firmen zusammenarbeitete, verlangte er nunmehr eine marktübliche Lizenzgebühr von 10 %.[28] Auch die Herstellungskosten eines Kunststoffoberlichts »System Isler« verdoppelten sich zu jener Zeit aufgrund der gestiegenen Kunststoffpreise und Arbeitskosten und beliefen sich 1985 auf 6'080 Franken pro Stück (resp. 300 Franken pro Quadratmeter), was eine Teuerung von über 80 % gegenüber dem Jahr 1958 bedeutete. Auch deswegen konnte die vormals starke Nachfrage nach Islers Kunststoffoberlichtern trotz Vorhandensein ausführender Unternehmen nicht mehr erreicht werden.

Im Fall der Kunststoffwerke Eschmann AG schlug sich somit der auf der Exklusivität der Geschäftsbeziehungen basierende Vorteil des »Systems Isler« in einen Nachteil um, da die finanziellen Schwierigkeiten dieser Firma eine

26 TTB vom 05.09.1981, S. 4.

27 Vor dem Hintergrund der im Kapitel 2.3 beschriebenen Krisensituation zu dieser Zeit erscheint dieses Handeln nicht nur Isler-spezifisch, sondern auch charakteristisch für zahlreiche weitere Unternehmen in der Baubranche.

28 gta Archiv: 217–0169; Schachtel 1/7, Gartencenter Clause RN20, Akten; 217–02674, Schachtel 1/3, Grosslichtkuppeln allgemein, W. Bösiger – Beurteilung KS-Kuppel, Grogg Lichtkuppel. TTB vom 12.10.1967, S. 7.

Sogwirkung entfalteten und das »System Isler« schädigten, das von diesen destruktiven Entwicklungen betroffen war. Nichtsdestotrotz handelte es sich hierbei lediglich um ein partielles Netzwerkversagen, sodass das »System Isler« dadurch im Kern nicht gefährdet war.

5.2 Das Problem der »Unterhaltsfreiheit« der Isler-Schalen

Die Unterhaltsarbeiten und Behebung möglicher Mängel im Laufe des Lebenszyklus eines Gebäudes gehörten in der gesamten Baubranche traditionell zum Geschäftsmodell eines jeden Bauunternehmens. Auch in den SIA-Normenwerken wurde immer mehr Platz für Vorschriften eingeräumt, um Gebäude möglichst dauerhaft und pflegeleicht zu errichten.[29] Bis in die 1980er-Jahre sah Isler berechtigterweise seine Schalentechnologie als äusserst erfolgreich an. Grund dafür war, dass die ganze Produktionskette (u.a. Nachproduktion und Wartung) von Heinz Isler genau kontrolliert wurde, um die Baubarkeit seiner Schalen und deren möglichst langen Fortbestand zu sichern.

Einen beträchtlichen Beitrag dazu leistete auch die Aufrechterhaltung eines bestimmten öffentlichen Images seiner Schalen, die über diverse Medien beworben wurden. Besonders stolz war er dabei auf die »Unterhaltsfreiheit über Jahrzehnte«,[30] die er seinen Kunden versprach. Bei der Mehrzahl der Fälle hat er sein Versprechen auch gehalten, denn die Spannungen in den Schalen waren im Allgemeinen ausser an den Stützen sehr gering.[31] Diese herausragenden Qualitäten seiner Schalen verdankte er dabei nicht nur der eigenen

29 In der zeitgenössischen Baupresse war diesbezüglich exemplarisch Folgendes zu lesen: »Im Dienste der Wirtschaftlichkeit der Konstruktionen haben die Ingenieurnormen mit der Entwicklung der Baustofftechnologie bestimmt Schritt gehalten. Die rapide Zunahme aller Nahtstellen zwischen den verschiedenen, sparsam verwendeten Konstruktionsmaterialien brachte uns dafür eine grosse Zahl von Unterhaltsproblemen. Auch in unserem Gebiet könnte man von einem notwendigen Prozess der ›Integration des Erreichten‹ sprechen. Eine neue Generation von Konstruktionsnormen wird sich deshalb zwangsläufig mit der Sicherstellung der Gebrauchsfähigkeit ganzer Gruppen von Bauteilen bzw. ganzen Bauwerken auseinandersetzen müssen«. Cogliatti, Aldo: Aspekte der Wandlung im SIA-Normenwerk, in: SBZ 95/26 (1977), S. 433–435, hier S. 434.

30 Isler 1983, S. 34.

31 Persönliche Mitteilung von John Chilton vom 17.02.2022.

Planungsleistung, sondern auch der makellosen Ausführung einzelner Bauten durch die Firma Willi Bösiger AG: »Die Formgebung der Schale sowie die in die Ränder eingeleitete Vorspannung ist derart gewählt, daß die Schale nirgends Zugspannungen aufweist. Der Beton von 8 cm Stärke wird zudem in einem Guß aufgebracht und lückenlos verdichtet mittels Oberflächenvibratoren. Diesen beiden Tatsachen ist es zuzuschreiben, daß die Schalendächer ohne jegliche Nachbehandlung sowie ohne jeglichen Dachbelag dicht sind und dicht bleiben«.[32]

Ein Unfall konnte alle diese Worte Heinz Islers unter Beweis stellen. Es handelte sich hierbei um den Brandfall in einer der Produktionshallen der Kunststoffwerke Eschmann AG am 5. Oktober 1980, als der Polyester aus unbekannten Gründen entflammte und eine Beschädigung einer Schalenstütze sowie Betonabplatzungen an einer Kante verursachte. Dem Prüfbericht Heinz Islers[33] vom 19. Dezember 1980 zufolge hatte der Vorfall keinen Einfluss auf den Zustand des Schalenbetons. Dies war nicht zuletzt ein unvorhergesehener Effekt der Nutzung von »verlorener Schalung« durch die Willi Bösiger AG, zumal die in den Bau eingelegten Wärmedämmplatten als Schutz wirkten und einer starken Erhitzung der Betonoberfläche, Vorspannkabel sowie Bewehrung vorbeugten. Es traten dabei nicht einmal Risse im Beton auf, sodass praktisch nur die Fassaden (welche im Schalenbau ohnehin keine tragende Funktion haben) renoviert werden mussten.[34]

Die erstaunliche Unterhaltsfreiheit der Isler-Schalen war unter anderem darauf zurückzuführen, dass Heinz Isler das Anbringen der synthetischen Schutzanstriche auf die Schalenoberfläche praktizierte. In den späten 1950er-Jahren lagen allerdings nur wenige bis gar keine Daten darüber vor, wie sich eine Anwendung von Kunststoffanstrichen auf Betonoberflächen auswirkt. So applizierte Heinz Isler mehrere unterschiedliche Schutzanstriche auf seine Schalen, um deren Wirkung und Zweckmässigkeit auf einem empirischen Weg herauszufinden. Zwischen 1955 und 1958 gebrauchte Heinz Isler die Kunststoffanstriche der Firma Max Allemann AG aus Bern, auf die er durch

---

32 Isler 1970, S. 104.

33 Nach Rücksprache mit der Stahlton AG.

34 gta Archiv: 217–042, Schachtel 1/2, Brandfall Eschmann AG Thun. Ähnliche Folgen hatte ebenfalls der Grossbrand im Gartencenter Clause in Brétigny-sur-Orge am 15. September 1974. Vgl. dazu gta Archiv: 217–0169, Gartencenter Clause RN 20.

regionale Netzwerke, persönliche Bekanntschaften und nicht zuletzt Mundpropaganda stiess.[35] Allerdings hielten diese Anstriche nicht lange, sodass in manchen Fällen Erneuerungen bereits nach ca. fünf Jahren nach Fertigstellung des Baus notwendig waren.[36]

Ende der 1950er-Jahre erfuhr Isler aber, dass die Bauisolationen Kilcher AG anfingen, neben Wärmedämmplatten Kunststoffmaterialien zum Schutz des Betons vor Witterung zu produzieren, die unter der Handelsmarke »Fanalon weiss« vermarktet wurden. Der »Fanalon«-Belag erwies sich bei seiner ersten Anwendung im Projekt Kunz als zweckmässig, da er nicht nur zu einem günstigen Preis angeboten wurde, sondern aus Islers Erfahrung dank der Reflexion von Sonnenstrahlen auch zusätzliche Vorteile in Bezug auf die Wärmedämmung versprach und nicht zuletzt dauerhafter war.[37] Deswegen fiel die definitive Wahl des Anstrichs auf den Stoff der Bauisolationen Kilcher AG, der bis in die 2000er-Jahre im Schalenbau seine Anwendung fand. Isler erachtete den Einsatz von »Fanalon« als positiv für die Dauerhaftigkeit seiner Schalen und empfahl dieses Produkt auch Jahre später seinen Kunden mit besonderem Nachdruck:

> Als Witterungsschutz des Betons ist ein Anstrich unbedingt zu empfehlen, wie wir dies seinerzeit bereits im Vertrag festgehalten haben. Ein weisser Anstrich besitzt zudem die Eigenschaft, ein grosser Teil der Sommerwärme zu reflektieren wodurch im Sommer die Hallentemperatur niedrig bleibt. Nach jahrelangen Erfahrungen hat sich dieser Fanalonbelag aus einer Reihe anderer Fabrikate als das Beste für unsere Schalen erwiesen.[38]

Trotz Islers hohen Anspruchs, ganz unterhaltslose Bauten erstellen zu können, gab es durchaus Fälle, in denen sich die ehemaligen Kunden an Isler wenden

35 gta Archiv: 217–02, Schachtel 3/4, Carrosseriewerk Ramseier & Jenzer AG, Akten; 217–04, Schachtel 3/4, Kunststoffwerke Eschmann AG: Fabrik und Bürogebäude, Offerte, Korrespondenz, Statik; 217–024, Schachtel 1/5, Chemisch Technische Produkte Blaser & Co. AG, Akten; 217–0191, Schachtel 1/1, Chemisch Technische Produkte Blaser & Co. AG, Akten.

36 Vgl. gta Archiv: 217–024, Schachtel 1/5, Chemisch Technische Produkte Blaser & Co. AG, Akten; 217–0191, Schachtel 1/1, Chemisch Technische Produkte Blaser & Co. AG, Akten.

37 gta Archiv: 217–04, Schachtel 3/4, Kunststoffwerke Eschmann AG: Fabrik und Bürogebäude, Offerte, Korrespondenz, Statik.

38 Ebenda.

mussten, um die durch normale Abnutzung des Gebäudes entstehenden Mängel zu beheben, wie z.B. der Neuanstrich von Schalen (von Isler alle zehn Jahre empfohlen[39]), deren Sanierung und Reinigung oder das Ersetzen von Oberlichtern. Während der 1960er- und der 1970er-Jahre gab es vergleichsweise wenig Wartungen und Sanierungen von Isler-Schalen, und der Bedarf an zusätzlichen Unterhaltsleistungen begann sich im Zuge der Alterung der Gebäude erst in den 1980er-Jahren abzuzeichnen.[40] Dazu gehörten unter anderem Betonreinigungsarbeiten als die häufigste Unterhaltsmassnahme.

Die Bauisolationen Kilcher AG übernahm längerfristige Betonreinigungsarbeiten für die Isler-Schalen, und diese Geschäftsbeziehung setzte sich auch nach dem Besitzer- und Namenswechsel bei der Firma Bauisolationen Kilcher AG fort, die Ende der 1980er-Jahre nunmehr Eucoflex AG hiess. Zu jener Zeit war auch der Stand der Technik dermassen fortgeschritten, dass nun zunehmend Hochdruckgeräte zum Reinigen von Betonoberflächen auf den Markt kamen, welche auch von der Eucoflex AG ausprobiert wurden. Das Unternehmen gebrauchte den Hochdruck zur Reinigung von Betonoberflächen, wogegen Isler vehement protestierte. In seinem Schreiben an die Eucoflex AG aus dem Jahr 1989 merkte er in Bezug auf die bevorstehende Oberflächenreinigung der Feuerlöscherfabrik Sicli SA in Genf kritisch an:

> Seit Jahren empfehle ich Ihre Beschichtung wenn unsere Schalen bemalt werden sollen. Wie an unserer letzten Besprechung klar gelegt vertragen die dünnen Betonschalen keine Hochdruckbehandlung. Der Beton wird dabei oberflächlich zerstört und verliert Warmdichtigkeit und Substanz. Schon bei Anwendung von einem Dutzend atm (bar) wird so viel erodiert wie sonst in 150 Jahren! Wir haben Beispiele wo unwissende Bauherrn diese [...] vornahmen und bitter dafür büssten. Deshalb bat ich sie an Ihrem Offertbeschrieb die 60 atm Behandlung herauszunehmen; Beiliegende Offerte enthält nun noch mehr Irrsinn nämlich 150 atm Behandlung. Wenn Sie so weiterfahren und jeden Unfug übernehmen den die moderne Technik anbietet, werden wir bald die Schalen zerschlagen wie Holz. Mit ein paar 1000 atm kann man Beton zerschneiden wie weiche Butter. Und solche Geräte kommen bald auf den Markt.[41]

39 gta Archiv: 217–022, Schachtel 1/6, Maschinenfabrik Kunz, Akten.

40 Das hat aber auch mit dem Lebenszyklus der Gebäude zu tun, zumal die in den 1950er- und den 1960er-Jahren errichteten Isler-Schalen immer älter wurden und sich daher in einem reparaturbedürftigen Zustand befanden.

41 gta Archiv: 217–0153, Schachtel 1/7, Feuerlöscherfabrik Sicli SA, Akten, Offerten.

Isler drohte im Weiteren der Firma Eucoflex AG, den Anbieter von Wartungsarbeiten zu wechseln, wenn grobe Reinigungstechniken angewendet und Wartungsarbeiten ohne seine Kenntnisnahme durchgeführt würden. Somit konnte Isler mit seiner ingenieurtechnischen Expertise die Handlungen anderer Unternehmen beeinflussen und den aggressiven Behandlungen bei der Wartung von Isler-Schalen – insbesondere den Werken der Ingenieurbaukunst – Grenzen setzen. Dieses Beispiel macht deutlich, dass sich die Beziehungen des Ingenieurbüros Isler mit seinen Kooperationspartnern nicht immer nur harmonisch gestalteten. Ganz im Gegenteil waren die »Risse« in der Partnerschaft an Situationen zu erkennen, wo die Schalen undicht waren bzw. undicht zu werden drohten. In diesem Zusammenhang sei erwähnt, dass insbesondere das ausführende Bauunternehmen in Bezug auf die Kontroll- und Unterhaltspflicht während und nach Ablauf der gesetzlich festgelegten Garantiezeit für ein Gebäude eine hohe Verantwortung trug und direkt in die allfälligen Reparatur- und Wartungsaktivitäten involviert war. Dementsprechend sah sich das Unternehmen Willi Bösiger AG auch im Recht, auf die Aktivitäten Heinz Islers Einfluss zu nehmen.

Die Macht des Bauunternehmens Willi Bösiger AG, eigene Anforderungen an den Bau und Unterhalt von Isler-Schalen durchzusetzen, kam insbesondere während der Nachbetreuung der bis 1980 ausgeführten HIB-Schalen zum Vorschein. Bei diesem Schalentyp schien die Technik besonders tückisch zu sein und verursachte diverse Probleme. Eines davon war starkes Ausfasern von Perfektaplatten in den Tenniscentern Heimberg und Allschwil, bei dem die Fasern dieser Holzwolle-Leichtbauplatten von dem Schalendach permanent in die Halle herunterfielen, woraufhin die Bauherren umgehend eine Sanierung forderten.[42] In solchen Fällen konnte Heinz Bösiger allerdings argumentieren: Es gehe um eine normale Anfangserscheinung. Sie würde mit Sicherheit abklingen und nach einigen Wochen ganz verschwinden.[43] Dem war auch tatsächlich so, sodass die Bauherren im Endeffekt zufrieden waren.

Anders war es allerdings bei den Wasserschäden, die ebenfalls bei mehreren HIB-Schalenbauten immer wieder auftraten, und zwar bei den in Grenchen, La Chaux-de-Fonds, Düdingen und Heimberg errichteten Schalen.

42 gta Archiv: 217–0384, Schachtel 1/1, Tenniscenter Heimberg, Akten, Notizen, Verwaltung, Brief Bösigers an die Gips-Union AG vom 20.08.1979.

43 gta Archiv: 217–0421, Schachtel 1/2, Tenniscenter Allschwil, Akten, Notizen, Verwaltung, Brief Bösigers an Haus + Herd vom 11.05.1983.

Diese verursachten die häufigen Reparaturen von Schalendächern auf Kosten des Bauunternehmens Willi Bösiger AG, zumal diese Schäden ziemlich unmittelbar nach der Fertigstellung zum Vorschein kamen und ein Anspruch auf Garantieleistungen gemäss den vertraglichen Vereinbarungen bestand. Einen Anlass dafür, dieses Problem in Form eines Konflikts nach aussen zu tragen und bei den Vertragspartnern zur Sprache zu bringen, gab dem Bauunternehmen Willi Bösiger AG ein Brief der Architekten Niggli + Gutknecht, die am Bauprojekt des Tenniscenters Grenchen teilnahmen, an Heinz Bösiger vom 13. August 1979:

> Sehr geehrter Herr Bösiger,
> Nachdem nun mehrfach repariert wurde und eine befriedigende Abdichtung auf die Dauer, [sic!] nach der bisherigen Methode nicht gewährleistet ist, fordert die Tennishalle Grenchen AG die Erfüllung der vertraglichen Vereinbarungen, [sic!] mittels wasserfestem, dauerelastischem Anstrich zu Lasten des Herstellers auf den 4 Betonschalendächern.[44]

Der Gegenstand dieser Mängelrüge war das wiederholte Auftreten von undichten Stellen, welche die Wasserschäden verursachten. Der Bau wurde im Oktober 1978 fertiggestellt und eingeweiht, und bereits im Januar 1979 traten die ersten 14–18 undichten Stellen auf, die von der Firma Willi Bösiger AG umgehend angestrichen wurden. Der zu Projektbeginn von Isler vorgeschlagene Kunststoffanstrich (genauer gesagt farbiger oder grauer Eternit der Firma Eucoflex AG, vormals Bauisolationen Kilcher AG) wurde zwar von der Bauherrschaft aus Kostengründen von Anfang an zurückgewiesen, aber man garantierte dem Bauherrn im Vertrag ein wasserdichtes Gebäude. Da der Anstrich nicht zwingend erforderlich und nur optional war und das Bauunternehmen die Wasserdichtigkeit des Gebäudes zu garantieren hatte, sah sich Heinz Bösiger gezwungen, diese Behandlungen der HIB-Schale auf eigene Kosten (11,85 Franken pro Quadratmeter angestrichene Fläche) auszuführen.[45] Da dieser Teilanstrich keine erwartete Wirkung zeigte und weitere undichte Stellen in der Schale Grenchen im Laufe des Jahres 1979 auftraten, machte der

44 gta Archiv: 217–0371, Schachtel 1/3, HIB Tenniscenter Grenchen, Akten, Korrespondenz, Notizen, Verwaltung; Mängelrüge, Brief von den Architekten Niggli + Gutknecht an Bösiger vom 13.08.1979.

45 gta Archiv: 217–0371, Schachtel 1/3, HIB Tenniscenter Grenchen, Akten, Korrespondenz, Notizen, Verwaltung; Mängelrüge, Brief Bösigers an Architekten Niggli + Gutknecht vom 21.08.1979.

Bauherr erneut die Garantieleistung geltend und forderte einen Neuanstrich der HIB-Schalen auf Kosten von Heinz Bösiger (und ggf. Heinz Isler).[46] All diese Forderungen wurden von Heinz Bösiger in seinem Antwortschreiben vom 21. August 1979 zurückgewiesen:

> Wir führten die Schalendächer sachgemäss, aufgrund unserer langjährigen Erfahrung in der Ausführung von Schalenbauten, nach den Vorschriften und unter Kontrolle von Herrn Ing. Isler, aus. Weder die Bauarbeiten im allgemeinen, noch der Betoniervorgang im speziellen wurden von Herrn Isler beanstandet. Wir sind uns nicht bewusst, einen Fehler begangen zu haben. Die Schalendächer konnten, da die Betonfestigkeiten vorhanden waren, wie vorgesehen vorgespannt und ausgeschalt werden. Die Halle als Ganzes konnte von Ihnen termingemäss fertiggestellt und der beabsichtigten Nutzung zugeführt werden. Seit der Inbetriebnahme erfüllt die Tennishalle ununterbrochen ihren Zweck. Der wirtschaftliche Erfolg ist ausgezeichnet![47]

So standen undichte Stellen der HIB-Schalen Grenchen gegen die langjährige Erfahrung und Expertise des Bauunternehmens im Schalenbau, wobei Letzteres auf keinen Fall die tatsächlich vorhandenen Mängel relativieren konnte. So blieb Heinz Bösiger nichts anderes übrig, als den Forderungen des Bauherrn nachzukommen und den Dachanstrich der HIB-Schalen Grenchen auf eigene Kosten zu übernehmen. Dabei zogen sich die Vertragspartner Bösigers – die Firma Haus + Herd AG und das Ingenieurbüro Isler – zurück und beteiligten sich nicht an den Mehrkosten für den Dachanstrich. Diese zurückhaltende Position der Partner beim Auftreten eines Problems mit den Schalendächern verleitete Heinz Bösiger dazu, seine Macht als Bauunternehmer auszuüben und dem Ingenieurbüro Isler seine Anforderungen an die Planung und Ausführung von HIB-Schalen aufzuerlegen. In einem persönlichen Brief an Heinz Isler vom 18. September 1979 schrieb er:

---

46 gta Archiv: 217–0371, Schachtel 1/3, HIB Tenniscenter Grenchen, Akten, Korrespondenz, Notizen, Verwaltung; Mängelrüge, Brief von den Architekten Niggli + Gutknecht an Bösiger vom 13.08.1979.

47 gta Archiv: 217–0371, Schachtel 1/3, HIB Tenniscenter Grenchen, Akten, Korrespondenz, Notizen, Verwaltung; Mängelrüge, Brief Bösigers an Architekten Niggli + Gutknecht vom 21.08.1979.

> 1. Wir erachten einen Anstrich als Feuchtigkeits-Isolierung bei den HIB-Tennishallen als eine absolute Notwendigkeit und demzufolge als einen Bestandteil des Ingenieurprojektes.
> 2. Wir können aufgrund der in Grenchen, La Chaux-de-Fonds, Düdingen und Heimberg gemachten Erfahrungen aus wirtschaftlichen und fachtechnischen Gründen nicht mehr hinter einer Konstruktion stehen, welche a priori fortlaufend geflickt werden muss! Ihre diesbezüglichen gestrigen Ausführungen teilen wir nicht!
> 3. Wir sind der Meinung, dass das Dichten von feuchten Stellen, welche nach über einem Jahr seit der Erstellung des Bauwerkes entstehen, nicht mehr als Garantiearbeit einzustufen ist (sondern als Mangel am Ing.-Projekt) und weigern uns demzufolge inskünftig in Grenchen undichte Stellen zu behandeln. [...]
> 4. Wir verzichten ausdrücklich auf die Ausführung der HIB-Tennishallen in Burgdorf (und weiteren) falls kein Anstrich vorgesehen und von der Bauherrschaft akzeptiert wird.[48]

Bei Heinz Isler, der immer noch für eine »Unterhaltsfreiheit« der Isler-Schalen plädierte, stiess die Haltung Bösigers, es sei nicht möglich, HIB-Schalen wasserdicht herzustellen, auf keine Akzeptanz. Daraufhin musste Heinz Bösiger seinen Vertragspartnern drohen, rechtliche Schritte gegen die Tennishalle Grenchen AG und die Haus + Herd AG einzuleiten und aus allen Folgeprojekten auszusteigen. Auch wenn Heinz Isler sofort nach Erhalt dieses Briefes während eines langen Telefonats mit Heinz Bösiger versuchte, sich zu rechtfertigen und zu verteidigen, konnte es nichts an Bösigers Einstellung ändern, keine Verantwortung für künftige Wasserschäden übernehmen zu wollen. Die einzig mögliche Lösung war in diesem Fall ein Kompromiss, im Zuge dessen das Bauunternehmen den Dachanstrich als obligatorisch durchsetzen konnte.[49] Diese Neukonfiguration der HIB-Schalen betraf das System an sich und wurde von Sicherheits- und Ökonomisierungsüberlegungen angetrieben. Der Interessensausgleich kam zwar nicht ohne interne Reibungen zustande, war aber nicht zuletzt auf die besondere Durchsetzungsfähigkeit Bösigers gegenüber Isler zurückzuführen, die wiederum mit Bösigers Schlüsselstellung für die Reproduktion des »Systems Isler« zusammenhing.

---

48 gta Archiv: 217–0371, Schachtel 1/3, HIB Tenniscenter Grenchen, Akten, Korrespondenz, Notizen, Verwaltung; Mängelrüge, Brief Bösigers an Isler vom 18.09.1979.

49 gta Archiv: 217–0405, Schachtel 2/2, Tennishalle Burgdorf, Akten, Notizen, Verwaltung, Brief Bösigers an Haus + Herd vom 11.09.1979.

5.3 Konflikte mit anderen Ingenieuren

In der Nummer 44 der SIA-Zeitschrift »Schweizer Ingenieur und Architekt« aus dem Jahr 1979 war eine Kurzmitteilung mit dem Titel »Verstoss eines Bauingenieurs gegen die Standesordnung« zu lesen: »[...] mit dem Fall eines Bauingenieurs, der mit einem Rundschreiben an Architekturbüros Ingenieurarbeiten mit einem Rabatt von 10 % auf dem tiefsten Honorar offerierte. Die Standeskommission sah im Verhalten des Ingenieurs eine Übertretung der Vereinsstatuten und der SIA-Ordnung über die Werbung und erteilte ihm einen scharfen Verweis«.[50] Der gemassregelte Protagonist dieser anonymen Mitteilung war Heinz Isler, dessen Kundenakquise gegen Ende der 1970er-Jahre äusserst aggressiv geworden zu sein schien. Das führte zu Konflikten mit anderen konventionell arbeitenden Bauingenieuren, die dem Schalenbau immer skeptischer gegenüberstanden und in diesem Fall auch die Existenzberechtigung des »Systems Isler« in Frage stellten.

Die Vorgeschichte dieses Disziplinarverfahrens reichte ins Jahr 1976 zurück, als die Grenchener Ingenieurgemeinschaft Hans Peter Adam & C. Schneider mit der Ausarbeitung des Vorprojekts und später des Projekts einer Eishalle in Grenchen (SO) beauftragt wurden. Die Ingenieure entschieden sich zusammen mit den ebenfalls in Grenchen ansässigen Architekten Peter Straumann, Roland Richard und Hans Dietziker für ein Flachdach in Stahlbauweise, dessen Bau vom Bund mit 800'000 Franken hätte subventioniert werden sollen.[51] Das Projekt gedieh und erhielt die Genehmigung des Stadtbauamtes der Einwohnergemeinde Grenchen, als Anfang Februar 1978 bekannt wurde, dass die vom Bund zugesprochene Subvention wegfallen würde und die Gemeinde allein die Baukosten tragen musste. In der Folge stritten die lokalen politischen Kräfte vor dem Hintergrund der öffentlichen Finanzprobleme darüber, wie sich bei diesem Projekt Baukosten einsparen liessen. Dabei wurde auch in Erwägung gezogen, das Projekt in mehrere Teilprojekte aufzuteilen. Dies wurde Isler, der gerade eben sein HIB-Schalenprojekt in

50 gta Archiv: 217–0980, Schachtel 4/4, Mehrzweckhalle Grenchen, Akten, Standesklage, SIA/Schweizer Ingenieur und Architekt 44 (1979), S. 905.

51 gta Archiv: 217–0980, Schachtel 4/4, Mehrzweckhalle Grenchen, Akten, Standesklage, Klage Hans Peter Adam aus Grenchen, Brief Adams an SIA vom 06.06.1979.

Grenchen fertigstellte, von örtlichen Architekten mitgeteilt, woraufhin er sich verpflichtet sah, der Gemeinde einen Alternativvorschlag zu unterbreiten.[52]

In seinem Brief vom 10. Februar 1978, den Isler nicht nur an die beteiligten Architekten und Ingenieure, sondern auch an alle politischen Ämter und Entscheidungsträger der Gemeinde Grenchen verschickte, versprach der Bauingenieur mit seinem Alternativprojekt einer Überdachung der Mehrzweckhalle (Kunsteisbahn und Hallenbad) mit je 35 × 17 m grossen Buckelschalen ohne Oberlichter präzedenzlose Ersparnisse von bis zu 300'000 Franken im Vergleich zur genehmigten Flachdachkonstruktion, die kurz vor der Ausführung stand.[53] Die Gemeinde zeigte Interesse an dem unterbreiteten Vorschlag, da sie die möglichen Ersparnisse als signifikant einschätzte. Schon am 20. Februar 1978 wurde Isler nach Grenchen eingeladen, um seinen Vorschlag zu präsentieren.

Die lokalen Architekten, die ihre Abneigung gegenüber den Isler-Schalen öffentlich bekundeten, waren vehement gegen das Alternativangebot Islers, denn, wie der Architekt Roland Richard später in einer der Sitzungen der Standeskommission des SIA zu Protokoll geben sollte, »Herr Isler hätte sich an uns wenden können und nicht an die politischen Parteien«.[54] Folgendes hatte sich nämlich zugetragen: Die Gemeinde verlangte einen Nachweis, ob der Vorschlag Islers tatsächlich Sinn mache und ob Isler sein Versprechen halten könne, woraufhin Isler mitteilte, dass dies lediglich durch ein experimentell angelegtes Vorprojekt möglich sei, welches wiederum die Gemeinde 18'000 Franken kosten würde. So sah sich die Behörde einerseits verpflichtet, Islers Angebot vor dem Hintergrund einer potenziellen Kostensenkung zu prüfen, da ihr sonst vorgeworfen werden könnte, »es seien nicht alle sich bietenden Einsparungsfaktoren gründlich überprüft worden«.[55] Andererseits hatte die Gemeinde Bedenken, dass dieses Verhalten Islers auch andere dazu veranlassen könnte, mögliche Probleme fremder Projekte gegen ein Honorar abklären zu wollen.

---

52 gta Archiv: 217–0980, Schachtel 4/4, Mehrzweckhalle Grenchen, Akten, Standesklage, Brief Islers an SIA vom 16.07.1979.

53 gta Archiv: 217–0980, Schachtel 4/4, Mehrzweckhalle Grenchen, Akten, Standesklage, Brief Islers an die Einwohnergemeinde Grenchen vom 10.02.1978; 217–0980, Schachtel 4/4, Mehrzweckhalle Grenchen, Akten, Standesklage, Vorprojekt Isler, 12.05.1978.

54 gta Archiv: 217–0980, Schachtel 4/4, Mehrzweckhalle Grenchen, Akten, Standesklage, Brief Islers an SIA vom 05.11.1979, S. 3.

55 Ebenda, S. 5.

Diese Konstellation wurde auf der lokalen politischen Ebene lebhaft diskutiert. Eine diesbezügliche Abstimmung fiel im Gemeinderat mit dem Ergebnis 5 zu 4 zu Gunsten Islers aus, der einen Auftrag für das Vorprojekt und einen Kostenvoranschlag erteilt bekam. Im Juni und Juli 1978 arbeitete Isler an dem Vorprojekt und offerierte schlussendlich seine Schalen zu einem Preis von 612'000 Franken.[56] Dabei verglich er die von Adam und Schneider vorgeschlagene 900'000 Franken teure Bedachung nicht nur mit seiner Schale, sondern auch mit anderen gängigen Konstruktionen, und zwar mit einer Fachwerkkonstruktion (geschätzte Gesamtkosten von 833'000 Franken) und einer Holzkonstruktion (mit einer Kostenspanne von 767'580 bis 857'260 Franken je nach Ausführungsart). Dies mündete in eine offene Konfrontation zwischen den beteiligten Parteien, die alle ihre Projekte als einzig richtig ansahen, wobei insbesondere Peter die Kostenschätzung Islers sehr stark in Frage stellte.[57] Die Auseinandersetzung nahm im Dezember 1978 kein Ende, und es schien keine Kompromisslösung möglich zu sein, sodass die Einwohnergemeinde Grenchen das Projekt als Ganzes sistierte. Der Auftrag wurde nicht weiterverfolgt und keine der Parteien konnte sich im Streit durchsetzen.[58]

Nach diesen Geschehnissen entschied sich Adam dafür, seine bereits bei seinem ersten Treffen mit Isler im Februar 1978 geäusserte Drohung zu verwirklichen, nämlich eine Standesklage gegen Isler bei der Standeskommission des SIA einzureichen. In seinem Text der Klage vom 23. Januar 1979 schilderte er kurz die Situation und bezichtigte Isler des nicht standesgemässen Verhaltens und des unlauteren Wettbewerbs. Adam hielt fest, die von Isler versprochenen Kosteneinsparungen seien nur eine pauschale Behauptung gewesen, um den Auftrag Adams zu bekommen: »Er [Isler; E. L.] hätte dabei allerdings die angebliche Kostengünstigkeit seiner Dachkonstruktion gleich unter Beweis stellen müssen, indem er, wie dies bei Unternehmervarianten üblich ist, den zuständigen Stellen seinen Alternativvorschlag mit verbindlicher Kos-

56 gta Archiv: 217–0980, Schachtel 4/4, Mehrzweckhalle Grenchen, Akten, Standesklage, Brief Islers an SIA vom 05.11.1979, S. 2, 8. gta Archiv: 217–0980, Schachtel 4/4, Mehrzweckhalle Grenchen, Akten, Standesklage, Klage Hans Peter Adam aus Grenchen, Brief Adams an SIA vom 23.01.1979, S. 4f. Grenchener Tagblatt vom 08.09.1978.

57 gta Archiv: 217–0980, Schachtel 4/4, Mehrzweckhalle Grenchen, Akten, Standesklage, Brief Islers an SIA vom 05.11.1979, S. 3.

58 gta Archiv: 217–0980, Schachtel 4/4, Mehrzweckhalle Grenchen, Akten, Standesklage, Brief Islers an SIA vom 16.07.1979.

tenangabe unterbreitet hätte«.[59] Adam behauptete, Isler sei »von einer Gruppe Bürger aus Grenchen« dazu animiert worden, einen Gegenvorschlag gegen Adams Projekt zu machen, und habe die herrschenden Meinungsverschiedenheiten in der Gemeinde zu seinen Gunsten missbraucht, unter dem Vorwand, »im Zeitpunkt, wo das vorhandene Projekt aus finanziellen Gründen nicht mehr zu realisieren war«,[60] helfen zu wollen. Der Vorschlag Islers sei kurz vor dem Ausführungsbeginn der Mehrzweckhalle gekommen, und Isler habe die Gemeinde im Grunde genommen genötigt, eine Geschäftsbeziehung mit ihm einzugehen.[61]

Die Kommission kam nach der Betrachtung der Argumente beider Parteien zum Schluss, dass Isler gegen die Werbeordnung des SIA verstossen und unerlaubte Mittel eingesetzt hatte, um an den eigentlich bereits vergebenen Auftrag zu gelangen. Nichtsdestotrotz bestand Isler in seiner Anhörung darauf, er habe mit einer günstigeren Variante dem Projekt nur weiterhelfen und die Gemeinde nicht zum Eingehen einer Geschäftsbeziehung mit ihm zwingen wollen.[62]

Dieser Vorfall verdeutlicht mehrere Konfliktlinien, in welche Isler verwoben war und welche für seine Stellung im ingenieurtechnischen Milieu nach 1975 von besonderer Bedeutung waren. Das erste Problem, das die Standesklage sichtbar machte, war in Adams Worten das »Auftreten [Islers; E. L.] in einem Licht der Hilfsbereitschaft, des Dienens und des schier Wunderbaren«.[63] Letzteres bezog sich vor allem auf die Aussage Islers, »mit einem Schalendach seien gegenüber der vorgesehenen Raumfachwerkkonstruktion namhafte Einsparungen in der Grössenordnung von Fr. 300'000.- möglich«.[64] Die in den Schalenbau nicht involvierten Architekten und Ingenieure sahen im Gegensatz zu Islers Kunden und Kooperationspartnern die Art und Weise,

59 gta Archiv: 217–0980, Schachtel 4/4, Mehrzweckhalle Grenchen, Akten, Standesklage, Brief Adams an SIA vom 23.01.1979, S. 2f.

60 Ebenda.

61 gta Archiv: 217–0980, Schachtel 4/4, Mehrzweckhalle Grenchen, Akten, Standesklage, Brief Adams an SIA vom 06.06.1979, S. 1–4.

62 gta Archiv: 217–0980, Schachtel 4/4, Mehrzweckhalle Grenchen, Akten, Standesklage, Brief Islers an SIA vom 16.07.1979; 217–0980, Schachtel 4/4, Mehrzweckhalle Grenchen, Akten, Standesklage, Brief Islers an SIA vom 05.11.1979, S. 11.

63 gta Archiv: 217–0980, Schachtel 4/4, Mehrzweckhalle Grenchen, Akten, Standesklage, Brief Adams an SIA vom 06.06.1979, S. 4.

64 Ebenda, S. 2.

wie Heinz Isler seine Schalen vermarktete und eine Überzeugungsarbeit für sie leistete, nicht als angemessen oder wünschenswert an, da:

> [...] damit keine andere Absicht verfolgt wurde, als ein fixfertiges, vergebungsreifes und von der Behörde genehmigtes Bauprojekt gewaltsam zur Strecke zu bringen mit dem unverkennbaren Ziel, sich selbst auf diese Weise in einen bis dahin völlig normal und zur besten Zufriedenheit des Auftraggebers verlaufenen Projektierungsauftrag einzumischen und sich der zuständigen Behörde Grenchens derart aufzudrängen, dass diese schlussendlich gar keine andere Wahl mehr hatte, als sich in ein Auftragsverhältnis mit Isler einzulassen.[65]

In diesem Fall bestand auch das zeitgenössische Desinteresse vieler Architekten, Ingenieure und Bauherren gegenüber der experimentellen Arbeitsweise Islers darin, dass diese Bauweise keine genaue Einschätzung der Kosten(-vorteile) ohne damit einhergehende Experimente ermöglichte und dass das Experimentieren mit Modellen die Bauherren wiederum viel kostete. Dies mag auch andere potenzielle Klienten und Kooperationspartner, die in erster Linie auf schnellere und zuverlässigere Kostenschätzungsmethoden setzten, davon abgehalten haben, Heinz Isler zu beauftragen. Im Fall Grenchen führte die Skepsis der Entscheidungsträger und das Unvermögen aller beteiligten Parteien, nachzugeben, die Situation *ad absurdum*, sodass trotz mehrerer Vorprojekte (inkl. demjenigen von Isler) keiner der Bauten zur Ausführung gelangte.

Dazu beigetragen haben auch die Gegner Islers, die mit allen möglichen Mitteln versuchten, die Aussagekraft seines Vorprojekts zu schwächen und die daraus resultierenden Ersparnisse zu relativieren. Der Ingenieur Adam sah Islers Schätzung als eine Manipulation an, da Isler bei der Gegenüberstellung der Projekte immer die niedrigsten Preise für Materialien und Arbeitsaufwand für seine Schalen auswählte, während er für Projekte anderer die höchstmöglichen Preise als Bemessungsgrundlage heranzog.[66] Laut Adam war es das Ziel Islers gewesen, die Entscheidungsträger der Einwohnergemeinde Grenchen glauben zu lassen, dass Isler-Schalen günstiger seien, als sie es tatsächlich waren. Auch wenn sich dies nicht vollständig überprüfen lässt, da schlussend-

65 Ebenda.

66 Ebenda, S. 6.

lich keines der Projekte ausgeführt wurde, gibt die Rhetorik Adams einen Aufschluss darüber, inwieweit seine Beschuldigung der Realität entsprach.

Denn bemerkenswerterweise klammerte Adam in allen seinen Briefen und Nachweisen das Überprüfungsergebnis des Vorschlags von Isler aus, da dieses angeblich kein Gegenstand der Standesklage gewesen sei. Dies legt die Vermutung nahe, dass das Projekt Islers doch gewisse finanzielle Vorteile mit sich gebracht hätte und günstiger ausgefallen wäre.[67] Unabhängig von dem zu Gunsten Islers ausgefallenen Ergebnis dieser Kostenschätzung zeigt die Argumentation und ihre Resonanz, dass man Isler und seinen Schalen immer misstrauischer gegenüberstand. Denn Islers Versprechen gegenüber anderen Ingenieuren, Architekten und Bauherren erschienen immer unrealistischer und verloren folglich an Bedeutung. Auch die übermässige Fokussierung Islers auf das »Wunderbare« machte ihn zunehmend unpopulär im sachlich bleibenden und pragmatisch denkenden Milieu der Bauingenieure und Architekten des Mittellandes.

Das zweite Problem bestand darin, dass dieser Fall sofort nach dem Eingang des ersten Briefs Islers an die Einwohnergemeinde Grenchen am 10. Februar 1978 zu einem Politikum wurde. Damit verdeutlicht der Vorfall die zeitgenössischen Ausmasse und die Härte des Kampfes um Aufträge unter den Ingenieuren in der Zeit der tiefen Krise in der Baubranche, bei dem Isler nicht zuletzt für lokalpolitische Grabenkämpfe instrumentalisiert wurde. Hans Peter Adam behauptete: »Ich habe als Gerücht gehört, dass der Gruppe HIB gesagt worden sei, sie werde weitere Arbeiten erhalten bei den Sportanlagen. Es ist ein Politikum geworden«.[68] Das macht deutlich, dass die Meinungsverschiedenheiten und Unsicherheiten in Bezug auf das Projekt Adams in der Grenchener öffentlichen Verwaltung bereits vor Isler vorhanden waren, der erst durch unbekannt gebliebene Dritte darüber informiert und dazu animiert wurde, seinen Gegenvorschlag zu machen. Adam und seine Architekten sahen dabei Isler als »dreisten Eindringling ins Grenchener Gewerbe«[69] und standen seiner Lösung argwöhnisch gegenüber. Die beteiligten Architekten und Ingenieure werteten das Verhalten Islers als Akquisition durch die Lokalpolitik und als einen Versuch, »gewisse politische Unsicherheiten [zu seinen Gunsten;

67 Ebenda, S. 3.

68 gta Archiv: 217–0980, Schachtel 4/4, Mehrzweckhalle Grenchen, Akten, Standesklage, Brief Islers an SIA vom 05.11.1979, S. 8.

69 gta Archiv: 217–0980, Schachtel 4/4, Mehrzweckhalle Grenchen, Akten, Standesklage, Brief Islers an SIA vom 11.05.1979, S. 2.

E. L.] auszunutzen«.[70] Dieses Verhalten Islers, das das Potenzial hatte, den Ruf der von Anfang an beteiligten Architekten und Ingenieure zu schädigen, wurde vom SIA als ein Normenbruch und Verstoss gegen die SIA-Ordnung bezüglich Werbung erachtet. Auch Isler gestand später ein, nicht richtig bzw. vollständig von seinen Informanten informiert gewesen zu sein, bevor er sich auf die Einreichung eines Gegenvorschlags eingelassen hatte. Allerdings sah er darin trotzdem keine Übertretung und rechtfertigte sich mit den folgenden Worten: »Ich hatte nicht gewusst, dass er [Adam; E. L.] in der Ingenieurgemeinschaft nur den Stahlteil behandelte und im Fall von einem Systemwechsel nur das Projekt und nicht auch die Ausführung honoriert bekäme«.[71] Darüber hinaus behauptete Isler: »Die Planer, Architekten und Ingenieure [Hans Peter Adam, Peter Straumann, Roland Richard, Hans Dietziker; E. L.] sind mit einem mangelhaft vorbereiteten Grossprojekt an die Oeffentlichkeit [sic!] und die Behörden gelangt und haben damit das theoretisch ›fertig vorliegende‹ kleine Mehrzweckhallenprojekt selber torpediert«.[72] Dieses Verhalten ähnelte einer aggressiven Kundenakquise bzw. einem Versuch, seinen Konkurrenten ein Bauprojekt wegzunehmen, was die produktive Zusammenarbeit mit Architekten und anderen Ingenieuren keineswegs förderte. Auch dies mag ein Aspekt sein, der zum Rückgang der eng mit der Person Islers verbundenen Schalenbaupraxis in der Schweiz seit 1980 beitrug.

Der dritte Block von Problemen, mit denen Isler um 1980 konfrontiert war, bezog sich auf die herrschenden Verhältnisse in der Schweizer Baubranche, die er während des Standesklageverfahrens mit vielen Details zum Ausdruck brachte. Diese Probleme waren durchaus eine Widerspiegelung dessen, was Isler in seinen öffentlichen Auftritten kritisierte (etwa »Fantasielosigkeit« moderner Architekten, übermässige Treue rechteckigen Bauformen gegenüber etc.), allerdings diesmal angepasst an das ingenieurtechnische professionelle Milieu. So bemängelte Isler an dem gescheiterten Projekt Grenchen in erster Linie, dass von Anbeginn an keine Vorabklärung mehrerer Möglichkeiten bzw. keine genaue Untersuchung der verschiedenen Bausysteme stattgefunden habe.[73] Darüber hinaus sei auch die Evaluation seiner Offerten und Pläne

70 Ebenda, S. 4.

71 gta Archiv: 217–0980, Schachtel 4/4, Mehrzweckhalle Grenchen, Akten, Standesklage, Brief Islers an SIA vom 16.07.1979.

72 gta Archiv: 217–0980, Schachtel 4/4, Mehrzweckhalle Grenchen, Akten, Standesklage, Brief Islers an SIA vom 05.11.1979, S. 1. Hervorhebung im Original.

73 Ebenda.

von seinen Gegnern aus Grenchen durchgeführt worden, die gegenüber den Isler-Schalen ohnehin schon voreingenommen gewesen seien. Isler hätte, wie er selber an den SIA schrieb, als Bedingung erwähnen sollen, dass die »Kostenberechnung von einer neutralen Instanz vorgenommen werden müsste«.[74] Dies war allerdings kein Einzelproblem dieses spezifischen Auftrags. Vielmehr stand man Kostenrechnungen Islers immer stärker kritisch gegenüber, zumal die von Isler versprochenen ökonomischen Effekte, welche auf der Evidenz der 1960er- und der frühen 1970er-Jahre basierten, nicht mehr in vollem Umfang realisiert werden konnten.

Der andere Umstand, den Heinz Isler auch gern öffentlich kritisierte, war die Bevorzugung von ortsansässigen Unternehmen bei der Vergabe von Aufträgen – genau der Aspekt, der den Isler-Schalen zu ihrem Aufstieg im Schweizer Mittelland in den 1960er-Jahren verholfen hatte. Diese lokale Gewerbeverflechtung bestätigte unter anderem der Architekt Roland Richard: »Ein Nachteil des Projektes Isler war, dass ein erheblicher Teil der Arbeiten von Grenchen weggehen würden«.[75] Dies traf allerdings nicht nur auf Isler zu, sondern auch auf andere Unternehmen, die in den Bau involviert waren. Heinz Isler erinnerte sich in diesem Zusammenhang an die folgende Episode:

> Bei der Abgabe meines günstigen Angebotes erinnerte sich der Architekt des Hochbauamtes plötzlich einer um etwa 20'300.- billigeren Offerte für die Dachblech-Arbeiten. Diese war vorher nicht verwendet worden, da der Anbieter kein Grenchener war. Sondern ein Fremder, zwar aus dem gleichen Kanton, aber das zählte auch nicht. [...] Und dieser Umstand, dass alles im Ort vergeben werden sollte, wie auch das Projekt ohne Wettbewerb, hatte einen Teil der Bürger eben zum Misstrauen geführt.[76]

Die verschärfte Konkurrenz sowohl zwischen Bausystemen als auch einzelnen Bauingenieuren nach der Krise führte dazu, dass es für Heinz Isler immer schwieriger wurde, sich in neuen Orten durchzusetzen, an denen er vorher noch nicht bzw. nur wenig gebaut hatte.

Die aggressive Kundenakquise, die im erörterten Fall zu lang andauernden lebhaften Auseinandersetzungen und gegenseitigen Beschuldigungen der beteiligten Ingenieure führte, nahm viele Ressourcen in Anspruch und

74 gta Archiv: 217–0980, Schachtel 4/4, Mehrzweckhalle Grenchen, Akten, Standesklage, Brief Islers an SIA vom 05.11.1979, S. 3.

75 Ebenda, S. 5.

76 Ebenda, S. 3.

trug keinesfalls zur Vermehrung der Bauaufträge für das Ingenieurbüro Isler bei. Obwohl die Mitteilung über die Standesklage in der SIA-Zeitschrift keinen Namen nannte, sollte sie als Reputationsrisiko für den Bauingenieur Isler bewertet werden, zumal es plausibel ist, dass andere involvierte Akteure im Ingenieurmilieu von dem Vorfall erzählten und demnach die Meinungsbildung über Isler im Schweizer Baugewerbe negativ beeinflussten. Zu dieser Episode aus seiner Geschäftstätigkeit hat Heinz Isler lebenslang geschwiegen, und er hat nie Stellung dazu bezogen – weder öffentlich noch privat im Briefwechsel mit seinen Verbündeten. Ein Grund für eine solche Geheimhaltung kann die Existenzbedrohung für das »System Isler« gewesen sein, die im Zuge dieser lebhaften öffentlichen Auseinandersetzung mit dem Geschäftsmodell Islers entstand und sich rasch zuspitzte. Die Standesklage hatte das Potenzial, Islers Reputation zu ruinieren und das »System Isler« nachhaltig zu gefährden. Die Bereitschaft Islers, zwecks Popularisierung seiner Schalen über die Grenzen der erlaubten Werbemassnahmen hinauszugehen und aggressive Kundenakquise zu betreiben, brachte somit nicht nur keine positiven Ergebnisse, sondern trugen auch zu einem Paradigmenwechsel in der Geschäftsführung des Ingenieurbüros Isler bei.

5.4 Islers Verzicht auf die internationale Expansion

Die Zeit um 1980 stand für Heinz Isler im Zeichen des Umbruchs, als sein Bausystem im In- und Ausland an seine Grenzen stiess. Das soll auch seinen Gemütszustand beeinflusst haben. Isler fühlte sich zunehmend unsicherer und war von Spannungen in seinem beruflichen Umfeld überfordert. Kurz nach der Standesklage beschwerte er sich in seinen Notizen über schlechtes Gewissen, Selbstzweifel und Angst im beruflichen Leben.[77] Dieser prekäre emotionale Zustand Islers scheint seine Einstellung zu seinem Beruf beeinflusst zu haben, denn zu jener Zeit fasste er offenbar den Entschluss, auf die internationale Expansion zu verzichten. Darauf deutet seine strikte Ablehnung aller potenziellen Kunden und Kooperationen im Ausland zwischen 1980 und 1983 hin.

77 »Habe bei fast allem ein / schlechtes Gewissen / insbesondere in Berufstätigkeit!! / Hemmungen bei Aquisition / Spannungen mit Bauherren / Angst bei den Abrechnungen. / und neuerdings auch noch / bei den Freizeit aktivitäten«. Zit. nach: gta Archiv, 217-CS, Christian Science bis 2000, ohne Seitenangabe.

Zu jener Zeit spielten die Ängste im Kalten Krieg bei der internationalen Rezeption der Isler-Schalen eine grosse Rolle. Ein Exempel dafür ist die Erwähnung des Ingenieurbüros Isler als Experte im Bereich des atomsicheren Baus im »Kompass« um 1980, einem Findbuch der Schweizer Unternehmer, das von der Schweizer Handelskammer herausgegeben und in den Schweizer diplomatischen Vertretungen weltweit verbreitet wurde. Diese Erwähnung Islers fand ein beachtliches Echo in unterschiedlichen Ländern, ohne dass es von Isler gewollt wurde. So bekam er zwischen September 1980 und Dezember 1983 über 35 Anfragen von vielen Bauunternehmen aus Frankreich, Spanien, Italien, England, Südkorea, Österreich, Belgien und Norwegen, die die Informationen zu Isler-Schalen von der jeweiligen schweizerischen Botschaft und Handelskammer oder auch dem schweizerischen Konsulat bezogen.[78]

Sie alle zeigten Interesse an atomsicheren Unterständen und boten Isler eine Kooperation an, um seine »Atombunker« im Ausland zu verbreiten, da die Nachfrage für solche Konstruktionen vor dem Hintergrund des immer härter werdenden Kalten Krieges und der atomaren Abschreckung gross gewesen sei.[79] Zugleich baten sie Isler darum, seine Werbematerialien zu atomsicheren Schalen zu übermitteln, welche er allerdings gar nicht parat hatte. Darüber hinaus beschäftigte die Frage der Atomsicherheit im Schalenbau Isler zu dieser Zeit viel zu wenig, da er sich vermehrt dem Entwurf und Bau von freigeformten Schalen zu Repräsentationszwecken widmete.

Da Heinz Isler zu dieser Zeit seit Jahrzehnten keine Unterstände mehr baute und keine geeigneten Werbeblätter zu atomsicheren Bauten sowie kein Interesse für diese Art von Konstruktionen hatte, liess er diese Möglichkeit zu zahlreichen potenziellen Kooperationen fallen und erteilte allen Unternehmen ohne zu zögern eine Absage. Dabei erklärte er, dass keine Materialien dazu vorhanden seien und das Ingenieurbüro Isler solche Konstruktionen in der Vergangenheit zwar gemacht habe,[80] sie zurzeit aber nicht mehr ausführe. An die Applied Research SPRL (Belgien) schrieb Isler das folgende Absageschreiben: »*Nous regrettons de devoir vous informer, que pour le moment nous ne sommes pas ca-*

78 Darunter von solchen Firmen wie ETS Cotard (Frankreich, Bretagne und Normandie), Propisa (Spanien, Barcelona), Sopresit (Italien, Rom) und vielen anderen.

79 gta Archiv: 217–02537 – 217–02542; 217–02552 – 02573, Anfragen diverser Firmen.

80 Zu denken sei dabei an den Atomunterstand, den Isler 1955 beim Militär testen durfte. Vgl. Chilton 2021, S. 614.

pable[s] de traiter cette affaire, à cause d'autres projets urgents«.[81] Zum Inserat gab es auch viele telefonische Anfragen, die vom Sekretär Islers, Armin Brand, beantwortet und dokumentiert wurden. So fasste er beispielsweise ein Telefongespräch mit dem Schweizerischen Bankverein am 1. September 1980 zusammen:

> Von ihrer Filiale in London habe er einen Telex erhalten für in der Schweiz Firmen ausfindig zu machen, die Atomschutzräume bauen.
> Er habe nun unsere Adresse im Kompass unter dem Stichwort »Atombunker« gefunden.
> Ich habe ihm dann gesagt was ich allen bisherigen Anfragen immer sagte, dass dieses Projekt noch nicht marktreif sei im Moment.[82]

Heinz Isler liess sich trotz zahlreicher Kundenanfragen über drei Jahre ein wichtiges Marktsignal aus dem Ausland bewusst entgehen und distanzierte sich von Atombunkerprojekten, die ihm einst seinen Eingang in den Schalenbau verschafft hatten. Diese Entwicklung stand auch im Zeichen einer zunehmenden Abkopplung Islers vom Beruf des Bauingenieurs, die er Jahre später als eine »befreiende Entscheidung«[83] bezeichnete. Dabei äusserte er auch seine Unzufriedenheit mit den herrschenden Verhältnissen in der Schweizer Baubranche und prangerte den Wandel der Konkurrenz zwischen kooperativ angelegten Bausystemen zu einer Konkurrenz zwischen einzelnen Ingenieuren an.[84]

Das Misstrauen Islers gegenüber neuen potenziellen Partnern, seine Orientierung an veralteten unternehmerischen Werten der Nachkriegszeit und die um 1980 entstandenen zahlreichen Konfliktlinien mit bestehenden Netzwerkern und Aussenstehenden haben direkt und indirekt zur bewussten Ent-

---

81 gta Archiv: 217–02564, Atom Unterstand Applied Research SPRL, Brief Islers an Applied Research vom 26.03.1980. Es sei dabei hervorgehoben, dass das Ingenieurbüro Isler zu jener Zeit so gut wie keine Bauprojekte betreute.

82 gta Archiv: 217–02560, Atom Unterstand London Office Interiors, Protokoll des Telefongesprächs zwischen Armin Brand und dem Schweizerischen Bankverein vom 01.09.1980.

83 gta Archiv, 217-CS, Christian Science ab 2001, Notiz vom 20.09.2002 um 5 Uhr.

84 In diesem Zusammenhang sei insbesondere folgende Notiz Islers erwähnt: »nicht der sog kreative Prozess / mit Konkurrenz, Streit, Kampf, / missgunst, Ausspielen gegeneinander / wer der raffiniertere, ›Klügere‹ / und allen Hässlichkeiten / gefällt mir gar nicht!« Zit. nach: gta Archiv, 217-CS, Christian Science ab 2001, Notiz vom 08.05.2003 um 5 Uhr. Hervorhebungen im Original.

scheidung Islers beigetragen, sein Geschäft möglichst auf die Betreuung von Stammkunden zu reduzieren und keine Neubelebung der regen Bautätigkeit anzustreben.

5.5 Die Grenzen des »Systems Isler«

Betrachtet man die konfliktgeschichtliche Dimension des Isler-Schalenbaus, wird deutlich, dass sich die schwerwiegendsten Probleme für das »System Isler« um 1980 konzentrierten. Mehrere netzwerkinterne und -externe Herausforderungen, die Heinz Isler zu überwinden suchte, stellten das System auf die Probe. Die längst etablierten Formen zur Überwindung der doppelten Kontingenz im »System Isler«, wie beispielsweise vertragliche Abmachungen mit Kooperationspartnern, Patente und Lizenzen, führten dazu, dass Isler nur eine kleine Anzahl an Firmen seines Vertrauens zur Verfügung stand, mit denen er Geschäftsbeziehungen eingehen konnte. Um 1980 war dieses Netzwerk beinahe hermetisch und erlaubte keine Neuzugänge von Firmen. In diesem Sinne verwandelten sich seine einst vorteilhaften Merkmale in Nachteile.

Diese bis ins Irrationale getriebene Exklusivität des »Systems Isler« ermöglichte lange Zeit keine Öffnung gegenüber neuen potenziellen Vertragspartnern und verliess sich auf alte Beziehungen, die zu erodieren drohten, wie im Fall der Kooperation mit der Kunststoffwerke Eschmann AG. Obwohl diese Geschäftsbeziehung bereits seit den frühen 1970er-Jahren problematisch wurde, blieb die Firma bis zu ihrem Konkurs 1981 die einzige Herstellerin der Islerschen Oberlichter. Wenngleich der Wegfall der Kunststoffwerke Eschmann AG nicht reibungslos für das Ingenieurbüro Isler und die betroffenen Bauherren verlief, lässt sich darin kein Niedergang des Schalenbaus an sich sehen. Der Bau von Isler-Schalen wäre auch ohne die Oberlichter gut möglich gewesen, sodass diese Spannungslinie lediglich die Netzwerkebene beeinflusste bzw. eine teilweise Auflösung eines Netzwerks signalisierte und daher für eine mögliche Erosion des Systems kaum verantwortlich war.

Anders verhielt es sich allerdings, wenn die Konflikte über das Netzwerk hinausgingen und das System als solches betrafen. Solche Konflikte entstanden vor allem dort, wo die Schalen undicht waren und die Verantwortung der beteiligten Akteure für die Mängel am Bau geklärt werden musste.[85] Dadurch,

85 Vgl. exemplarisch das Verhalten der Akteure bei den Mängelrügen der frühen 1980er-Jahre, die im Kapitel 5.2 beschrieben wurden.

dass in solchen Fällen die Interessen aller Beteiligten nicht mehr garantiert waren, verstärkten sich die Gegensätze im Netzwerk und hatten einen negativen Einfluss auf die praktische Ausführung von Isler-Schalen. Die Erosion des Denkens in Systemen auf dem Schweizer Baumarkt um 1980 spitzte die Konflikte Islers mit anderen, systemexternen Ingenieuren zu, die dem »System Isler« argwöhnisch gegenüberstanden. Die Standesklage gegen Heinz Isler enthüllte eine Reihe systemischer Probleme, mit denen das »System Isler« konfrontiert war. Zu jener Zeit lag eine andere Art von Rationalität im Trend, die teure ergebnisoffene Vorprojekte sowie experimentelle Entwurfsmethoden als zu wenig berechenbar und kosteneffizient ansah. Deswegen erwartete niemand ausserhalb des bestehenden »Systems Isler« Folgeprojekte mit Isler, was die Schalenbauweise unattraktiv machte. Das, was innerhalb des Systems als rational galt, wurde ausserhalb des Systems als irrational wahrgenommen.

Daran werden die engen Grenzen des technischen »Systems Isler« ersichtlich. Aus ingenieurtechnischer Sicht basierte es auf einem einzigen Tragwerkselement (der Schale) und auf einer einzigen Ausführungsart mit Gerüst und Schalung. Die geografische Ausstrahlung des Systems war begrenzt, zumal die meisten Isler-Schalen um Burgdorf herum entstanden. Die über die ganze Schaffensperiode Islers herrschende Bevorzugung einheimischer Ingenieure für Bauprojekte trug einerseits zur Verbreitung der Schalentechnologie in der Nähe von Islers Arbeitsort in den 1960er-Jahren bei, erwies sich allerdings als Nachteil bei der Expansion Islers in andere Schweizer Regionen. Auch die Blütezeit des »Systems Isler« war sehr eng gefasst, denn sie fiel mit der Hochkonjunktur der »langen« Nachkriegszeit in der Schweiz zusammen und verging in der nachfolgenden Krise schnell. Die strikte Abgrenzung vom Markt bremste die Weiterentwicklung des Systems.

Vor diesem Hintergrund erweist sich das »System Isler« als statisch, denn es hatte in vielerlei Hinsicht enge Grenzen, verging schnell und war auf einige wenige Partner Islers angewiesen. Diese Grenzen des Systems wurden von Heinz Isler nie überschritten. So ist er auch seinem Bausystem sein ganzes Leben lang treu geblieben und führte keine konventionellen Bauten aus. Gewissermassen war es das unausgesprochene Ziel des »Systems Isler«, die Konventionalität zu vermeiden. Die Unkonventionalität war daher ein wesentliches Merkmal des »Systems Isler«. Diese wurde mit dem Wandel der unternehmerischen Werte in der Baubranche immer weniger im ingenieurtechnischen Milieu akzeptiert und sorgte für ein hohes Konfliktpotenzial bei der Kundenakquise und der Kommunikation mit potenziellen Partnern. Während Heinz Islers Stärke im Bau von Schalen und im Arbeiten innerhalb seines vertrauten

Netzwerks lag, fiel es ihm schwer, die Konkurrenz in der eigenen Profession abzuwehren. In der Folge entfremdete er sich zunehmend von seiner Profession.

Die eigentliche Schwäche des »Systems Isler« war Heinz Isler selbst. Ab einem bestimmten Punkt in seiner Karriere scheinen seine Handlungen von subjektiven Wahrnehmungen bestimmt gewesen zu sein. Das Scheitern der Kundenakquise, zunehmende Konflikte beim Bau, mehr Macht der Bauherren und Islers geschädigter professioneller Ruf lösten bei ihm kaum überwindbare Ängste vor neuen professionellen Kontakten und Kontrakten aus. Islers zunehmende Unzufriedenheit und Verunsicherung mögen auch dafür verantwortlich sein, dass es ihm nicht gelang, einen Nachfolger für sein Ingenieurbüro zu finden. Laut Heinz Bösiger hatte Isler einen jüngeren Ingenieur in Aussicht, war aber bald von dessen persönlichen Eigenschaften enttäuscht und setzte die Suche nicht fort. Dies beeinflusste negativ die Entscheidungen potenzieller Kunden, weil sie sich durch die ungeklärte Nachfolge nicht auf Folgeprojekte oder eine Nachbetreuung der Bauten durch das Ingenieurbüro Isler verlassen konnten.[86]

Heinz Islers Entfremdung von der ingenieurtechnischen Profession bedeutete allerdings nicht die Selbstauflösung des »Systems Isler«, da dieses mehr als nur die praktische Bautätigkeit umfasste und die massenhafte Ausführung von Isler-Schalen überdauerte. Die Islersche »Problemlösung« in den 1980er-Jahren war genauso radikal und unkonventionell wie sein Bausystem selbst: Er zog sich aus neuen Kooperationen zurück und befasste sich ausschliesslich mit der Betreuung seiner wenigen Stammkunden. Er nahm weniger Aufträge entgegen, obwohl weiterhin Nachfrage nach seinen ingenieurtechnischen Leistungen bestand. Dabei erfuhr das »System Isler« im Sinne seiner Selbstreproduktion eine Neuorientierung, bei der obsolet gewordene Elemente des Systems durch andere ersetzt wurden.[87] Einen Alternativentwurf der Entwicklung seiner Schalentechnologie fand Heinz Isler in den 1980er-Jahren in der verstärkten Imagebildung und der Popularisierung von Isler-Schalen in der breiten Öffentlichkeit.

86 Interview Heinz Bösiger 2018.

87 Vgl. Luhmann 1987, S. 380.

6 Die Öffentlichkeitsarbeit und Imagebildung des Ingenieurbüros Isler

Betrachtet man den Schalenbau als eine auf Netzwerk- und Systemeffekten basierende Entität, liegt das Vorhandensein besonderer Kommunikationsstrukturen nahe, die jene Effekte auf lange Sicht möglich machten.[1] So mass Heinz Isler der Öffentlichkeitsarbeit und der korporativen Identität eine grosse Bedeutung für sein Geschäft bei, zumal er sich durch gezielte Repräsentationsmassnahmen um eine bessere Sichtbarkeit seiner technologischen Produkte bemühte.[2] Das Ingenieurbüro Isler deckte wie andere Unternehmen im Baugewerbe alle drei Bereiche der Öffentlichkeitsarbeit ab (nämlich die Markenbildung, Werbemassnahmen und die Förderung der breiteren Rezeption der Isler-Schalen in der Öffentlichkeit[3]) und bediente sich unterschiedlicher (Massen-)Medien, um verschiedene Zielgruppen (darunter potenzielle Kunden, Kooperationspartner, Peers und die breitere Öffentlichkeit im Rahmen der »Publizität«[4] der Isler-Schalen) zu erreichen.

Dieser Sachverhalt erfordert es, Beiträge der unterschiedlichen Medien (beispielsweise von Werbeblättern, Gebäuden, Logos, Ausstellungen und Fernsehbeiträgen) zur Islerschen Schalentechnologie herauszuarbeiten und

---

1 Zur Kommunikation in sozialen Systemen s. Luhmann 1995, S. 118.

2 Zur historischen Entwicklung der Öffentlichkeitsarbeit im Baugewerbe vgl.: Rössler, Patrick: Das Weimarer Bauhaus und seine Öffentlichkeiten im Dialog, in: Ders. (Hg.): Bauhaus-Kommunikation. Innovative Strategien im Umgang mit Medien, interner und externer Öffentlichkeit. Berlin: Gebr. Mann 2009, S. 13–47, hier S. 13.

3 Vgl. ebenda.

4 Ein Begriff von Heinz Isler zur Bezeichnung aller Massnahmen, um die Isler-Schalen der breiteren Öffentlichkeit nahezubringen (insbesondere Vorträge, (wissenschaftliche) Publikationen, Workshops, Ausstellungen, Auftritte in den Massenmedien, Interviews etc.).

das »System Isler« als mediatisiertes System zu verstehen, das ohne Medien in seiner Komplexität nicht erfasst werden kann. Anzunehmen ist, dass zielgruppenspezifische mediale Repräsentationen von Isler-Schalen insofern eine Brücke vom ökonomischen und sozialen Kapital zum symbolischen und kulturellen Kapital im »System Isler« schlugen, als sie Heinz Isler sozial flexible (Um-)Deutungen seiner Technologie ermöglichten und ihm sowohl mehr Kunden als auch eine erhöhte Anerkennung in der Öffentlichkeit zusicherten.

Diese system- und kapitaltheoretische Auffassung des mediatisierten »Systems Isler« kann durch Ernst Cassirers Theorie der Technik als symbolischer Form[5] produktiv ergänzt werden. Cassirer unterscheidet drei Interpretationsformen der Technik, die im Spannungsfeld zwischen menschlichem Willen und etwas in der Natur Vorhandenem entstehen: a) die mimetisch-sympathische, die Natur nachahmende Form; b) die analogisch-erweiternde Form, die vorliegt, wenn die Technikordnung über einen systematischen Gebrauch von Werkzeugen hergestellt wird; und c) die rein symbolische Form, die gegeben ist, wenn die Technik zur Erreichung von nicht technikbezogenen Zielen eingesetzt wird.[6] Im Fall von Heinz Isler scheinen sich diese Auffassungen von Technik zu überlappen und zu unterschiedlichen Zeiten medial wirksam zu sein. So ist in der Folge zu überprüfen, in welchem Interpretationsrahmen die ökonomische, soziale, symbolische und kulturelle Bedeutung der Isler-Schalen über Jahre ausgehandelt wurde und wie sich dies auf Islers Reputation auswirkte.

6.1 Die Repräsentation des Baunetzwerks

6.1.1 Inszenierungen der Isler-Schalen in der Werbefotografie

Heinz Isler legte seit Beginn seiner beruflichen Tätigkeit als Ingenieur Wert auf die Reklame, um die Sichtbarkeit seiner Schalen in der Schweizer Baubranche zu gewährleisten. Dabei musste er in den frühen Jahren des Bestehens seines

5 Cassirer, Ernst: Form und Technik, in: Orth, Ernst Wolfgang, John Michael Krois (Hg.): Symbol, Technik, Sprache. Aufsätze aus den Jahren 1927–1933. Hamburg: Felix Meiner 1985, S. 39–91.

6 Krois, John Michael: Ernst Cassirers Theorie der Technik und ihre Bedeutung für die Sozialphilosophie, in: Phänomenologische Forschungen 15 (1983), S. 68–93, hier insbesondere S. 71–73.

Ingenieurbüros eine Reihe von Problemen lösen. Die getroffenen Entscheide prägten nachhaltig das Erscheinungsbild der Isler-Schalen in der industriellen Werbung. Dabei waren unter anderem folgende Fragen relevant: Wie können die Vorzüge der Schalenbauten am besten zum Ausdruck gebracht werden? Wie können potenzielle Kunden auf das Ingenieurbüro Isler aufmerksam gemacht werden? Welche Darstellungsabsichten lassen sich mit welchen gestalterischen Mitteln verfolgen? Wie ist damit eine Abhebung von der Konkurrenz möglich? Islers richtungsweisende Antworten auf diese Fragen sind in den frühen Versuchen der Gestaltung seiner Werbeblätter und -fotografien zu suchen, die die Genese der medialen Repräsentationen der Isler-Schalen zu Werbezwecken schrittweise nachverfolgen lassen.[7] Im Gegensatz zu anderen Ingenieuren und Architekten seiner Generation kooperierte Heinz Isler bis auf wenige Ausnahmen mit keinen Fotografen[8] und arbeitete selbständig an der Motivauswahl, der Komposition, der Inszenierung und den Details für alle Werbefotografien seiner Schalen.[9]

Seine erste Werbung erstellte Heinz Isler selbständig im Jahr 1957, unmittelbar nachdem seine Hauptprodukte – die Buckelschale und die überdimensionierten Oberlichter aus Kunststoff – fast vollständig konfiguriert worden waren. Es handelte sich hierbei um ein Werbeblatt im »Schweizer Baukatalog«, die erste Anlaufstelle für alle Schweizer Ingenieure und Architekten zu dieser Zeit, die nach Bauteilen und Baumaterialien suchten.[10]

Isler fokussierte sich in seinem ersten Werbeblatt auf die überdimensionierten Kunststoffoberlichter (s. Abbildung 24). Dies erfolgte vor allem durch eine sachliche Darstellung der beworbenen Bauelemente, was für die industrielle Werbung der 1950er- und der 1960er-Jahre charakteristisch war.[11]

---

7 Für die Untersuchung der Bild-Text-Relationen wird in diesem Fall auf die visuell-soziologische Methodologie nach Rose Bezug genommen. S. dazu Rose, Gillian: Visual Methodologies. An Introduction to the Interpretation of Visual Materials. 2. Auflage. Los Angeles/London u.a.: SAGE 2009, S. 156, 170f. Sachsse, Rolf: Bild und Bau. Zur Nutzung technischer Medien beim Entwerfen von Architektur. Braunschweig/Wiesbaden: Vieweg 1997, S. 216.

8 Janser, Daniela, Thomas Seelig, Urs Stahel (Hg.): Concrete. Fotografie und Architektur. Zürich: Scheidegger & Spiess 2013, S. 43.

9 Zur Relevanz der »getreuen Wiedergabe« der Architektur auf Fotos s. exemplarisch Gössel, Peter (Hg.): Julius Shulman. Architektur und Fotografie. Köln: Taschen 1998.

10 gta Archiv: 217–0630, Schachtel 1/1, Atomschutzbunker, Akten, ohne Seitenangabe, Schreiben vom BSA Schweizer Baukatalog an Isler vom 25.11.1957.

11 Vgl. Boeckl, Matthias: Paul Ott. Fotografie über Architektur. Wien: Springer 2012, S. 11. Jeffrey, Ian, Manfred Schmalriede (Hg.): Franz Lazi. Fotografie. Architektur-,

Abbildung 24: Eine Maquette des ersten Werbeblatts des Ingenieurbüros Isler 1957.[12]

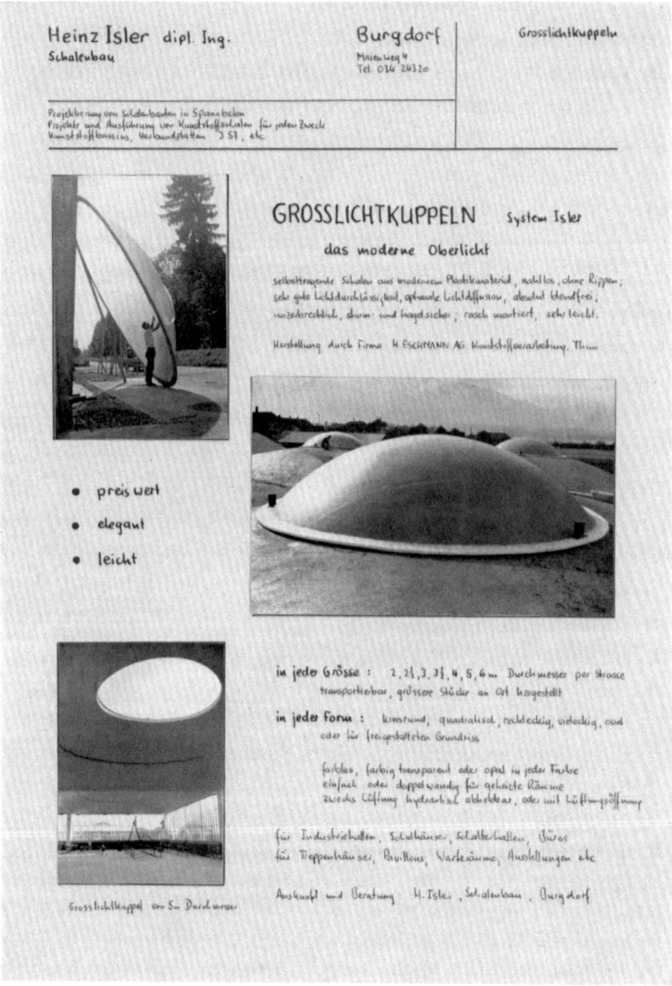

Design- und Werbefotografie der 50er Jahre. Berlin/Tübingen: Edition J.J. Heckenhauer 2003, S. 18. Sachsse 1997, S. 216.

12 gta Archiv: 217–0630, Schachtel 1/1, Atomschutzbunker, Akten, Schweizer Baukatalog.

Die Sachlichkeit in der Darstellung wurde von Isler dadurch erreicht, dass der Werbetext[13] mit den auf drei Bildern präsentierten fotografischen Detailstudien inhaltlich übereinstimmte: Das Bild oben, auf dem ein Mann eine stehende, von der Sonne durchstrahlte Kuppel berührt, vermittelt einen Eindruck von Transparenz, Leichtigkeit sowie Einfachheit von Konstruktion und Transport und verdeutlicht zugleich die Grösse der innovativen nahtlosen Konstruktion, wie dies auch im Werbetext beschrieben ist. Das Bild links unten legt nahe, dass diese Struktur den weitgespannten stützenlosen Raum mit viel Licht füllt, gleichzeitig jedoch blendfrei ist. Auch die gekrümmte Form der Oberlichter wird dabei klar zum Ausdruck gebracht. Zudem zielte Isler mit der Phrase »das moderne Oberlicht« darauf ab, die Neuartigkeit seiner Konstruktion hervorzuheben. Auf sprachlicher Ebene fällt der bestimmte Artikel »das« vor »Oberlicht« auf: Die Phrase »Grosslichtkuppeln – das moderne Oberlicht« soll auf die vorzügliche, aussergewöhnliche Qualität des Oberlichts hindeuten.

Gemäss der Korrespondenz mit dem Verleger bestellte Heinz Isler am 30. Dezember 1957 über 1'000 Exemplare dieser Seite,[14] die zu Werbezwecken unter Interessenten, potenziellen Kunden und Kooperationspartnern verbreitet wurde. Isler soll die bestellten Werbeblätter innerhalb eines Jahres aufgebraucht haben, denn für die nächste Ausgabe des »Schweizer Baukatalogs« 1959 gab er die Werbeseite nochmals in Auftrag.

Dieses Werbeblatt erschien in abgeänderter und erweiterter Form (s. Abbildung 25) und stand im Zeichen einer zunehmenden Entkopplung der textuellen und der bildlichen Diskursivität voneinander. Darin wiederholten Text und Bild nicht dasselbe Argument, sondern ergänzten einander. So wurde die Aufzählung der Eigenschaften der Kunststoffoberlichter reduziert, wobei mehr Gestaltungselemente zu möglichen Anwendungskontexten hinzugefügt wurden. Hierfür wurden auf dem Werbeblatt neben den Detailstudien zu den Grosslichtkuppeln auch die Gesamtansichten mit Isler-Schalen aus der Vogelperspektive abgebildet. Jedes der vier Bilder zeigt die Oberlichter aus unterschiedlichen Blickwinkeln und legt den Gebrauch im Industriebau zusammen mit Isler-Schalen nahe. Auch die Lüftungsklappe tritt in zwei oberen

13 Bestehend vorwiegend aus den Adjektiven zur Charakterisierung seiner Oberlichter (»nahtlos«, »sehr gute Lichtdurchlässigkeit«, »absolut blendfrei«, »unzerbrechlich«, »farblos«, »farbig transparent« etc.).

14 gta Archiv: 217–0630, Schachtel 1/1, Atomschutzbunker, Akten, ohne Seitenangabe, Schreiben Islers vom 07.04.1957.

Bildern prominent in Erscheinung und steht für die Anpassungsfähigkeit der Oberlichtkuppeln an unterschiedliche Nutzungskontexte (s. Abbildung 25).

Abbildung 25: Das Werbeblatt Islers im Schweizer Baukatalog 1959.[15]

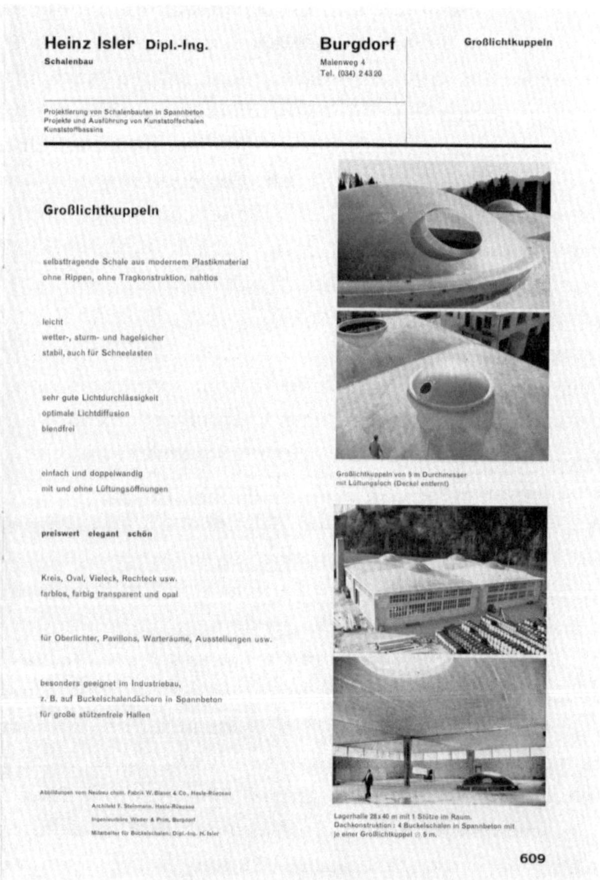

Bei diesem Werbeblatt steht ein jedes Bild nicht für eine einzelne Eigenschaft der Oberlichter, wie dies beim Werbeblatt aus dem Jahr 1957 der Fall war,

15 gta Archiv: 217–0630, Schachtel 1/1, Atomschutzbunker, Akten, Schweizer Baukatalog.

sondern stellt gesamthaft eine direkte Evidenz der Baubarkeit und der Stichhaltigkeit des »Systems Isler« dar. Unter anderem wurde auch die grösstmögliche Stützenfreiheit von Isler-Schalen im Bild unten angesprochen (s. Abbildung 25), auf dem man nur eine Innenstütze und sehr weite, gekrümmte Oberflächen des Daches sieht. Dadurch kamen jene Aspekte der ökonomisch-technischen Effizienz der Isler-Schalen und der Kunststoffoberlichter zum ersten Mal zum Ausdruck, die von seiner industriellen Klientel besonders geschätzt wurden.[16] In diesem Sinne wurde der Hauptfokus der Werbedarstellungen der Isler-Schalen auf die technische und ökonomische Effizienz dieser Konstruktionen gelegt.

Diese beiden Werbeblätter bildeten den Auftakt zur Etablierung einer Isler-spezifischen Werbesprache. Der Herausarbeitung von zentralen Werbebotschaften ging dabei ein akribisches Editieren von Schalenfotografien voraus. Dieses war mit den für Architekturfotografie üblichen Problemen verbunden, denn »Architekturfotos sind Versuche, Architektur visuell zu interpretieren und die Strukturen der visuellen Interpretation auf solche zu beschränken, die sich in Flächen darstellen lassen«.[17] Dies hiess wiederum, dass Isler als Fotograf durch eine angemessene Motivauswahl und Komposition die gestalterischen Mittel ausloten musste, um alle Vorzüge seiner Schalenbauten zum Ausdruck zu bringen.[18]

Dieser Prozess war für Heinz Isler habitueller Natur und wurde von ihm wahrscheinlich als Arbeitsroutine aufgefasst, weswegen sich in seinem Nachlass kaum Dokumentationen darüber finden lassen. Eine Ausnahme stellt das Editieren von Fotografien des 1964 erbauten Drahtschweisswerks Ruwa in Sumiswald (BE) dar, an dem sich die angedeuteten Vorgänge exemplifizieren lassen. In diesem Fall verschriftlichte Heinz Isler direkt auf den Skizzen seine Gedanken zur Werbung und zu den Kriterien, nach denen er die Fotografien auswählte, und formulierte Verbesserungen zu bereits vorhandenen Bildaufnahmen (s. Abbildungen 26–28).

---

16 Dies wurde im Kapitel 3.3 »Islers ›idealer Kunde‹« ausführlich behandelt.

17 Chassot, Marcel: Architektur und Fotografie. Staunen als visuelle Kultur. München: Hirmer 2018, S. 17.

18 Vgl. Gössel 1998, S. 17, 106. Jeffrey/Schmalriede 2003, S. 19.

Abbildung 26: Skizzen Islers im Vorfeld der Neuaufnahmen des neugebauten Drahtschweisswerks Ruwa in Sumiswald BE 1964.[19]

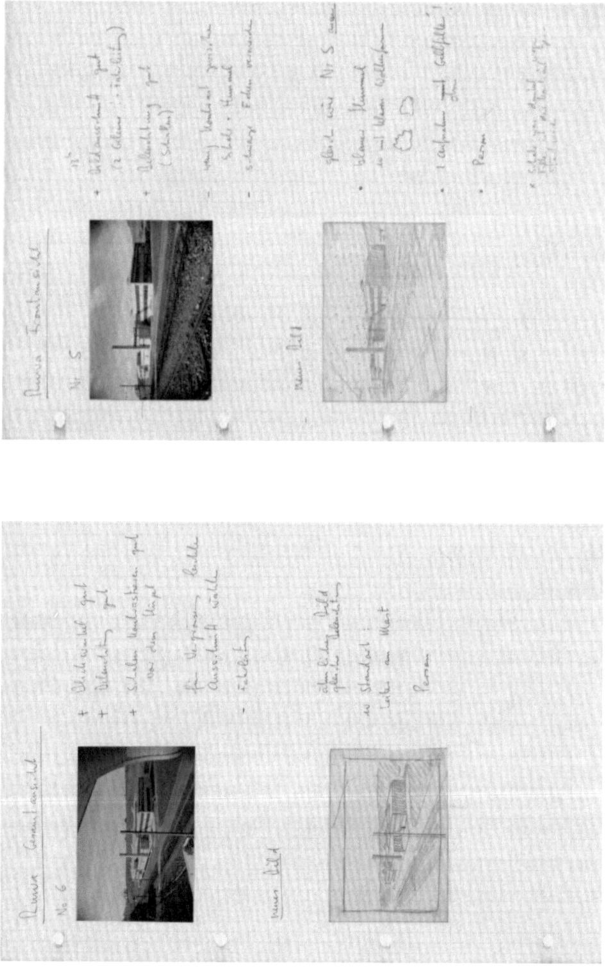

19 gta Archiv: 217-FX-2-64-127; 217-FX-2-64-128, Ruwa Drahtschweisswerk AG.

Abbildung 27: Skizzen für die Gesamtansicht, Drahtschweisswerk Ruwa 1964.[20]

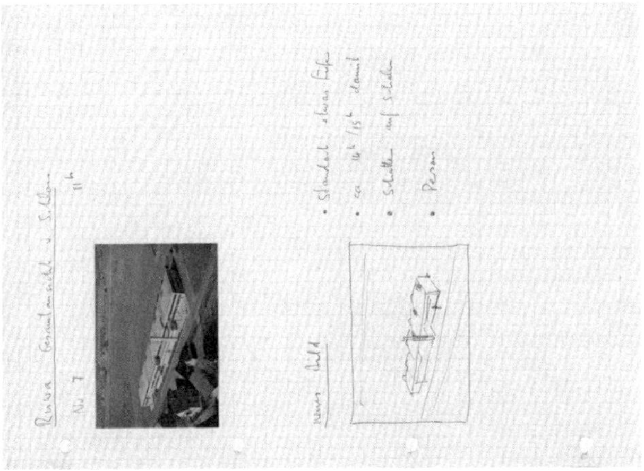

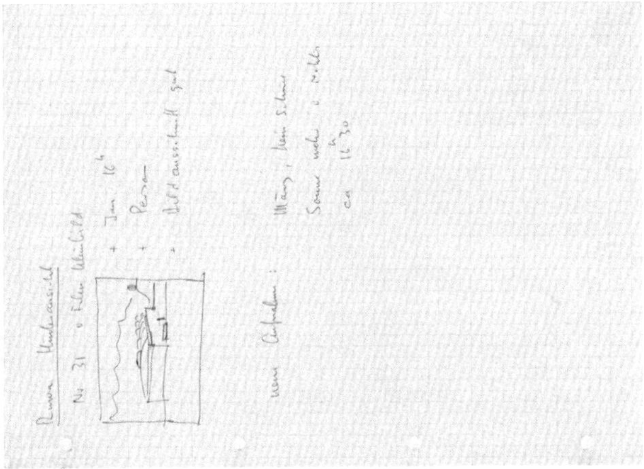

20 gta Archiv: 217-FX-2-64-129; 217-FX-2-64-130, Ruwa Drahtschweisswerk AG.

Abbildung 28: Skizze Innenansicht, Drahtschweisswerk Ruwa 1964.[21]

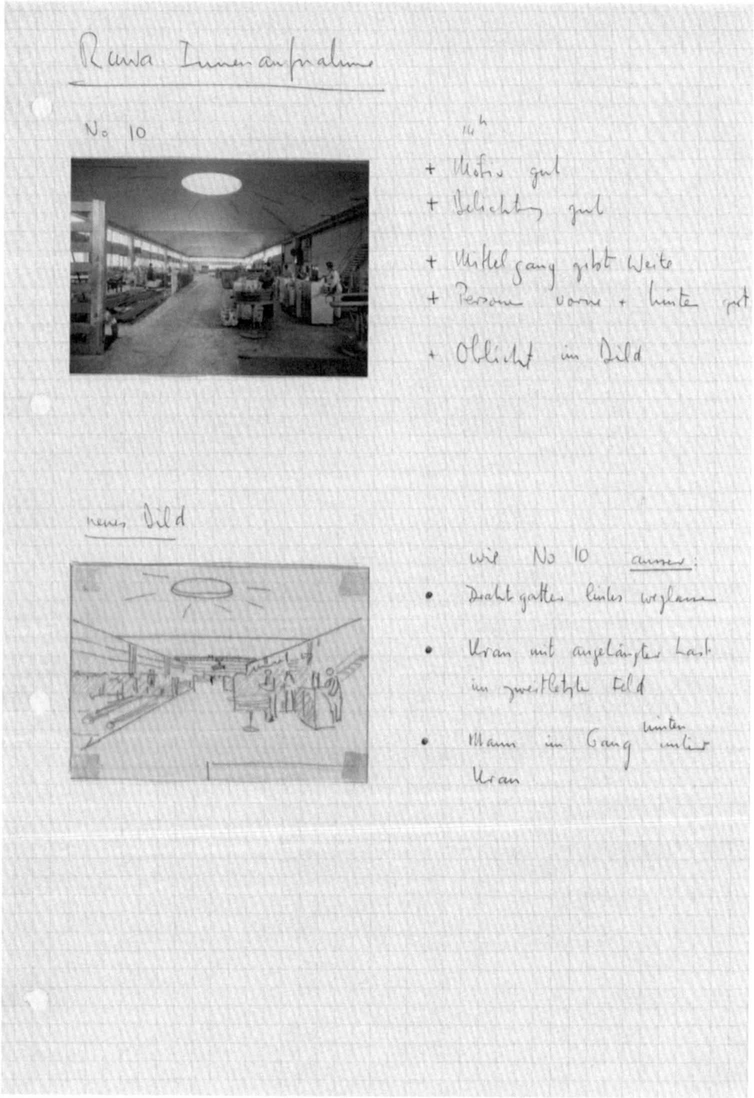

21 gta Archiv: 217-FX-2-64-131, Ruwa Drahtschweisswerk AG.

Besonders akribisch arbeitete Isler am Schatten und an der Beleuchtung seiner Schalen auf den Fotografien (s. Abbildung 28). Er nutzte während seiner ganzen Ingenieurkarriere fast ausschliesslich Schwarzweissfotografien mit wenigen Grauwerten, um die klaren gekrümmten Linien und das Volumen seiner Schalen hervorzuheben und die Schalenform ausdrucksstark zu gestalten.[22] So wurde das um 11 Uhr aufgenommene Bild des Drahtschweisswerks Ruwa mangels Schattens auf dem Schalendach verworfen, denn die Übergänge zwischen Licht und Schatten hätten die gekrümmte Schalenform besser zum Ausdruck bringen können. Eine nachträgliche Bearbeitung der Kontrastverhältnisse auf Fotografien kam nicht in Frage, was Isler zwei Jahre vor dem Bau des Drahtschweisswerks Ruwa in Erfahrung gebracht hatte: »Bei Schalenaufnahmen darf man unter keinen Umständen mit Abschattieren korrigieren wollen. Auf dem Bild hängt die räumliche Wirkung unserer Schalenkörper von subtilen feinsten Schattendifferenzen ab, die bei der geringsten Korrektur zerstört werden«.[23] Dies bedeutete, dass die optimalen Licht- und Kontrastverhältnisse auf natürliche Weise hergestellt werden sollten. Zu diesem Zweck wurden Beobachtungen angestellt, um die Uhrzeiten für die besten Lichtverhältnisse zu finden und das Bild neu aufnehmen zu können.

Bei dieser Suche nach natürlichem Licht und Schatten spielte auch die Witterung für den Kontrast der Bilder eine Rolle.[24] Wie Abbildungen 26 und 27 zeigen, konnte etwa die kalte Jahreszeit oder zu viel Licht den Kontrast der Schalen zum Himmel und zur Landschaft beeinträchtigen. Dies wurde in Islers Analysen der Abbildungen berücksichtigt und in seinen Skizzen für neue Aufnahmen entsprechend korrigiert. Um die Belichtungs- und Kontrastverhältnisse bei der Bildproduktion möglichst günstig zu halten, bediente sich Heinz Isler beim Fotografieren gelber und oranger Filter, um die Schalen im wahren Sinne des Wortes im besten Licht darstellen[25] und das blaue Licht des Himmels absorbieren zu können.[26]

---

22 Vgl. Jeffrey/Schmalriede 2003, S. 18. Hope, Terry: Die Kunst der Schwarzweißfotografie. Architektur. München: Georg D. W. Callwey 2002, S. 22.

23 gta Archiv: 217-Prospektentwürfe, Brief Islers an Karl Moor vom 16.10.1962, S. 3. Hervorhebungen im Original. Hierbei handelte es sich um die Fotoaufnahmen des Gartencenters Wyss, die Isler dem Werbefotografen Karl Moor in Auftrag gab. Das war die einzige Zusammenarbeit Islers mit einem Fotografen in den frühen Jahren.

24 Vgl. Boeckl 2012, S. 130.

25 gta Archiv: 217-FX-2-64-127 – 217-FX-2-64-131, Ruwa Drahtschweisswerk AG.

26 Vgl. Hope 2002, S. 28.

Die Planung der Werbefotos ging dabei so weit, dass auch klare Wolkenformen bei der Komposition bedacht wurden (s. Abbildung 27). Bei der Anordnung der Bildkomponenten hob Heinz Isler den betriebswirtschaftlichen und ästhetischen Stellenwert seiner Schalenbauten durch deren möglichst harmonische Einbettung in die Landschaft hervor. Erstens wurden die Schalen eingebettet in diverse Industrieanlagen wie Geleise und Strassen aufgenommen, sodass sie als Teil eines grösseren technologischen Komplexes dargestellt wurden. Zweitens strebte Heinz Isler womöglich eine Einbettung seiner Schalen in die alpine Landschaft an, da die Berge im Hintergrund die Krümmung der Schalenformen visuell verstärkten (s. Abbildung 27). Neben dieser Funktionalisierung der Naturlandschaft setzte Isler auf eine Abhebung seiner Schalentragwerke von anderen konventionellen Bauten. Dies kommt in Abbildung 28 deutlich zum Ausdruck, wo neben dem mittig platzierten Schalenkomplex auch ein Teil der Siedlung in Sumiswald zu sehen ist.

Eine weitere Besonderheit der Islerschen Gestaltungsweise war die Hervorhebung der betrieblich-arbeitstechnischen Effizienz seiner Schalenbauten. Diese wurde in erster Linie durch Innenansichten der Isler-Schalen zum Ausdruck gebracht. In diesem Sinne war Isler bestrebt, möglichst alle Arbeitsvorgänge der industriellen Unternehmen getreu abzubilden,[27] und bediente sich einzelner Objekte im Gebäudeinneren (beispielsweise wenige Innenstützen, Blöcke, Fassaden, Tore, Krane etc.) als Illustrationen[28] der Ergonomie seiner Schalen. Das war ein Aspekt, dem von anderen Werbefotografen in der Schweizer Baubranche damals wenig Aufmerksamkeit geschenkt wurde, zumal in diesem Gewerbe in den 1960er- und den 1970er-Jahren Aussenansichten dominierten.[29]

Auch auf seinen Fotografien des Drahtschweisswerks Ruwa zeigte Heinz Isler die Arbeitsabläufe, da auf dem Bild sich im Betrieb befindende Maschinen zu sehen sind (s. Abbildung 28). Die Ergonomie der Isler-Schalen wurde darüber hinaus durch eine Neudeutung der Menschen auf Islers Bildern zum Ausdruck gebracht. Während Personen bislang in der Regel lediglich zwecks Massstabs und Dimensionierung (s. etwa Abbildungen 26 und 27) gebraucht wurden, konnte Isler in Abbildung 28 durch zahlreiche arbeitende Menschen

27 gta Archiv: 217-Prospektentwürfe, Brief Karl Moors an Isler vom 29.08.1962, S. 2.

28 gta Archiv: 217-Prospektentwürfe, Brief Islers an Karl Moor vom 16.10.1962, S. 1.

29 Diese Beobachtung wurde vom Autor während der Sichtung zahlreicher zeitgenössischer Werbematerialien im »Schweizer Baukatalog« und in der »Schweizerische Bauzeitung« gemacht.

verdeutlichen, dass es sich in Islerschen Industriebauten gut arbeiten und produzieren lässt. Wie sein Plan zur Neugestaltung dieses Fotos nahelegt, hatte er die Absicht, diese Wirkung zu verstärken, indem er einen Kran mit einer angehängten Last und arbeitenden Menschen vorsah. Dies machte Islers Werbung auch insofern ungewöhnlich, als der Fokus auf den betriebsfertigen bzw. den bereits in Betrieb genommenen Bau gerückt wurde.

Die betrachteten Beispiele machen deutlich, dass die sachliche Fotografie aus der Industriewerbung im Fall von Heinz Isler ein Produkt von langwierigen, akribisch durchgeführten Inszenierungen war, denen eine genaue Anordnung aller Gestaltungselemente im Bild vorausging. Die Verfestigung der Inszenierungsmuster und der redundante Gebrauch archetypischer Merkmale der Isler-Schalen[30] in Werbekommunikationen wurden zu einem integralen Teil seines Systems. Das ist insbesondere daran erkennbar, dass Islers Werbekommunikation über Jahrzehnte hinweg durch eine einheitliche Werbesprache gekennzeichnet war, die auf einem sogenannten Darstellungskanon von Isler-Schalen aus den frühen 1960er-Jahren basierte.

Dieser Kanon von Isler war habitueller Natur und erforderte keine Verschriftlichung, weswegen solche Zeugnisse in seinem Nachlass rar sind. Allein eine kurze Erklärung, die Isler während einer kurzen Zusammenarbeit mit dem Zürcher Reklameberater Karl Moor zur Veranschaulichung seiner Gedankengänge Ende 1962 verfasste, bringt das Systemische der Islerschen Industriewerbung zum Ausdruck (s. Abbildung 29). Jedem Element des Bildes – von der Schale bis zu auf den ersten Blick unwichtig erscheinenden Details – entsprach ein baulicher oder ergonomischer Vorteil. In diesem Sinne wurde folgende von Isler aufgestellte Formel des Schalenbaus in Bilder übersetzt und potenziellen Klienten auf anschauliche Weise nahegebracht:

> Industrie
> Schalenhallen
> Leicht
> Elegant
> Rentabel[31]

30 Z. B. nur eine Stütze in der Mitte, die räumliche Wirkung weitgespannter Dächer, die gekrümmte Schalenform, um nur einige zu nennen.

31 gta Archiv: 217-Prospektentwürfe, Skizze Isler Industrie-Schalenhallen, Ende 1962.

Abbildung 29: Inhaltliche Aspekte der Werbedarstellungen des »Systems Isler«, die in Islers Kommunikationen kanonisch wurden.[32]

Inhalt Prospekt Isler Norm

1. a) Foto des Grundelementes (nach Modell)
   b) Grösse der Elemente:

   c) Kombinationsmöglichkeiten der Elemente (Schema)

2. Raumkomplexe - geräumige Hallen (grosse Bewegungsfreiheit)
   Foto: 59 - 14/20 od. 58 - 34/20

3. Glaswände - Schiebetore
   Foto: 59 - 17/8

4. Tageslicht durch Kunststoffkuppeln
   Foto: 59 - 19/12

5. Anhand ~~we~~ der Aufnahme 59 - 03/34 (Halle im Baustadium) können folgende Punkte aufgezeigt werden:

   a) Kurze Bauzeit
   b) Bau kann auch im Winter durchgeführt werden
   c) Dachbelag
   d) Isolation

6. Foto des ~~de~~ Modells (Migros Bern)
   Anhand einer solchen Aufnahme kann die Form gezeigt werden

32 gta Archiv: 217-Prospektentwürfe, Inhalt Prospekt Isler Norm.

Mit seinen Schaleninszenierungen zielte Heinz Isler darauf ab, neben der technischen und ökonomischen Zweckmässigkeit seiner Schalen auch deren gestalterische und betriebliche Effizienz zu visualisieren. Diese Vorgehensweise entsprach dem analogisch-erweiternden Technikverständnis nach Cassirer,[33] zumal die baupraktische und die ikonische Dimension des Schalenbaus mittels gestalterischer Werkzeuge und Muster verschränkt und normiert wurden. Die Inszenierung von Isler-Schalen veranschaulichte demnach das technoökonomisch aufgefasste »System Isler« und verdeutlichte potenziellen Kunden dessen Vorzüge.

6.1.2 Werbefotos im Spannungsfeld zwischen gemeinschaftlicher Nutzung und Kontrolle

Die Entfaltung des mediatisierten »Systems Isler« verlief nach demselben Muster wie sein technoökonomisches Pendant, bei dem neben den etablierten und stabilen Gestaltungsregeln als Systemleistung die Netzwerkleistung in Form der gemeinschaftlichen Nutzung von Islers Werbefotografien nicht von der Hand zu weisen war. Dass unter dem »System Isler« nicht nur Islers eigene technologische Produkte, sondern alle in den Schalenbau involvierten Technologien und Industrien verstanden wurden, betraf auch die Werbung, zumal auch andere in den Schalenbau eingebundene Unternehmen von Islers Werbefotografien profitierten und dazu angeregt wurden, diese in ihrer Werbekommunikation einzusetzen. Die Beziehung zwischen dem Ingenieurbüro Isler und seinen Netzwerkern wurde betreffend gemeinsame Werbemassnahmen folgendermassen geregelt:

> Die Werbung für die ISLER-SCHALEN wird zentral durch das Ing. Büro Isler geregelt, das der Baufirma nach Möglichkeit Werbematerial, z.B. Prospekte und Diapositive, zu Selbstkosten zur Verfügung stellt.
> Es wird begrüsst, wenn die Baufirma für die ISLER-SCHALEN in geeigneter, fachgerechter Weise wirbt, sie hat aber für jede Art von Werbung, auch für Public relations, und für Veröffentlichungen in Zeitungen und Blättern, rechtzeitig die Genehmigung des Ing. Büro Isler einzuholen.
> Ausgesprochene Fachveröffentlichungen sind dem Ing. Büro Isler vorbehalten.[34]

33 Vgl. Krois 1983, S. 72.

34 Vgl. exemplarisch gta Archiv: 217-S-2 Verträge, Vertrag mit der Gustav Epple AG, Deutschland, vom 16.02.1966, S. 7.

Durch diese Regelung unterschied sich die Öffentlichkeitsarbeit des Ingenieurbüros Isler von der anderer Firmen insofern, als Heinz Isler mehrere Rollen vereinte: Er fungierte nicht nur als Entwickler der Isler-Schalen und Gründer seines Ingenieurbüros, sondern übernahm auch stets alle Gestaltungsaufgaben für Werbekommunikation seiner Netzwerker, sofern in dieser die Isler-Schalen auftauchten. Dies ermöglichte zwei aufeinander bezogene Phänomene im mediatisierten »Systems Isler«.

Einerseits stand Heinz Isler der Verwendung der Musterbilder durch die langfristigen Kooperationspartner wohlwollend gegenüber, wenn diese ihn in den Werbungen immer erwähnten und im Schalenbau exklusiv mit ihm kooperierten. So wurde auch in jedem Kooperationsvertrag Folgendes festgehalten: »Isler unterstützt [... – Name des jeweiligen Unternehmens; E. L.] nicht nur durch die Ausgabe von Fotos, Zeichnungen, Diapositive usw. zum Selbstkostenpreis für die Werbung, sondern durch Veröffentlichungen in der Fachpresse, durch Sonderdrucke aus Publikationen und durch Vorträge«.[35]

Islers engste Kooperationspartner kamen dabei am häufigsten in den Genuss der gemeinsamen Werbeaktivitäten mit dem Ingenieurbüro Isler. So verhalf Heinz Isler mit seinen Bildern und seinen Gestaltungsmethoden für Werbeblätter der Kunststoffwerke Eschmann AG dazu, eine eigene korporative Identität aufzubauen und das Produktionsgelände der Firma zu einem Werbeobjekt zu machen. In den 1960er-Jahren wurde das Ultralight-Firmenlogo dieses Unternehmens, das die Form eines Isler-Kunststoffoberlichts nachahmt, zum ersten Mal verwendet (s. Abbildung 30).[36] Alle Gestaltungselemente der Werbeblätter der Kunststoffwerke Eschmann AG folgten der vom »System Isler« vorgegebenen Logik. Das Betriebsgelände wurde auf Werbeblättern (s. exemplarisch Abbildung 30) so aufgenommen, dass seine Topografie und die Einbettung in die Landschaft sowie die Abhebung von der Siedlung gut sichtbar wurden. Durch die Darstellung der Gebäudekomplexe auf dem Betriebsgelände kommen weitere systemische Gestaltungsmerkmale

35 gta Archiv: 217-S-2 Verträge, Vertrag mit Michel Mathieu 1966, S. 22.

36 Das Ultralight-Logo stellt eine Projektion der gekrümmten Oberfläche eines Oberlichts mit einem Schriftzug dar. Als Gestaltungselemente kommen auf dem Werbeblatt in Abbildung 32 neben dem Ultralight-Logo auch weitere fünf weisse Halbkreise dazu. Diese geometrischen Figuren ähneln stark einer Reihe von übereinandergestapelten Kunststoffoberlichtern, was das Motiv der doppelt gekrümmten Schalenform verstärkt.

zum Ausdruck, beispielsweise die Dimensionen der Isler-Schalen und der Kunststoffoberlichter und die Form dieser Bauelemente.

Abbildung 30: Werbeblatt der Firma Kunststoffwerke Eschmann AG, die 1960er- und die frühen 1970er-Jahre.[37]

Letztere wird unter anderem durch hohe Kontrastverhältnisse hervorgehoben. Im Werbeblatt links (s. Abbildung 30) wird durch die Darstellung der Glasfassaden das Motiv der Transparenz genutzt, um »ins Innere [des Betriebes; E. L.] und seine Raumorganisation hineinzuführen«[38] und interne Produktionsprozesse in der Fertigungshalle anzudeuten. Das geordnete Betriebsgelände der Kunststoffwerke Eschmann AG auf beiden Werbeblättern sollte eine vertrauensbildende Funktion haben, zumal diese Ordnung als Ausdruck der Ergonomie von Arbeitsprozessen aufgefasst werden kann. Darüber hinaus zeugen die zahlreichen auf dem Gelände befindlichen fertigen Lichtkuppeln aus Kunststoff von einer guten Auftragslage und folglich einer hohen Reputation der Firma.

Das Werben im Netzwerk des Schalenbaus erschien auch den Unternehmen sinnvoll, die sich nicht ausschliesslich auf die Erstellung von Isler-Schalen spezialisierten. Das mediatisierte »Systems Isler« hatte das Potenzial, die in den Schalenbau involvierten Technologien sichtbar zu machen. Die Schale verkörperte demnach in idealer Weise die erfolgreiche Anwendung der jeweiligen Produkte der Werbenden – etwa der Bauisolationen, der Holzschalungen,

37 gta Archiv: 217–02674, Schachtel 1/1, Ultralight Grosslichtkuppel Eschmann AG Thun.
38 Sachsse 1997, S. 216.

der Lehrgerüste und der architektonischen Planungsleistungen –, die ohne einen Bau wenig Sinn ergaben und für sich allein dem Kunden keinen Mehrwert lieferten. Für Islers weniger enge Netzwerker war es eine Chance, sich durch die Verwendung von Bildern der Isler-Schalen ein besseres Image in der Baubranche zu verschaffen.

Dabei kamen insbesondere die Abbildungen von Schalen zum Einsatz, die als schwierig in der Ausführung galten und durch den häufigen Gebrauch in der Werbekommunikation ikonisch wurden. Das trifft vor allem auf die Isler-Schale für das Coop-Verteilzentrum in Wangen bei Olten (SO) als Musterprojekt zu, zumal diese die grösste gebaute Schale war. So platzierte die Burgdorfer Türen- und Fensterfabrik, Holzbauunternehmen Gribi + Co. AG, auf ihren Werbeblättern in den 1960er-Jahren die Schalung der Coop-Schale prominent im Zentrum und beschränkte sich auf eine formale Aufzählung der eigenen Produkte, Anwendungsfelder, Bautypen und Leistungen auf den Seitenrändern (s. Abbildung 31).

Auch das Bild der fertig betonierten Schale diente dem Nachweis der erfolgreichen Anwendung von Gribi-Schalungen im Schalenbau (s. Abbildung 31).[39] Die systemkonformen bildlichen Darstellungen dieses Werbeblattes leisteten die ganze Überzeugungsarbeit, denn durch die Transparenz der Holzschalung und die Abbildung von unterschiedlichen Stadien der Ausführung dieses Projektes konnte man hinter die Kulissen der Entstehung einer Isler-Schale blicken und sich von der präzisen Ausführung überzeugen. Da es sich bei dieser Art der Schalungen um komplexe technische Installationen handelt, sind diese Bilder als Zeugnisse der höchsten Präzision, der profunden Expertise der Firma im Holzbau und der einwandfreien Ausführung der Bauarbeiten zu deuten.

Solche Werbemassnahmen fungierten somit als Vertrauenserwecker und demonstrierten den potenziellen Kunden nicht nur die Expertise der Beteiligten, sondern auch deren Stellung in den lokalen Strukturen des Baugewerbes im Schweizer Mittelland und das Kooperationsnetzwerk. Die gemeinsamen Werbemassnahmen der Netzwerker (bzw. eine indirekte Werbung für das Ingenieurbüro Isler) führten zu einer erhöhten Präsenz der Islerschen Schalenformen in Werbe- und Repräsentationsmedien und sind aus systemischer Sicht als Mechanismen zur Erzeugung der Redundanz[40] aufzufassen, die eine

39 gta Archiv: 217–017, Schachtel 2/4, Coop Wangen, Akten.

40 Vgl. Luhmann 1987, S. 390ff.

Bewährung der Isler-Schalen im medialen Umfeld der Schweizer Baubranche ermöglichten.

Abbildung 31: Das Werbeblatt der Firma Gribi, die die hölzernen Lehrgerüste für Isler-Schalen produzierte.[41]

Andererseits war das mediatisierte »System Isler« von Islers rigider Kontrolle über die Interpretation und die Darstellungsweise seiner Schalen

41 gta Archiv: 217–017, Schachtel 2/4, Coop Wangen, Akten.

geprägt.[42] Vor allem das Projekt »Coop Wangen« wurde von vielen involvierten Unternehmen zu Werbezwecken eingesetzt, zumal sie diese Schale als eines ihrer grössten und schwierigsten Werke erachteten. Allerdings erwähnten nicht alle Heinz Isler als ausführenden Ingenieur, was von ihm zum Anlass genommen wurde, folgende Urheberrechtsklausel auszuarbeiten und in alle seine Ingenieurverträge einzufügen:

> Die Schalenkonstruktion untersteht dem Schutz für geistiges Eigentum. Insbesondere ist es ohne Genehmigung des Ingenieurs nicht gestattet: Die Konstruktion anderweitig wieder zu verwenden, die Baustelle Dritten zu zeigen, Planunterlagen zu kopieren, Dritten zu zeigen oder auszuhändigen, die noch nicht betonierten Schalen zu photographieren oder photographieren zu lassen.
> Die Planunterlagen der Schalen sind nach Gebrauch unaufgefordert dem Ingenieur zurückzugeben.
> Falls die Baustelle ausser Arbeitszeit nicht sicher abgeschlossen werden kann, ist sie bis zum Betonieren der Schalen jeweils zu bewachen.
> Für Schäden die aus Nichtbeachtung dieser Vorschriften entstehen haftet der Unternehmer in vollem Umfang.[43]

Diese Klausel sicherte Isler ein exklusives Recht auf alle Werbemassnahmen mit Isler-Schalen und führte neben einer Deutungshoheit über diese zu seiner extensiven Beschäftigung mit Werbemitteln anderer Unternehmen des Netz-

---

42 Dies sollte eine mögliche unbefugte Übernahme von Islers Know-how durch andere Unternehmen verhindern. Auch Jahre später liess Heinz Isler immer die folgende Klausel in Bezug auf die Veröffentlichungen in den Ingenieurvertrag einfliessen: »Insbesondere sind die Schalen ausdrücklich als ›Isler-Normschalen‹ zu bezeichnen. Der Unternehmer hat dafür zu sorgen, dass sich auch die Unterlieferanten an diese Bedingungen halten. Dabei ist die Fachbezeichnung in angemessener Schriftgrösse darzustellen, mindestens aber in 1/3 der Schriftgrösse des betreffenden Unternehmernamens« (zit.n. gta Archiv: 217–0232, Schachtel 2/2, Haba AG Uster, Korrespondenz). Dabei werden auch die Unterschiede in den Nutzungsbedingungen von Isler-Schalen und Isler-Kunststoffoberlichtern sichtbar: Während die Letzteren durch den Patentschutz rechtlich gut abgesichert waren (s. Kapitel 5.1.1), hatte Isler kein Patent auf seine Schalen und war gewissermassen dazu gezwungen, seine Position auf dem Schweizer Baumarkt durch eine Art »Geheimniskrämerei« langfristig zu sichern.

43 gta Archiv: 217–0232, Schachtel 2/2, Haba AG Uster, Korrespondenz.

werks. In gewisser Weise war es eine »Kontrolle durch Kommunikation«,[44] bei der Isler dazu gezwungen war, die Werbemassnahmen seiner Netzwerker laufend zu überprüfen, um mögliche Urheberrechtsverletzungen umgehend zu sanktionieren und Abweichungen von seiner (von allen stillschweigend angenommenen) verbindlichen Gestaltungsnorm einzudämmen. In diesem Sinne bewegte sich die habituelle Praxis des gemeinschaftlichen Gebrauchs von Islers Werbefotografien innerhalb streng markierter Grenzen und reproduzierte in grosser Anzahl nur die von ihm gewünschten Darstellungen seiner Schalen. Obwohl dieses System mit einem hohen Aufwand für Isler verbunden war, lohnte es sich insofern, als es zu einer Steigerung der Sichtbarkeit von Isler-Schalen im Schweizer Baugewerbe beitrug und so deren guten Ruf als Bausystem bekräftigte und steuerbar machte.

6.2 Die Soziosymbolik der Isler-Schalen
»Ökonomie der Aufmerksamkeit«

Der Gebrauch der Architektur als Werbemittel schlechthin fand auch Niederschlag in der Öffentlichkeitsarbeit des Ingenieurbüros Isler an der Schnittstelle mit einigen seiner Kunden, die in der Architektur symbolisches Kapital sahen und ihr eine identitätsstiftende Funktion beimassen.[45] Vor diesem Hintergrund wird in der Folge konkretisiert, wie Islers erste ungewöhnliche Schalenformen im Industriebau durchgesetzt wurden, welche Faktoren die jeweiligen Bauentscheide beeinflussten und welche Darstellungsstrategien zur Erzeugung eines »Gedächtnisses«[46] resp. einer »Ökonomie der Aufmerksamkeit«[47] im »System Isler« eingesetzt wurden.

44 Vgl. Yates, JoAnne: Control through Communication. The Rise of System in American Management. Baltimore: Johns Hopkins University Press 1993.

45 Bideau, André: Architektur und symbolisches Kapital. Bilderzählungen und Identitätsproduktion bei O. M. Ungers. Basel: Birkhäuser 2011, S. 166.

46 Im Sinne eines redundanten Gebrauchs von gleichen visuellen Elementen in Islers Kommunikation in Anlehnung an Luhmann 1995, S. 117.

47 Vgl. exemplarisch Franck, Georg: Mentaler Kapitalismus. Eine politische Ökonomie des Geistes. München: C. Hanser 2005. Ders.: Ökonomie der Aufmerksamkeit. Ein Entwurf. 8. Auflage. München: C. Hanser 2008.

So fand Ende Mai 1966 eine ungewöhnliche Eröffnungsfeier eines Gebäudes statt, das als »erste freigeformte Schale im Industriebau«[48] bezeichnet wurde. Es handelte sich um eine innerhalb von lediglich sechs Wochen errichtete Fertigungshalle der Firma Bauisolationen Kilcher AG im solothurnischen Recherswil (s. Abbildung 32), deren Einweihung insgesamt 108 Gäste aus Industrie und Baugewerbe beiwohnten. Ungefähr 20 % aller Teilnehmer wurden von Heinz Isler ausgewählt, der bei solchen Feiern ein ordnungsgemässes Kontingent an Gästen bekam.[49] Auf der Eröffnungsfeier hielt Isler als ausführender Ingenieur eine Rede, in der er vier Aufgaben betonte, die im Rahmen dieses Projekts zu lösen waren: »Rationelle Überdeckung einer Fabrikationsfläche; Lage des Grundstücks an der Autobahn propagandistisch nutzen; Berücksichtigung der fortschrittlichen und unkonventionellen Gesinnung des Bauherrn; Verwendung der Eigenerzeugnisse von Kilcher«.[50]

Während die zitierten ökonomisch-technischen Anforderungen typisch für das »System Isler« zu jener Zeit waren, überrascht der Zusammenhang zwischen »propagandistischer Nutzung« der Lage des Gebäudes und der finalen Schalenform. Es war nämlich das erste Mal, dass die Islersche Schalenform von einem Auftraggeber von Anfang an als Werbemittel und Identifikationsmerkmal aufgefasst wurde und der Bauingenieur die »werbetechnische Aufgabe« der Schale in den Vordergrund rückte.[51] Seit diesem Bauprojekt wurden die Isler-Schalen zunehmend als Objekte mit repräsentativen Funktionen aufgefasst.[52] Dementsprechend konnten sie aufgrund ihrer gekrümmten und

48 Isler 1966, S. 318. Isler bezeichnete die Schale so, um werbetechnisch einen besseren Eindruck zu machen. Denn ihm wurde bewusst, dass die erste solche Schale die für das Gartencenter Wyss war. Im Gegensatz zur Wyss-Schale gebrauchte Heinz Isler nur selten die Kilcher-Schale zu eigenen Werbezwecken.

49 Dies waren vor allem in- und ausländische Bauingenieure (darunter Gustav Epple, sein langjähriger Kooperationspartner aus Baden-Württemberg), Architekten (z.B. Walter Schwaar aus Bern, mit dem er bereits in den 1950er-Jahren mehrere Projekte ausgeführt hatte) und Vertreter anderer Firmen, mit denen er längerfristig kooperierte bzw. die seine Kunden waren (z. B Franz Morat aus Stuttgart, das Gartencenter Wyss u.a.). S. dazu gta Archiv: 217–082, Schachtel 2/5, Bauisolationen F. Kilcher AG, Akten, Eröffnungsfeier.

50 gta Archiv: 217–082, Schachtel 2/5, Bauisolationen F. Kilcher AG, Akten.

51 gta Archiv: 217–082, Schachtel 2/5, Bauisolationen F. Kilcher AG, Akten. Isler, Heinz: Freie Schalenform ohne Randverstärkung, in: B+W 30/11 (1976), S. 430–432, hier S. 431.

52 Dies ist eines der Beispiele für reihenbildende Schalenprojekte, aus denen mehrere gleiche oder ähnliche Bauten hervorgingen und die es Heinz Isler erlaubten,

besonders eleganten Formen von der Bauherrschaft anderen Bausystemen vorgezogen werden, um das Werbepotenzial des eigenen Betriebsgebäudes auszuloten.[53]

Abbildung 32: Die ausgeführte Schale für die Bauisolationen Kilcher AG, 1966.[54]

seine Arbeitstechniken und Herstellungstechnologien von Isler-Schalen zu formalisieren und zu routinieren. Im Grunde genommen handelte es sich um Wiederholungen der Schale für das Gartenzentrum Wyss im Zuchwil (SO), die 1962 errichtet wurde. Diese wurde für das Blumengeschäft bzw. Gartencenter Florélites Clause bzw. »Société L. Clause, graines d'élite« (Frankreich) 1966 nachgebaut. Das Projekt Kilcher (1965) stellt (genauso wie das Projekt für das Migros-Verkaufscenter Bellinzona 1964) ein Derivat dieser Fliessform dar, das in seiner Form wesentlich verändert und an die jeweiligen lokalen Verhältnisse angepasst war. S. dazu exemplarisch Isler 1976, S. 431.

53 Erinnerungen Heinz Bösigers zufolge schlug Heinz Isler den Bauherren seit 1960 immer wieder vor, seine Schalenformen zu einem korporativen Merkmal der jeweiligen Betriebe zu machen. S. dazu Interview Bösiger 2019.

54 gta Archiv: 217-F-66-20-34A, Bauisolationen Kilcher 1966.

Unabhängig vom Grad der Intendiertheit der Werbewirkung einzelner Schalenformen wurde auf diese im »System Isler« auf gleiche Art und Weise aufmerksam gemacht. Islers Strategie, die Aufmerksamkeit der Öffentlichkeit auf seine Schalen zu lenken, bestand aus einer Kombination ihrer Einbettung in die Landschaft und der Abgrenzung von umliegenden architektonischen Komplexen. Dies gelang ihm etwa beim Bau von Infrastrukturgebäuden entlang der Autobahnen, was an unterschiedlichen Bauten und deren Repräsentationen in diversen Medien exemplifiziert werden kann. So kam diese mediale Strategie im Fernsehprogramm »Antenne« vom 2. Juni 1966 zum Tragen, in dem von der Eröffnung des Betriebsgebäudes der Bauisolationen Kilcher AG berichtet wurde, was die erste Reportage über Heinz Isler im Deutschschweizer Fernsehen darstellte. Dabei wurde die neugebaute Schale von einem auf der Autobahn fahrenden Auto aus aufgenommen und 30 Sekunden lang gezeigt.[55]

Dasselbe Prinzip galt für die Aufnahmen der 1968 erbauten Autobahnraststätte Deitingen Süd (s. Abbildung 33). Diese war von keinen anderen Bauten umgeben und hob sich von der Landschaft ab. In der SRF-Reportage über Raststätten an der Autobahn A1 vom 12. September 1968 wurde diese als »ungewöhnlich« bezeichnete Schale 10 Sekunden lang von der Autobahnseite gezeigt und als erster Infrastrukturbau mit einem 24-Stunden-Betrieb charakterisiert.[56] Dabei wurde der Schale eine ausschliesslich utilitäre Bedeutung beigemessen, ohne dass auf deren ästhetische Eigenschaften Bezug genommen wurde.[57]

55 BAR: Ingenieur Heinz Isler. Antenne, 02.06.1966, J2.225#2004/29#43#2*. Öffentlich zugänglich in: SRF Archiv, https://www.srf.ch/play/tv/-/video/-?urn=urn:srf:video:4ca569d4-db47-44e0-b727-38549e9f9e99 (12.08.2021), insbesondere 04:57-05:17.

56 BAR: Gastliche A1. Schweiz: Eröffnung 1. Autobahn-Raststätte Windrose auf der A1. Antenne, 12.09.1968, J2.225#2005/179#233#3*. Öffentlich zugänglich in: SRF Archiv, https://www.srf.ch/play/tv/-/video/-?urn=urn:srf:video:c8285a62-caa7-468e-b79f-ee1d44173223 (12.08.2021), 12:45-12:55.

57 BAR: Gastliche A1. Schweiz: Eröffnung 1. Autobahn-Raststätte Windrose auf der A1 Antenne, 12.09.1968, J2.225#2005/179#233#3*. Öffentlich zugänglich in: SRF Archiv, https://www.srf.ch/play/tv/-/video/-?urn=urn:srf:video:c8285a62-caa7-468e-b79f-ee1d44173223 (12.08.2021). In diesem Video wird der Bau der Tankstelle Deitingen Süd gezeigt, 12:40-13:00.

Abbildung 33: Die Autobahnraststätte Deitingen Süd 1968.[58]

Die Autobahnraststätte Deitingen Süd steht zugleich für Islers »Kampf um die Aufmerksamkeit in den Massenmedien«,[59] zumal diese Schale ein breites mediales Aufsehen erregte und von Isler aktiv beworben wurde. Wenngleich er viele seiner früheren Beiträge für die Massenmedien selbst kreierte und an Redaktionen sendete, bediente er sich in diesem Fall der professionellen Hilfe durch das Zürcher medienanalytische Unternehmen Argus AG, um so die Reichweite seiner Publikationen zu steigern. Die Argus AG analysierte laufend seinen Medienauftritt und schickte ihm alle Publikationen, in denen er und seine Schalen erwähnt wurden.[60] Nichtsdestotrotz entschied Heinz Isler weiterhin vorwiegend selbst über die Inhalte der jeweiligen Publikationen in der Tagespresse, zumal alle Beiträge derselben Strategie folgten, bei der das von

58 gta Archiv: 217–0140, Schachtel 4/14, Autobahncenter Mittelland: BP-Tankstelle Deitingen-Süd, Modellfotos.

59 Franck 2008, S. 70.

60 gta Archiv: 217–0140, Schachtel 4/14, Autobahncenter Mittelland: BP-Tankstelle Deitingen-Süd, Zeitungsausschnitte.

der Autobahn aus aufgenommene Schalenfoto den Beitrag dominierte, während der begleitende Text knapp und sachlich blieb.[61]

Die medialen Darstellungen der Autobahnraststätte Deitingen Süd zeigen deutlich, dass sich die »werbetechnische Aufgabe«[62] der Islerschen Infrastrukturbauten im redundanten Gebrauch von Werbefotografien verkörperte. Vor diesem Hintergrund ist es notwendig, die Funktion dieser Redundanz zu eruieren. Laut Franck wird die Aufmerksamkeit gegen soziales Ansehen, gute Reputation und einen guten Namen getauscht.[63] So hatten die exklusiven Schalenformen aus Islers Sicht das Potenzial, die Wiedererkennbarkeit seiner Marke zu steigern, zumal ungewöhnliche Bauformen im Zweckbau selten waren. Vor diesem Hintergrund erweisen sich seine Bauprojekte als Werbemassnahmen schlechthin.[64] Das trifft insbesondere auf Islers Gestaltung und Verwendung der Schilder und der Plakattafeln auf Baustellen zu. Diese enthielten neben der Erwähnung des »Systems Isler« und des ausführenden Unternehmens Willi Bösiger AG eine Zeichnung der Gartencenter-Wyss-Schale und machten auf Islers Ingenieurleistungen aufmerksam.

Auch Islers Bauherren nutzten den kommunikativen Mehrwert seiner Schalenformen aus und machten diese zu einem Teil ihrer korporativen Identität (s. exemplarisch Abbildung 34). So gebrauchte etwa die Bauisolationen Kilcher AG die Schalenformen in allen Kommunikationen, um die Zusammenarbeit mit Isler und die Expertise im Schalenbau zu unterstreichen. Die Florélites Clause SA nahm um 1970 die Form einer für sie gebauten Isler-Schale als Leitmotiv für ihr Firmenlogo. Die Firma knüpfte die eigenen Unternehmensmerkmale an die äusseren Merkmale der Schalenform, indem die Schalenform auf dem Logo mit einer Blume kombiniert wurde. Dieses Logo wurde in der Folge auf allen Geschäftskorrespondenzen, Werbeprospekten, Visitenkarten und Blumenverpackungen gebraucht.

61 Schweizerische Bodensee-Zeitung vom 01.11.1968, zit.n.: gta Archiv: 217–0140, Schachtel 4/14, Autobahncenter Mittelland: BP-Tankstelle Deitingen-Süd.

62 gta Archiv: 217–082, Schachtel 2/5, Bauisolationen F. Kilcher AG, Akten.

63 Franck 2008, S. 34.

64 Vgl. eine diesbezügliche Studie zum Bauhaus: Hintze, Josefine, Corinna Lauerer: Medienereignisse am Bauhaus, in: Rössler, Patrick (Hg.): Bauhaus-Kommunikation. Innovative Strategien im Umgang mit Medien, interner und externer Öffentlichkeit. Berlin: Gebr. Mann 2009, S. 185–204, hier S. 196.

Abbildung 34: Werbematerialien der Bauherren Islers, die die Schalenform als Teil ihrer korporativen Identität gebrauchten.[65]

Die gezeigten Beispiele verdeutlichen das reziproke Verhältnis zwischen dem Isler-Schalenbau und Islers Bauherren, die sich beide derselben Schalen als symbolischer Form bedienten. Dies läutete einen Übergang von der ausschliesslich technisch geprägten Auffassung der Isler-Schalen zur Anerkennung deren symbolischen Werts in der Unternehmenskommunikation ein. Die Mechanismen der Aufmerksamkeitserzeugung wurden insofern von Isler definiert und systemisch, als sie über lange Zeit konstant blieben und fast ausschliesslich bei Bauten entlang der Autobahnen zur Geltung kamen. Die »Ökonomie der Aufmerksamkeit« wurde hingegen von Islers Netzwerk inkl. Medienberatungsunternehmen getragen, das einen möglichst häufigen Auftritt der Isler-Schalen in den Massenmedien, den Unternehmenskommunikationen und den Elementen der korporativen Identität sicherstellte. Der

65 gta Archiv: 217–082, Schachtel 2/5, Bauisolationen F. Kilcher AG, Akten. gta Archiv: 217–0169, Schachtel 2/2, Gartencenter Clause RN 20, Akten. Hierbei handelt es sich um ein eigenständiges Design der Firma Florélites Clause. Wer der Designer von diesem Logo war, lässt sich der vorhandenen Quellenüberlieferung nicht entnehmen. gta Archiv: 217–0140, Schachtel 4/14, Autobahncenter Mittelland: BP-Tankstelle Deitingen-Süd, Modellfotos.

redundante Gebrauch der Schalensymbole trug ebenfalls zu Islers erhöhter Sichtbarkeit in der Baubranche und zu seinem Renommee als Schalenbauer bei.

6.3 Die korporative Identität als symbolisches Kapital

Der symbolische Gebrauch von Islerschen Schalenformen war von der Herausbildung einer spezifischen korporativen Identität des Ingenieurbüros Isler begleitet, bei der seinem Signet als Wiedererkennungsmerkmal eine zentrale Rolle zukam. Auch in der Designforschung wurde solchen Elementen eine grosse Bedeutung beigemessen.[66] Paul Middleton schreibt diesbezüglich in seiner Untersuchung zum Logodesign: »*The logo is capable of assuming a life of its own. If we are exposed to it often, it becomes familiar* [...]. *The logo becomes a personality and it travels a life journey*«.[67] Die Potenziale eines Firmenlogos, utilitäre Funktionen zu erfüllen (etwa beim Gebrauch auf allen Visitenkarten, Briefköpfen, Grusskarten in der Geschäftskorrespondenz etc.), das Unternehmen symbolisch zu repräsentieren und die Unternehmenskommunikation zu steuern,[68] entfalteten sich im Fall Isler ebenfalls in vollem Masse und sorgten für die Markenbildung im »System Isler«, die in der Folge fokussiert wird.

Anders als bei der Gestaltung der Werbeblätter arbeitete Isler bei der Erstellung seines Firmenlogos Ende 1962 mit der Karl Moor Reklameberatung AG aus Zürich zusammen. Moor sichtete und besprach mit Isler dessen Entwürfe, verbesserte diese aus werbetechnischer Sicht und erstellte Reinzeichnungen für das fertige Logo. Isler wollte ein grafisch gestaltetes Signet, das seinen Namen enthalten und nach Möglichkeit symbolisch wirken sollte, was in seinen Anforderungen an Moor festgehalten wurde.[69] Ferner sollte das Signet als »Heimatmarke«[70] fungieren, für die industriellen Unternehmen des Mittellandes verständlich sein sowie »weitgehend den Stil und den Charakter der Firma sowie deren Drucksachen symbolisieren«.[71]

66 Vgl. Rössler 2009, S. 18.

67 Middleton, Paul (Hg.): Logo Design. Köln: Taschen 2015, S. 7.

68 Vgl. Hardy, Gareth: Smashing Logo Design. The Art of Creating Visual Identities. Hoboken: Wiley 2011, S. 2. Middleton 2015, S. 9. Shaoqiang, Wang (Hg.): Logoism. Contemporary Logo Design. Berkeley: Sandu Publishing 2017, S. 6.

69 gta Archiv: 217-Prospektentwürfe, Brief Islers an Karl Moor vom 20.08.1962, S. 1.

70 Ebenda.

71 gta Archiv: 217-Prospektentwürfe, Brief Karl Moors an Isler vom 29.08.1962, S. 1.

Auf einer der frühesten Versionen des Firmenlogos war die gerade fertiggestellte Schale für das Gartencenter Wyss zu sehen, auf deren Oberseite der Schriftzug »ISLER« in Perspektive angebracht war (s. Abbildung 35).

Abbildung 35: Die Schalenform des Gartencenters Wyss als Firmenlogo 1962.[72]

Der Hintergrund dieser gestalterischen Lösung war die baldige Eröffnung des Pavillons Wyss am 7. September 1962, die der eigentliche Ansporn für eine forcierte Erstellung von Werbematerialien und eine Schaffung der korporativen Identität zusammen mit Moor war.[73] Die Schale fungierte dabei als Ikon zur Repräsentation von Islers Schalenbauten. Dieses vereinigte für Heinz Isler die Symbolkraft der Wyss-Schale, die von ihm als erste gebaute »freie« Schale im Laufe der vier Jahrzehnte oftmals zu Werbezwecken eingesetzt wurde, mit typografischem Design, bei dem der Name des Bauingenieurs im Vordergrund stand. Die untere Kante der ikonischen Schalenform fungierte dabei als Verbindungselement zwischen den einzelnen Buchstaben.

Dieser Logoentwurf stiess auf Islers Kritik, die er in seinem Brief an Moor folgendermassen äusserte: »Hingegen bin ich nach wie vor der Auffassung, dass, so wichtig die graphische Form ist, doch der Inhalt das Primäre bleiben muss. Und vor allem darf die Abstrahierung nicht zu weit gehen«.[74] Dieser Wunsch Islers nach einem möglichst schlichten Design für sein Firmenlogo stand im Zeichen einer Suche nach einem ausgewogenen Mass zwischen Konformität und Alleinstellung auf dem Markt.

72 gta Archiv: 217-Entwürfe für Visiten- und Weihnachtskarten.

73 gta Archiv: 217-Prospektentwürfe, Brief Islers an Karl Moor vom 20.08.1962, S. 1.

74 gta Archiv: 217-Prospektentwürfe, Brief Islers an Karl Moor vom 20.08.1962, S. 1.

Auf der einen Seite setzten ausländische Schalenbauer aus Islers Generation (wie Félix Candela und Ulrich Müther) primär auf Abbilder ihrer Schalen als Logos, ohne dass dabei der Firmenname genannt wurde.[75] Auf der anderen Seite war es im Schweizer Baugewerbe nicht unüblich, den eigenen Namen als Firmennamen, Logo und Marke zu benutzen.[76] Das handhabten auch Islers Netzwerker in den 1950er- und den 1960er-Jahren so, denn dies wurde damals in der Baubranche mit einem seriösen Eindruck assoziiert.[77]

Die in seinem Umfeld vorhandenen Vorbilder könnten Heinz Isler 1962 dazu veranlasst haben, sich an diesen zu orientieren und ein ähnliches Design zu entwickeln. Aus diesem Dilemma heraus entschied sich Heinz Isler dafür, marktkonform zu handeln, aber dennoch seine Eigenheit durch ein spezielles Logodesign zum Ausdruck zu bringen.[78] Das lässt sich vor allem daraus erschliessen, dass die Aufgabe, Islers »Namen ein[zu]führen«,[79] in allen seinen Notizen zum Logodesign vorkommt und somit von vornherein eine Werbeabsicht vorlag.

Eine Besonderheit des Isler-Logos bestand darin, dass es von Anfang an farbig konzipiert wurde, was zu dieser Zeit eher eine Seltenheit darstellte. Die Wahl von Blau wurde Heinz Isler von Karl Moor nahegelegt und diese Farbe erschien Isler »neutral« und »nüchtern«[80] (s. Abbildung 36).[81]

75 Candela und Müther nutzten zwar ihre Schalenformen als Prototypen für ihre Firmenlogos, erwähnten dabei aber ihre Namen auf den Logos nicht. Vgl. Beckh u.a. 2020. Seeböck 2016.

76 Middleton 2015, S. 25.

77 Vgl. Rössler 2009, S. 36.

78 gta Archiv: 217-Entwürfe für Visiten- und Weihnachtskarten, Notizen.

79 gta Archiv: 217-Entwürfe für Visiten- und Weihnachtskarten.

80 gta Archiv: 217-Entwürfe für Visiten- und Weihnachtskarten, Notizen. gta Archiv: 217-Prospektentwürfe, Brief Islers an Karl Moor vom 20.08.1962, S. 1.

81 Das Blau ist übrigens auch die meistgebrauchte Farbe im Logodesign, gilt als vertrauenserweckend und demonstriert Verlässlichkeit und Seriosität. S. dazu Hardy 2011, S. 10.

Abbildung 36: Die erste Skizze für das Firmenlogo.[82]

Karl Moor berücksichtigte alle Wünsche Islers und berichtete zum finalen Logoentwurf (s. Abbildung 37 unten): »[...] Ihr Signet [wurde; E. L.] bewusst streng gehalten. Es soll dem Ausgleich zu den immer wiederkehrenden runden Formen dienen. Vom Werbestandpunkt aus charakterisiert es aber gleichzeitig die moderne Richtung Ihres Schaffens«.[83] Beim Vergleich des letzten Logodesigns mit dem ersten wird ersichtlich, dass die untere Verbindungslinie eine orthogonale Projektion der unteren Kante der abgebildeten Schale ist, da die Übergänge zwischen den Buchstaben »I« und »S« sowie »L«, »E« und »R« ähnlich gestaltet sind. Die anfangs unten angebrachte Trennung zwischen dem »R« und der unteren Schalenkante wurde in späteren Designs auf den oberen Balken des Buchstabens angewendet, was sich auch beim finalen Design etablierte. Auch die übermässig gedehnten Formen der Buchstaben »S« und »E« sind auf die einst perspektivische Darstellung auf einer Schalenoberfläche zurückzuführen. Somit stellte das Isler-Logo eine Orthogonalprojektion einer gekrümmten Oberfläche auf eine gerade Fläche dar und implizierte trotz der Schlichtheit und der Rechteckigkeit des zweidimensionalen Designs des finalen Logos auf kaum erkennbare Weise die elegante Krümmung der Isler-Schalen.

82 gta Archiv: 217-Entwürfe für Visiten- und Weihnachtskarten.

83 gta Archiv: 217-Prospektentwürfe, Brief Karl Moors an Isler vom 29.08.1962, S. 1.

Abbildung 37: Der Vergleich vom ersten Logoentwurf (oben) mit dem finalen Logo des Ingenieurbüros Isler (unten) 1962.[84]

In seiner Rückmeldung zum finalen Logodesign hielt Isler nur einen kleinen Verbesserungsvorschlag fest: »Ferner prüfen Sie noch, ob der übrigens glänzend gelungene Namenszug nicht durch eine ganz geringfügige Verkürzung noch besser leserlich würde«.[85] Dieses Logo gebrauchte er bis in die 2000er-Jahre in unveränderter Form. Dabei soll insbesondere die Translation des Isler-Logos mittels orthogonaler Projektion seinen Designvorstellungen entsprochen haben, zumal er sich auch bei der Fotogestaltung intensiv mit der Überführung gekrümmter Schalenoberflächen ins Zweidimensionale auseinandersetzte.[86] Darüber hinaus gibt es im Nachlass Heinz Isler seine Skizzen, die diese Sichtweise bestätigen (s. Abbildung 38). So ist auf ihnen jeweils der Schriftzug »ISLER« auf einer gekrümmten Schalenfläche bzw. auf einem Schalensegment zu sehen.

84 gta Archiv: 217-Entwürfe für Visiten- und Weihnachtskarten.

85 gta Archiv: 217-Prospektentwürfe, Brief Islers an Karl Moor vom 20.08.1962, S. 1.

86 Dieser Aspekt der Tätigkeit des Ingenieurbüros Isler wurde im Kapitel 6.1.1 ausführlich beleuchtet.

Abbildung 38: Islers Skizzen für sein Logo, im August 1962.[87]

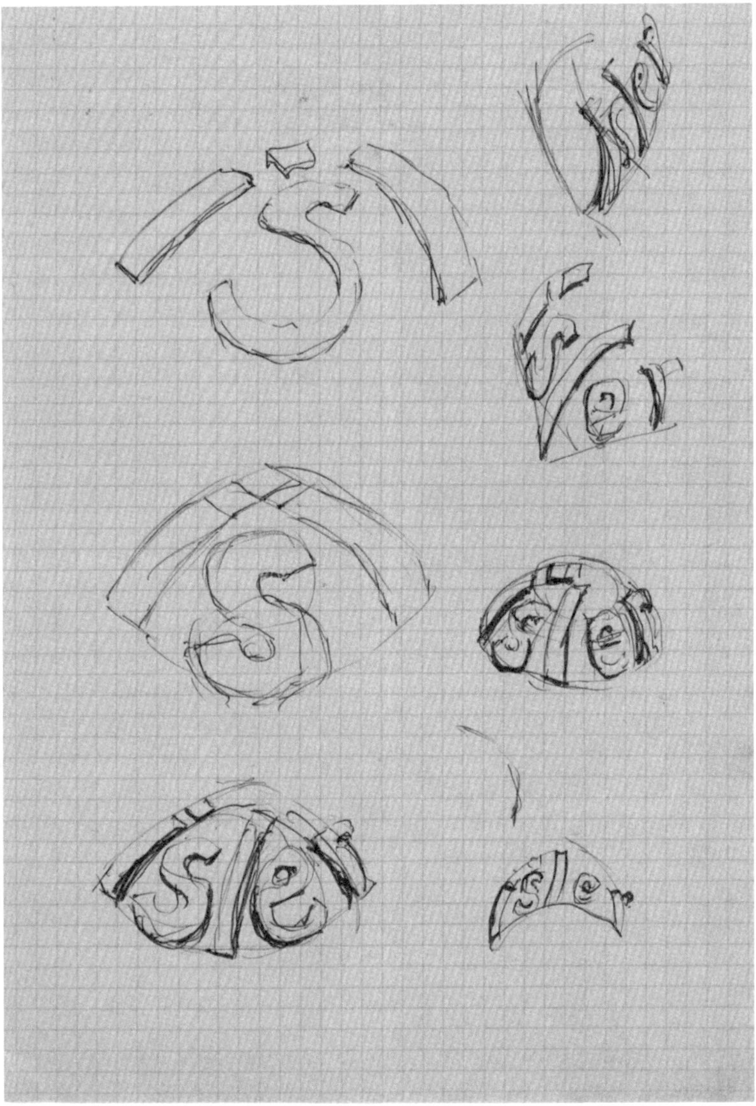

87 gta Archiv: 217-Prospektentwürfe, Skizzen.

Der Übergang von einem gekrümmten Schriftzug zu dessen orthogonaler Projektion könnte mithilfe eines Rasters vollzogen werden, einer weit verbreiteten Gestaltungstechnik um 1960, die vor allem in der Werbung und im Industriedesign gebraucht wurde.[88] Der Einsatz von Rastern zu Gestaltungszwecken stand im Zeichen der Ökonomisierung und Rationalisierung des Logodesigns, da der Aufwand bei der Erstellung einer Schrift angemessen erschien.[89] Zugleich bedeutete dies eine »Rationalisierung der kreativen und der produktionstechnischen Prozesse«[90] in der Gestaltung, um die Werbematerialien »klar, transparent, sachlich, funktionell und ästhetisch«[91] erscheinen zu lassen. Diese Art der sachlichen, systematisch geordneten und konstruktiven Elemente wurde insbesondere an der Kunstgewerbeschule Zürich gelehrt, die Heinz Isler um 1950 besuchte.[92] Die Rastergrafik ermöglichte eine solche Umgestaltung des ersten Logoentwurfs Moors, dass das finale Logo nicht nur sachlich wirkte, sondern auch die Elemente der ursprünglichen gekrümmten Form gestalterisch andeutete. In diesem Sinne normalisierte die Rationalisierung der Gestaltung die irrationale, gekrümmte Form des ursprünglichen Logos und machte sie marktkonform.

Bereits bei der Erstellung der ersten Entwürfe wurde die kommunikative Flexibilität des entstehenden Logos berücksichtigt, was dessen Fähigkeit zur Anpassung an jedes Medium bedeutete.[93] Das ist vor allem daran erkennbar, dass die Konzipierung des Firmenlogos gleichzeitig mit dem Design weiterer Repräsentationsmittel wie Visiten- und Grusskarten erfolgte, auf denen das Logo seine erste Anwendung fand. Auch bei diesen Designaktivitäten kamen die Prinzipien der Rastergrafik zum Tragen. Abbildung 39 zeigt Skizzen von Heinz Isler mit 2 bis 48 Rasterfeldern, die er zur Gestaltung von Neujahrs- und Visitenkarten mit seinem Firmenlogo heranzog. Seine ursprüngliche Idee war, die kleinen Grusskarten im Visitenkartenformat anzufertigen und ausschliesslich Text (Neujahrswünsche und seine Firmendaten) zu verwenden, was seinen Namen prominent erscheinen lassen sollte.

88 Müller, Lars (Hg.): Josef Müller-Brockmann. Gestalter. Baden: Lars Müller 1994, S. 11.

89 Vgl. Hardy 2011, S. 2. Shaoqiang 2017, S. 57.

90 Müller-Brockmann, Josef: Rastersysteme für die visuelle Gestaltung – Grid Systems in Graphic Design. Ein Handbuch für Grafiker, Typografen und Ausstellungsgestalter. Salenstein: Niggli 1996, S. 10.

91 Ebenda.

92 Müller-Brockmann, Josef und Shizuko: Geschichte des Plakates. Zürich: ABC 1971, S. 9.

93 Hardy 2011, S. 3.

Abbildung 39: Die Skizzen Islers für Neujahrskarten 1962–1963.[94]

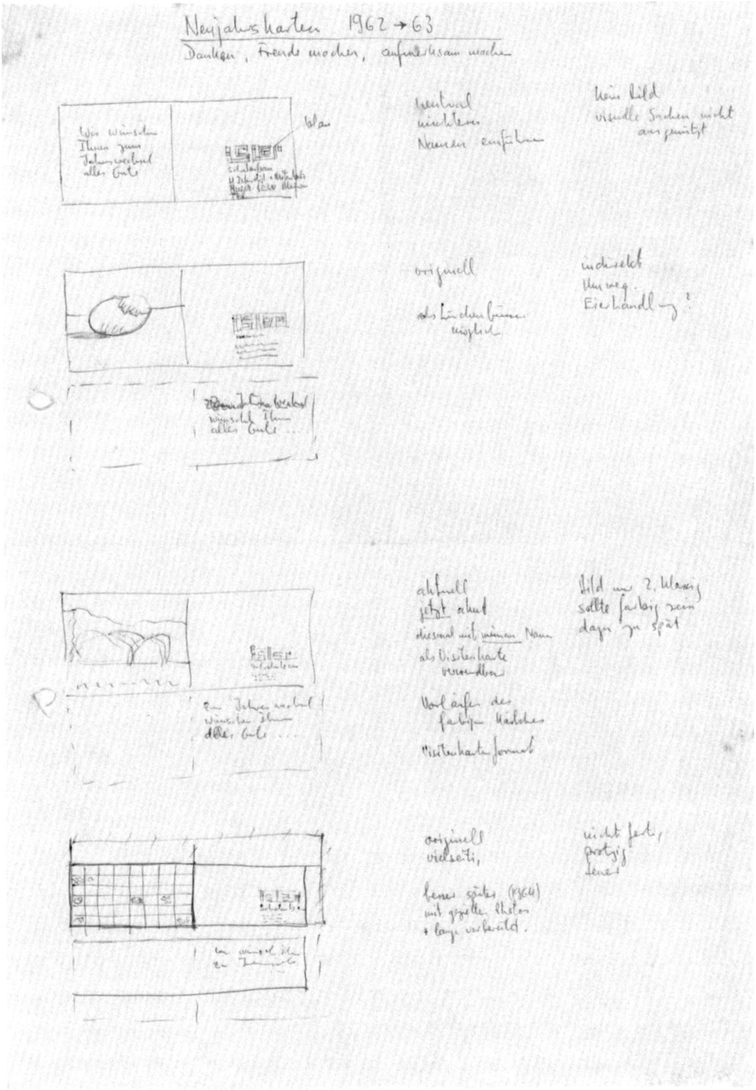

94 gta Archiv: 217-Entwürfe für Visiten- und Weihnachtskarten.

Abbildung 40: Die von Heinz Isler 1962 entworfenen Visitenkarten.[95]

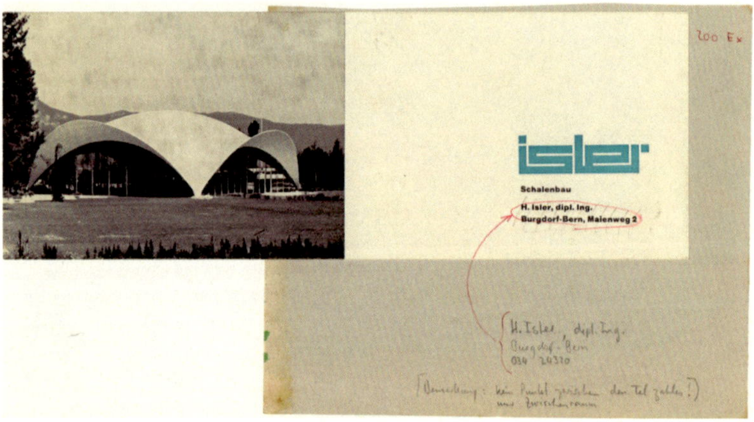

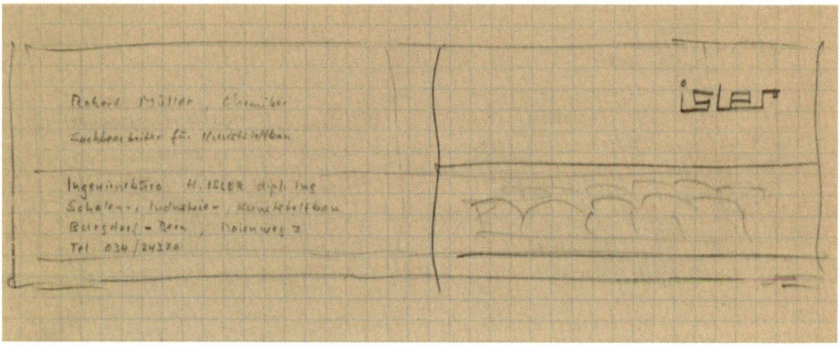

Allerdings entschied er sich dagegen, da diese Art der Gestaltung es nicht ermöglichte, die Vorteile von Islers visuellen Materialien auszunutzen. In einem nächsten Schritt entschied er sich für den doppelseitigen Druck und fügte das Bild einer Eierschale hinzu. Dann erschien ihm die Werbebotschaft dieses Bildes als zu unklar, woraufhin er dieses Bild durch die erst vor kurzem gebaute Schale für das Gartencenter Wyss ersetzte.

Dieses Design wurde als Vorlage für die Visitenkarten von Isler und jene seiner Mitarbeiter verwendet, obwohl nur ein schwarz-weisses Foto der Schale zur Verfügung stand, Isler jedoch ein farbiges Foto wollte. Die Visitenkarten der Mitarbeiter sollten unterschiedliche Fotos von Islers Bauten zeigen, die

95 gta Archiv: 217-Entwürfe für Visiten- und Weihnachtskarten.

dem jeweiligen Aufgabengebiet entsprachen. So sollte etwa für den Chemiker Robert Müller, der beim Ingenieurbüro Isler für den Kunststoffbau zuständig war, ein Foto mit einem Bau verwendet werden, bei dem die Kunststoffbauteile gut sichtbar sind. Die Entwürfe dieser Visitenkarten wurden oft auf kariertem Papier erstellt, da dieses als Raster diente und Heinz Isler schnell eine präzise Dimensionierung einzelner Gestaltungselemente erlaubte (s. Abbildung 40).[96]

Das Firmenlogo als Symbol eröffnete Heinz Isler weitere Möglichkeiten, an seiner korporativen Identität zu arbeiten und diese durch eine treffende Bezeichnung seines Ingenieurbüros zu ergänzen. Ein Vergleich von Islers Ingenieurplänen aus den 1960er-Jahren gibt einen Aufschluss über die allgemeine Ausrichtung der Tätigkeiten des Ingenieurbüros zu dieser Zeit sowie über Islers Selbstverständnis (s. Abbildung 41).

Im Jahr 1962 nannte Heinz Isler sein Unternehmen »Isler Schalenbau«. Dabei wurde der Name »Isler« kleingeschrieben und es waren keine Anzeichen für die Etablierung einer Firmenmarke vorhanden. Auf seinen Ingenieur- und Präsentationsplänen der 1950er- und der frühen 1960er-Jahre erwähnte Isler seinen Namen nur, um die Urheberschaft zu kennzeichnen. In der Folge ging er aber dazu über, vorgefertigte Vorlagen zu benutzen, die auf allen Ingenieur- und Präsentationsplänen aufgedruckt waren und relevante Informationen zu seinem Ingenieurbüro enthielten, darunter die Adresse, die Telefonnummer und die Spezialisierung des Büros. Im Jahr 1968 wurde neben dem Firmenlogo auch eine neue Bezeichnung für sein Büro gewählt: »Ingenieurbüro für Schalen-, Industrie- und Kunststoffbau«. Dieser Name beinhaltete das volle Spektrum der Arbeiten, die von Isler und seinen Mitarbeitern verrichtet wurden. Allerdings wurde er vermutlich als zu lang und aus Sicht der Markenbildung als nicht einprägsam genug befunden, weshalb er bereits 1969 durch den kürzeren Namen »Ingenieurbüro und Studienbüro« ersetzt wurde. Diese Bezeichnung setzte sich durch und erschien in der Folge auf allen Plänen des Ingenieurbüros.[97]

96 gta Archiv: 217-Entwürfe für Visiten- und Weihnachtskarten.

97 gta Archiv: 217–09, Schachtel 5/5, Gartencenter Wyss Söhne AG: Ausstellungspavillon, Reklame; 217–0135-R3-4, Kindergarten Gsteigacher (heute: Kindergarten Falkenweg, Gsteighof); 217–0185, Schachtel 2/2, Garage Städeli Tribolet: Neue Einstellhalle, Akten.

Abbildung 41: Die Entwicklung des Firmenlogos und der Selbstbezeichnung des Büros 1962, 1968 und 1970.[98]

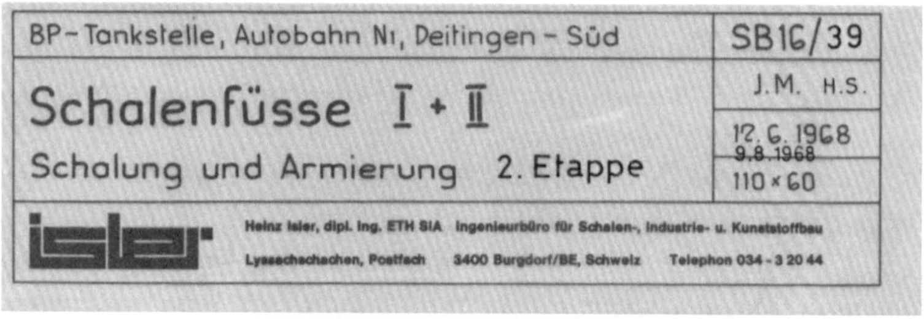

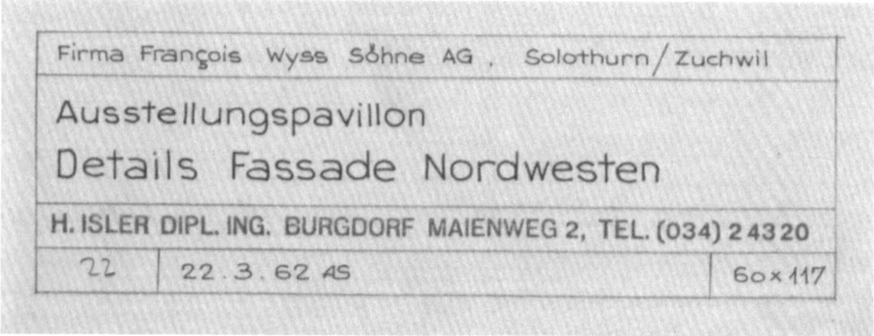

98 gta Archiv: 217–09, Schachtel 5/5, Gartencenter Wyss Söhne AG: Ausstellungspavillon, Reklame; 217–0135-R3-4, Kindergarten Gsteigacher (heute: Kindergarten Falkenweg, Gsteighof); 217–0185, Schachtel 2/2, Garage Städeli Tribolet: Neue Einstellhalle, Akten. Im Jahr 1968 kam das Isler-Firmenlogo zum ersten Mal auf den Ingenieurplänen zum Einsatz, als Heinz Isler die Unterlagen für den Bau der Automobilraststätte Deitingen Süd vorbereitete.

Im Zuge des redundanten Gebrauchs der korporativen Identitätsmerkmale wie etwa des Logos wurde der Name »Isler« zum Inbegriff des Schweizer Schalenbaus. Dieser wurde fest mit der Person Heinz Isler assoziiert. Die Stabilität der symbolischen Repräsentationsmittel der Marke ISLER ermöglichte es dem Bauingenieur, sein Büro zur Verkörperung der ingenieurtechnischen Präzision und Qualität zu machen. Auch die Reduktion der Bautätigkeit nach der Erdölpreiskrise konnte daran wenig ändern. In den frühen 1980er-Jahren begann Isler, seine langjährigen Erfahrungen im Schalenbau für seine Werbeauftritte verstärkt zu funktionalisieren, indem er seine Markenidentität durch den folgenden Satz ergänzte: »Seit 1952 Entwurf + Statik von Kuppeln und Schalenbauten« (s. Abbildung 42).[99]

Abbildung 42: Die Marke ISLER auf Werbekommunikationen des Ingenieurbüros, 1980er-Jahre.[100]

ISLER

Seit 1952 Entwurf + Statik von Kuppeln + Schalenbauten

Depuis 1952 Conception + statique de coupoles + constructions en coques

Dadurch wurden die Historizität und die Tradition des Schalenbaus im Schweizer Mittelland aufgewertet. Damit einher ging Heinz Islers Anspruch auf seine alleinige Urheberschaft der Isler-Schalen. In seinen Kooperationsverträgen hielt er diesbezüglich immer fest: »Dipl. Ing. ETH Isler ist der Urheber der ISLER-SCHALEN [Grossschreibung als Marke im Original; E. L.], die er in jahrelanger Entwicklungsarbeit geschaffen hat und die an zahlrei-

99 gta Archiv: 217–09, Schachtel 5/5, Gartencenter Wyss Söhne AG: Ausstellungspavillon, Reklame.

100 gta Archiv: 217–09, Schachtel 5/5, Gartencenter Wyss Söhne AG: Ausstellungspavillon, Reklame.

chen Bauten nach seinen Plänen ausgeführt wurden«.[101] Seine Urheberschaft hatte nicht nur einen Einfluss auf die Markenbildung des Ingenieurbüros Isler, sondern rückte auch bei allen vertriebs- und repräsentationstechnischen Massnahmen des Unternehmens und seiner Netzwerker in den Vordergrund und war ein wesentliches Spezifikum des »Systems Isler«. Der Name Isler, die Person Heinz Isler und sein Ingenieurbüro waren nicht von Isler-Schalen zu trennen und wurden zu einem gesellschaftlich anerkannten Markenzeichen.

6.4 Die Publizität der Isler-Schalen

In der Forschungsliteratur wird die Architektur nicht selten »Massenmedium« genannt, da es Architekten und Bauingenieuren ermöglichte, zu medialen Figuren zu werden und die öffentliche Wahrnehmung ihrer Werke zu stärken.[102] Das gilt ab 1980 auch für Heinz Isler, denn die letzten zwei Jahrzehnte des 20. Jahrhunderts standen für ihn im Zeichen von mannigfachen Vortragsaktivitäten, Ausstellungen und Fernsehbeiträgen, in denen er seine Vision vom »natürlichen Bauprinzip« mit verstärktem ästhetischem Fokus aktiv disseminierte. In Folgenden werden die Fragen fokussiert, auf welche Weise die erwähnten Massnahmen eine Umdeutung von Isler-Schalen von technischen Objekten zu »Kunstwerken« bewirkten, was Islers Durchsetzungsstrategien im medialen Feld waren, in welcher Beziehung Islers »Naturformen« und seine vorherige praktische Tätigkeit als Bauingenieur zueinanderstanden und wie die »natürliche« Wirkung seiner Schalen inszeniert wurde.

Als Erstes sei hervorgehoben, dass der skizzierte Wandel in erster Linie von einem Netzwerk von Islers Peers an renommierten US-amerikanischen und deutschen Universitäten durch eine Reihe von Ausstellungen legitimiert und vorangetrieben wurde. Die »Entdeckung« Islers gebührt David P. Billington, Professor für Engineering an der Princeton University und – genauso wie Isler – aktiver IASS-Mitglied, der Isler in das Narrativ über »*structural artists*«[103] und die »*Swiss legacy*«[104] im Bauingenieurwesen einordnete und den Auftakt zu

---

101 gta Archiv: 217-S-2 Verträge, Vertrag mit der Gustav Epple AG, Deutschland, vom 16.02.1966, S. 1.

102 Vgl. exemplarisch De Fusco, Renato: Architektur als Massenmedium. Anmerkung zu einer Semiotik der gebauten Formen. Gütersloh: Bertelsmann 1972, S. 54. Sachsse 1997, S. 225.

103 Vgl. Billington 1985.

104 Vgl. Billington 2003.

einer Neupositionierung der Isler-Schalen in der breiten Öffentlichkeit förderte.[105] Billington hatte sich für das Schweizer Ingenieurwesen interessiert, lange bevor er Isler auf einem der zahlreichen IASS-Kongresse kennenlernte, und eine Ausstellung zu Robert Maillart organisiert.[106] Im Schalenbau Islers sah er eine organische Fortführung von künstlerischen Ideen im Schweizer Bauingenieurwesen und schlug Heinz Isler 1979 vor, eine Ausstellung über sein Werk in Princeton zu veranstalten.

Isler sagte zu und traf Anfang Februar 1980 eine Auswahl der bei ihm im Büro vorhandenen Präsentationsmodelle der ausgeführten Projekte, die er nach Princeton schickte: Deitingen Süd, Tenniscenter Heimberg, Kilcher und Gartencenter Clause,[107] die in der Folge in der Ausstellung gezeigt wurden (s. Abbildung 43). Diese Gebäude hatten für Isler aufgrund ihrer besonders eleganten Form hohen ikonischen Stellenwert und konnten seine Arbeitsweise verdeutlichen. Diese Modelle wurden im Rahmen der Ausstellung rekontextualisiert und für ein breiteres Publikum zugänglich gemacht. Das Bild zur Ausstellungseröffnung zeigt eine Anordnung der Islerschen Artefakte, bei der die Modelle des Tenniscenters Heimberg, einer Industrieschale und der Autobahnraststätte Deitingen Süd eine dominierende Stellung im Raum einnehmen und die an den Wänden hängenden Fotos einen Eindruck vom Gesamtkontext der Produktion von Isler-Schalen vermitteln (s. Abbildung 43).

Diese erste Ausstellung über Isler, »*Heinz Isler as Structural Artist*«, initiierte eine Transformation der internen Arbeitsartefakte und Werkzeuge zu einem kulturellen Erbe bzw. zu Gegenständen des öffentlichen Interesses,[108] indem zum ersten Mal im architektonischen Diskurs eine Entkopplung der Isler-

105 Die Forschungstätigkeit Billingtons wurde auch zum Startpunkt der »Mythenbildung« um die Figur Islers, die in ihren Kommunikationen nach aussen immer seltsamer wurde.

106 Schützeichel, Rainer: (Re)presenting Shells. Heinz Isler's Work on Display, in: Beckh, Matthias, Juan Ignacio del Cueto Ruiz-Funes, Matthias Ludwig, Andreas Schätzke, Rainer Schützeichel (Hg.): Candela Isler Müther. Positions on Shell Construction. Positionen zum Schalenbau. Posturas sobre la construcción de cascarones. Basel: Birkhäuser 2020, S. 126–133, hier S. 128.

107 gta Archiv: 217-K-46, Korrespondenz David Billington, Brief Islers an Billington vom 04.02.1980, S. 1.

108 Ähnliche Prozesse bei der Historisierung der Bauwerke sind beschrieben in: Bargenda, Angela: Corporate Heritage Brands in the Financial Sector: The Role of Corporate Architecture, in: Journal of Brand Management 22/5 (2015), S. 431–447, hier S. 431.

Schalen von ihrem Erstellungsprozess stattfand. Im Gegensatz zu Werbefotografien wurden der Bauprozess und die utilitäre Funktion der Schalenbauten zugunsten einer alleinigen Stärkung der »künstlerischen« Seite bzw. des Formschönen im Schalenbau ausgeblendet.

Abbildung 43: Die Eröffnung der Ausstellung »Heinz Isler as Structural Artist« in Princeton 1980.[109]

Diese Vorgehensweise bei der Ausstellung in Princeton fand Resonanz und verhalf Isler zu einer dortigen Gastprofessur 1982–1983.[110] Zugleich setzten sich Kollegen Billingtons an anderen renommierten US-amerikanischen Universitäten dafür ein, die Isler-Ausstellung auch dort zu zeigen, wozu es in der Folge zwischen 1980 und 1985 auch kam. Bei dieser Entwicklung trat Islers Frau, Maria Isler, in den Vordergrund und betrieb unter den US-amerikanischen Professoren eine Art Werbung für Isler-Schalen. Sie kreierte Folien für die Vorträge ihres Mannes, stellte Bilderdossiers zusammen und schickte diese Materialien an die jeweiligen Kontaktpersonen. So konnte 1981 durch

109 gta Archiv: Princeton-08_217-FX-23.

110 Vgl. Ramm/Schunck 2002, S. 109.

ihre aktive Mitarbeit und ihre Korrespondenz mit John Abel, Professor für Civil and Environmental Engineering an der Cornell University, eine Isler-Ausstellung im universitären Johnson Museum of Art organisiert werden.[111] Maria Isler war bei den Ausstellungen oft anwesend und fungierte als eine Art Markenbotschafterin für das »System Isler« (s. Abbildung 44).

Abbildung 44: Maria Isler erklärt den Besuchern einer Isler-Ausstellung den Schalenbau.[112]

Islers Eigenständigkeit war somit zu Beginn der Umdeutung der Isler-Schalen zu einem künstlerischen Projekt kaum gegeben. Islers Anerkennung bzw. Entdeckung als Künstleringenieur kam zuerst von wissenschaftlicher Seite und er war auf die Meinungen autoritativer Persönlichkeiten aus dem akademischen Milieu angewiesen, die als Promoter seines Werks fungierten. Dieses Abhängigkeitsverhältnis zu Beginn der Publizität der Isler-Schalen kam in folgenden Zeilen eines Briefs von Isler an Jürgen Joedicke, Professor

111 gta Archiv: 217-Ausstellungen, Schachtel 1/3, Brief John Abels an Isler vom 15.04.1981; Brief Islers an John Abel vom 27.03.1981.

112 gta Archiv: 217-FX-23_Nautilus_Einzelfoto-06r.

für Architekturtheorie an der Technischen Hochschule Stuttgart, aus dem Jahr 1986 besonders treffend zum Ausdruck: »Meine Gedankenwelt finde ich sehr gut empfunden und dargestellt in dem Buch von Prof. David P. Billington, Princeton: ›The Tower and the Bridge‹«.[113]

Auch Islers Ausstellungstätigkeit in Europa war eine ideelle Weiterführung der Billingtonschen Forschungsagenda. Das zeigte sich zum ersten Mal bei der Isler-Ausstellung »Nautilus« 1982, die von der Ausstellungsgemeinschaft Postgasse 46 in Bern organisiert wurde. Auch in diesem Fall wurde Islers »*structural art*« von einem angesehenen Akademiker diskursiv legitimiert und dem interessierten Publikum als einzig »richtige« Interpretation von Islers Werk nahegelegt. Bei der Vernissage, die für den 10. November 1982 geplant war, hielt Hans Hugi – seit 1969 Professor für Baustatik, Konstruktion und Grundbau an der ETH Zürich und Islers früherer Arbeitskollege am Lehrstuhl Lardy Anfang der 1950er-Jahre – eine Rede, in der er Islers Werk pries und dessen künstlerischen Stellenwert thematisierte. Der Entwurf der Rede wurde von Heinz Isler genau durchgesehen und korrigiert. »Die Ausstellung [...] will viel mehr zeigen wie, auf welchem Weg Heinz Isler zu seinen Schalenbauten insbesondere zu seinen Schalenformen gekommen ist«,[114] wurde von Isler nahegelegt. In der Folge paraphrasierte Hugi Billington, indem er drei Gründe nannte, weswegen Heinz Isler als Künstler angesehen werden solle:

1) Er arbeitet allein und auf eine ungewöhnliche Art und Weise. [...] Er braucht kein Teamwork und keine Gruppendiskussionen um zu seinen Lösungen zu kommen. [...] 2) ganzheitliches Sehen (und Denken). [...] Es bedeutet, dass er seine Schalen in sämtlichen Phasen ihrer Entstehung und Nutzung (mitunter bis zum Wiederabbruch) auf das engste persönlich begleitet. [...] 3) ausgeprägter Gestaltungswille. 557gta Archiv: 217-Ausstellungen, Schachtel 3/3, Rede von Hans Hugi bei der Vernissage Nautilus am 10.11.1982, S. 2-4.

In der Folge wurden weitere IASS-Mitglieder aus Islers Peer-Netzwerk für die Billingtonsche Sichtweise auf Isler-Schalen sensibilisiert. So entstand 1986 die Ausstellung »Heinz Isler Schalen«, die aus der Zusammenarbeit mit Ekkehard Ramm, Eberhard Schunck (beide Technische Hochschule Stuttgart) und David Billington erwuchs und den Eingang Islers in den »ingenieurkünstle-

113 gta Archiv: 217-Ausstellung Stuttgart 1986, Brief Islers an Jürgen Joedicke vom 12.06.1986, S. 1.

114 gta Archiv: 217-Ausstellungen, Schachtel 3/3, Rede von Hans Hugi bei der Vernissage Nautilus am 10.11.1982, S. 2. Hervorhebungen im Original.

rischen« Kanon bezeichnete.[115] Die Initiative ging dabei von der Technischen Hochschule Stuttgart aus, die Bildungseinrichtung hatte allerdings keine ausreichenden finanziellen Mittel, um die Ausstellung alleine zu finanzieren. Diese kam nur dadurch zustande, dass sich weitere deutsche Universitäten, darunter in Karlsruhe, Darmstadt, Kassel, Dortmund, Berlin und München, bereit erklärten, sich an der Finanzierung zu beteiligen.[116] Die Ausstellung erreichte grösstes mediales Aufsehen und wurde über 30-mal im gesamten deutschsprachigen Raum und darüber hinaus gezeigt (s. Abbildung 45).

Abbildung 45: Heinz Islers Daten zur Ausstellung »Heinz Isler Schalen« um 2002.[117]

Ausstellung Uni Stuttgart (Heinz Isler Schalen)

Datum:	Ort:	
29.10. - 21.11.86	Stuttgart	Vortrag am 29.10.86
12.01. - 30.01.87	Karlsruhe	Vortrag am 12.01.87
06.04. - 15.05.87	Darmstadt	Vortrag am 06.04.87
21.05. - 10.06.87	Kassel	Vortrag am 20.05.87
24.06. - 10.07.87	Kaiserslautern	Vortrag am 23.06.87
24.08. - 25.09.87	Delft/Holland	Vortrag am 25.08.87
14.10. - 11.11.87	Dortmund	Vortrag am 14.10.87
30.11. - 18.12.87	Berlin	Vortrag am 30.11.87
12.01. - 03.02.88	Braunschweig	kein Vortrag
18.03. - 88	Innsbruck	Vortrag am 21.03.88
10.05. - 14.06.88	TU München	Vortrag am 10.05.88
25.10. - 88	FH Biberach	Vortrag am 25.10.88
23.01. - 89	Wien, Akademie der Künste + Forschungsinstitut des Zementvereins	Vortrag am 25.01.89
03.04. - 15.04.89	Ljubljana/YU	Vortrag am 04.04.89
13.06. - 30.06.89	Lausanne	Vortrag am 13.06.89
im Juli 1989	Genf	Vortrag am 19.07.89
03.04. - 15.04.90	Augsburg	Vortrag am 03.04.90
19.04. - 12.05.90	Kopenhagen/DK	Vortrag am 19/23.04.90
19.06. - 18.09.90	Dresden	Vortrag am 19.06.90
Nov. 90 - Jan. 91	Cottbus	kein Vortrag
06.03. - 29.03.91	Weimar	Vortrag am 06.03.91
09.07. - 20.07.91	Nürnberg	Vortrag am 09.07.91
21.05. - 03.06.92	Stuttgart	Vortrag am 21.05.92
26.10. - 12.11.93	Zürich, ETH Hönggerberg	Vortrag am 26.10.93
30.04. - 01.10.94	Ennenda, Ingenieurmuseum	Vortrag am 24.06.94
12.12.94-27.01.95	Chur, HTL	Vortrag am 12.12.94
11.11. - 08.12.95	Brünn/Tschechien	Vortrag am 14.11.95
24.01. - 19.02.01	Cottbus BTU	Vortrag am 24.01.01
03.04. - 22.04.01	Weimar	Vortrag am 03.04.01
02.05. - 16.05.01	Leipzig	Vortrag am 02.05.01
08.11. - 22.11.01	Bochum	Vortrag am 08.11.01

Der Einfluss Billingtons auf Islers Werden als »Künstleringenieur« kann kaum unterschätzt werden, zumal das Grundinterpretationsmuster der Isler-

115 Schützeichel 2020, S. 133.

116 gta Archiv: 217-Ausstellung Stuttgart 1986, Brief Ramms an Isler vom 20.12.1985, S. 1.

117 gta Archiv: 217-Ausstellung Stuttgart ab Mai 92.

Schalen immer seiner Argumentationsweise entsprach. So wurde in der »Cornell Chronicle« vom 8. April 1982 das Werk Islers im Einklang mit Billingtons Sichtweise folgendermassen charakterisiert: »*Experimenting with forms obtained from nature, Isler has developed a method that permits the construction of thin-shell structures with a minimum of material and at the same time provides new dimensions in creativity. His reinforced concrete roofs, aside from being functionally practical and extremely economical to produce, are striking sculptural forms*«.[118] Nichtsdestotrotz wäre es inkorrekt, eine weitreichende Weiterentwicklung und Anpassung dieses Gedankenguts bei Islers europäischen Ausstellungen zu negieren. Diese Anpassung war vor allem insofern notwendig, als Heinz Isler in der Schweiz und in Deutschland bereits ein Renommee als Industrieingenieur hatte,[119] das mit seiner neuen öffentlichen Rolle wenig kompatibel war. Dadurch entstand eine potenzielle Glaubwürdigkeitslücke, die erst durch eine Überbewertung des Natürlichen im Islers Werk überbrückt wurde.

Bei den europäischen Ausstellungen wurden Islers Quellen ingenieurtechnischer Kreativität in seinen »drei Beobachtungen« aus den 1950er-Jahren gesehen: die Form eines Kissens auf seinem Bett, gefrorenes Tuch in seinem Garten und expandierender Kunststoffschaum in einer Werkstatt.[120] Diese rückten die experimentelle Seite der Formfindung und der Schalenproduktion in den Vordergrund der Betrachtung[121] und waren ein Ausdruck von Islers Anspruch, »im Einklang mit den Naturgesetzmässigkeiten«[122] zu bauen. Das Islersche »natürliche Bauprinzip« wurde somit nachträglich zu einem Teil des »Systems Isler« erhoben und performativ hergestellt, indem immer wieder dieselben Experimente mit gleicher Versuchsanordnung vorgeführt wurden. Oft zeigte Isler ein Experiment mit einer weissen 1,20 m × 1,20 m grossen Hängegaze, die an vier Punkten befestigt wurde. Danach wurde Wachs oder Polyester aufgetragen und die Form erstarrte, woraufhin das Umdrehen dieses Hängemodells einen Prototyp einer Isler-Schale ergab (s. exemplarisch Abbildung 46).[123] Die demonstrierte physikalische Analogie diente somit als

118 gta Archiv: 217-Ausstellungen, Schachtel 1/3, Cornell Chronicle vom 08.04.1982.

119 Zu Islers diversen Selbstvermarktungsmassnahmen s. Kapitel 6.1-6.3.

120 Vgl. Ramm/Schunck 2002, S. 41.

121 Schützeichel 2020, S. 129.

122 gta Archiv: 217-Ausstellung Stuttgart ab Mai 92, Vortrag am 20.05.1992, S. 2. Hervorhebung im Original.

123 gta Archiv: 217-Ausstellungen, Schachtel 2/3, Nautilus 1982, Vernissage am 10.11.1982.

Nachweis der Verkörperung der Naturgesetze in den Islerschen Schalenformen und begründete deren »Natürlichkeit«.

Die beschriebene Performanz stand im Zeichen einer Distanzierung Islers vom analogisch-erweiternden und rein symbolischen Technikverständnis und läutete seine Rückbesinnung auf eine mimetisch-sympathische Darstellungsform der Schalentechnologie ein, bei der das »Werden-Lassen« der experimentellen Konstruktion von zentraler Bedeutung war.[124] Infolgedessen verlor das Experimentieren Islers, als er immer stärker in der Öffentlichkeit aktiv war, seine berufspraktische Bedeutung und wurde zu einem Werkzeug zur Interpretation des gebauten Werks von Heinz Isler. Isler bestand darauf, dass das »sorglose Spiel«[125] mit verschiedenen Materialien der erste und wichtigste Schritt bei der Entwicklung neuer kreativer Formen sei, und verblüffte durch die Verformung von fliessenden und sich erhärtenden Materialien, wie beispielsweise Ton, Paraffin, Gips, Wachs, Nylon, Polyester, Silikon und Polyurethan, die Zuschauer.[126]

Die Videoaufnahmen ähnlicher Isler-Veranstaltungen aus den späten 1980er- und den 1990er-Jahren sind die besten Quellen dafür, wie Heinz Isler mithilfe seiner die Natur nachahmenden Experimente Überzeugungsarbeit leistete. Sein selbstsicheres und souveränes Auftreten, grosses Interesse an diversen Schalenformen und Bauästhetik, seine Überzeugungskraft und sein besonderes Geschick, von Schalenbauten mitreissend zu erzählen, machten Isler zu einem guten Redner. Seine wichtigsten Thesen, die er mit seinen Hängeexperimenten (s. Abbildung 46) und dem Giessen von Gipsmodellen veranschaulichte, betrafen die sogenannte »natürliche Simulation von Schalen«[127] und lauteten folgendermassen: a) »das Experiment bringt fast selbständig die Form hervor«[128] und b) »der menschliche Geist ist da gar nicht in der Lage, das vorauszusehen, was kommt, das Experiment macht es, und da ist es sehr schön und sehr überraschend«.[129]

124 Vgl. Krois 1983, S. 71–74.

125 Ebenda.

126 Isler 1986, S. 27–28.

127 Islers Begriff.

128 gta Archiv: 217-CINE 3, Vortrag Belgien 1981, 12:50.

129 Ebenda, 13:15-13:26.

Abbildung 46: Die erste öffentliche Experimentvorführung Islers bei der Vernissage der Ausstellung »Nautilus« am 10.11.1982.[130]

Die überlieferten bildlichen und audiovisuellen Quellen verdeutlichen, dass der Aspekt der Bewunderung durch die Zuschauer zentral für Islersche Selbstdarstellung war. Isler zeigte, dass die Hängeexperimente (auch aus dem Alltag) zu wegweisenden Erfahrungen führen können, und trat nicht zuletzt dank dieser überraschenden Erkenntnis vor den Zuschauern als »grosser Zauberer«[131] auf, indem er selbst bei einfachsten Versuchen selbstsicher, handwerklich geschickt und hochpräzise arbeitete. Mit seinem Vorbild zeigte er, dass es sich im Bauingenieurwesen nicht nur um die reine »Wissenschaft« handelt: Die Verteilung des Materials auf der Gaze und das Hochheben der Installation zum (intuitiv zu bestimmenden) »richtigen« Zeitpunkt waren für den Erfolg seiner Modellversuche mitverantwortlich und beeinflussten direkt die Qualität der generierten Form.

Eine weitere Ebene der Publizität der Isler-Schalen war deren Popularisierung in unterschiedlichen Fernsehbeiträgen, die fast ausschliesslich Islers

---

130 Der Bund, 133. Jg., Nr. 272 vom 20.11.1982, zit.n.: gta Archiv: 217-Ausstellungen, Nautilus.

131 Mein Begriff.

schalenförmige Eisskulpturen präsentierten. Sein »Spiel mit Eis«[132] wurde in diversen Sendungen im Deutschschweizer Fernsehen, darunter »Tagesschau«, »Karussell« und »Schweiz aktuell«, als eine Anwendung vom »Naturprinzip im Universum von Bauten«[133] über Jahre gepriesen. Dieses performative Hervorbringen von »Natur« brachte ein spezifisches Materialverständnis bei Heinz Isler zum Ausdruck. Laut diesem wurden alle fluiden und sich erhärtenden Materialien als geeignet für das Bauen naturtreuer Formen angesehen. Das traf insbesondere auf das Material Eis zu.[134] Dies sollte seine Arbeitsweise und Formfindungsmethodologie für die breitere Öffentlichkeit verständlicher machen und nicht zuletzt die Naturalisierung von Islers Tätigkeit vorantreiben.[135]

Die Deutung dieser mimetischen Vorgänge ging im Vergleich zu Islers frühen Formfindungsexperimenten der 1950er-Jahre allerdings in die umgekehrte Richtung: Nicht mehr die Natur fungierte als Inspirationsquelle für den Entwurf und den Bau der Isler-Schalen, sondern die gebauten Isler-Schalen wurden mit dem »natürlichen« Material Eis nachgeahmt, um ihre »Natürlichkeit« zu unterstreichen und zur Schau zu stellen. Davon zeugt vor allem die ikonische Ähnlichkeit unterschiedlicher Versuche Islers (z.B. Zerstörungsversuche eines »Atombunkers« bei der Schweizer Armee, Schmelzversuche mit Eisschalen in Islers Garten und die Erstellung eines Bubblehausprototyps ebendort, s. Abbildung 47) und das Nebeneinander solcher Bilder in seinen Ausstellungen.[136] In einem Brief an Jürgen Joedicke aus dem Jahr 1986 erklärte Heinz Isler den zunehmenden Gebrauch von Eis in seinen Experimenten für die Öffentlichkeit folgendermassen: »Die winterlichen Eisexperimente bilden eine wertvolle Ergänzung dazu [zu Formfindungsexperimenten mit Kunststoffen und Beton, die für die ingenieurtechnische Arbeit Islers von Bedeutung waren;

132 Vgl. gta Archiv: 217-CINE, Radio DRS, Eis, ganzer Film, Februar 1987, 15:00. BAR: Tagesschau (TS), 04.02.1987, J2.225#1996/68#10451#4*.

133 gta Archiv: 217-CINE, Videoporträt 1991, Tagesschau 19.09.1991, 33:30.

134 Lykov, Egor: The Epistemology of Shells. Material and Socio-Economic Aspects of Heinz Isler's Experimental Design in the Post-war Period, in: Lefebvre, Pauline, Julie Neuwels, Jean-Philippe Possoz (Hg.): Thinking-Making. When Architects Engage in Construction. Brüssel: Éditions de l'Université de Bruxelles 2021, S. 91–104, hier S. 94.

135 S. Ramm/Schunck 2002, S. 83–94.

136 Vgl. exemplarisch gta Archiv: 217-CINE, Kassette 1, Eis Palast Februar 1981 (Karussell), 13:08-13:51. gta Archiv: 217-CINE 2, Eis Palast Februar 1981 (Karussell), 01:23-19:02. gta Archiv: 217-CINE, Videoporträt 1991, Tagesschau 19.09.1991, 32:00-33:00.

E. L.], da beide Prozesse härtende Materialien verwenden, was ja auch beim Beton der Fall ist«.[137]

Abbildung 47: Versuchsanordnungen Islers mit unterschiedlichen Materialien.[138]

Obwohl die Eisexperimente der 1980er- und der 1990er-Jahre primär der Naturalisierung der Isler-Schalen dienten, bestand Isler weiterhin auf deren vermeintlicher Relevanz für sein aktuelles Geschäft: »Die Sache [die Eisexperimente; E. L.], die mach ich niit nur us Spielerei, also niit nur us Freud an de Form, wo dadurch Natur entsteht, sondern das bruuch ich für miin berufliche Erforschig«.[139] So äusserte er sich in der Fernsehsendung »Karussell« vom 10. Februar 1981 und führte Eis als populärwissenschaftliches Medium seiner experimentellen Architektur ein.

Diese Art der Hinüberführung der Islerschen Experimente aus einem beruflichen Kontext in die Populärwissenschaft trug wesentlich dazu bei, dass alle von Isler gezeigten Artefakte aus Eis schnell zu Objekten der Bewunderung wurden. Dies wurde unter anderem durch die Art der Moderation im Fernsehen begünstigt, denn die Fernsehmoderatoren nannten das Versuchsgelände Islers »Eisparadies« und »Eiszaubergarten«[140] und behaupteten: »Seit 30 Jahren zeigt die Natur dem Ingenieur jeden Winter, wie man die besten Dächer baut, wie man Statik natürlich berechnet«.[141] Auch in Worten Islers fand die These eine Bestätigung: »Ich habe gesehen, dass die Natur uns viele Ansätze

137 gta Archiv: 217-Ausstellung Stuttgart 1986, Brief Islers an Jürgen Joedicke vom 12.06.1986, S. 2.

138 gta Archiv: 217-FX-2-55-Atombunker-1; 217-F-P.1; 217-Bubble System-F.1.

139 gta Archiv: 217-CINE 1, Eis Palast Februar 1981 (Karussell), 15:00-15:10.

140 gta Archiv: 217-CINE, Tagesschau 04.02.1987, Eisskulpturen Heinz Isler, 01:30-01:40.

141 Ebenda, 02:05-02:15.

bietet, die man erkennen muss und ihr dann helfen, das zu machen, was sie machen will«.[142] Davon konnten sich die Zuschauerinnen und Zuschauer sogar selber überzeugen, denn Isler liess in den Reportagen immer das folgende Werbeinserat laufen: »Eisgarten Zuzwil: Solange kalte Witterung, freie Besichtigungen Di., Fr., Sa. 17 – 21 Uhr«.[143]

Nicht zu unterschätzen ist auch die genau geplante Inszenierung der Wirkung von Islerschen Eisskulpturen auf die Zuschauer, die allen Fernsehsendungen mit Heinz Isler zugrunde lag. Wie Notizen Islers zeigen, arbeitete er immer akribisch an der Zusammenstellung der Bilderreihe eines jeden Programms und kreierte Eisobjekte, die überraschend wirken sollten: Iglus, Eiskuppeln, »Eispaläste« etc.[144] Auch im Kontext der Fernsehsendungen verliess sich Isler auf eine Zusammenarbeit mit denselben Filmemachern über Jahre hinweg und arbeitete proaktiv mit den jeweiligen Fernsehredakteuren, um ein Zeitfenster im Fernsehen für seine Eisbauten zu bekommen. In einem Brief an die Redaktion der »Tagesschau« aus dem Jahr 1985 schrieb Isler:

> Sie teilten mir mit, dass Sie im Zusammenhang mit einer Sendung über Schnee und Eis Interesse hätten an meinen Eis-Strukturen, die ich baue. Ich hoffe dass das Videofilm von Herrn Haberli [vom SRF; E. L.] und Ehepaar [Carol und George; E. L.] Grubenmann [aus Rieden im Aargau; E. L.] vom Mo 21.1.85 gefunden wird, sowie das Restmaterial.
> Dieses Jahr, dh diesen Winter war die Kälte noch nicht genügend um etwas zu bauen. Beiliegend finden Sie einige Abzüge von Bildern von anderen Malen. Ich verfüge über eine reiche Dokumentierung mit Dias.[145]

Die Selbstvermarktung Islers zielte auf eine möglichst »natürliche« Darstellung seiner Schalen ab, die im Zuge der Gestaltung und des zunehmenden Gebrauchs in den Medien einen ikonischen Stellenwert bekamen. Die unveröffentlichten Drehmaterialien, die Isler übermittelt wurden und ebenfalls in seinem Nachlass erhalten geblieben sind, verdeutlichen zudem, dass er bei den Dreharbeiten und der Anordnung von bildlichen Elementen eine Schlüsselrolle spielte und genauso wie bei seinen Werbepublikationen ständig die Kontrolle darüber behielt, wie seine Schalen dargestellt werden.[146] So zeigte und er-

142 Ebenda, 02:25-02:32.
143 gta Archiv: 217-CINE, Notiz Islers vom 03.02.1987.
144 gta Archiv: 217-CINE, Notiz Islers vom 03.02.1987.
145 gta Archiv: 217-CINE, Brief Isler an Wissmann (Fernsehen DRS) vom 20.12.1985.
146 gta Archiv: 217-CINE, Kultur aktuell, o.J., 01:25.

klärte er immer bis ins kleinste Detail, wie seine Eisskulpturen und gebauten Betonschalen am besten aufgenommen werden sollten.[147] Seine ausführlichen Erklärungen enthalten Informationen darüber, aus welchem Blickwinkel, mit welchen Lichtverhältnissen und mit welchem Hintergrund seine Schalen und Eisskulpturen gefilmt werden durften, um eine möglichst »natürliche« Wirkung zu erzeugen.[148]

Auch die Anordnung bzw. Abfolge von Handlungen und statischen Bildern unterstützte das geheimnisvolle, märchenhafte Ambiente der Fernsehbeiträge, das eine entscheidende Rolle bei der Selbstrepräsentation Islers als »Naturbeobachter und Experimentator«[149] spielten, wenn z.B. nach einer Reihe von Bildern von Eisskulpturen Isler an der Spitze seines »Eispalasts« erschien, ein riesiger Luftballon aufgeblasen und mit Wasser gegossen wurde oder wenn das Eis schmolz und bizarre Übergangsformen kreierte. Die dargestellte Strategie Islers, die alltäglichen Erfahrungen des breiten Publikums mit Eis, dem Bauen und der Natur mit den ungewöhnlichen Formen seiner Schalenskulpturen zu verbinden, funktionierte bis in die 1990er-Jahre gut, zumal die Reportagen aus seinem Garten Jahr für Jahr neu gedreht und ausgestrahlt wurden.

Die Anpassung der Redeweisen über die Schalentechnologie an das breitere Publikum führte somit dazu, dass das mimetisch-sympathische Nachahmen der Natur zu einem integralen Bestandteil des »Systems Isler« wurde und nach wie vor die öffentliche Wahrnehmung von Islers Werk dominiert.[150] Diese auf vielfache Weise symbolisch codierten und performativ hervorgebrachten Formen der Technik ermöglichten es dem »System Isler«, die Reduktion der praktischen Bautätigkeit zu überdauern und einen Eingang in den architekturhistorischen Kanon als »Ingenieurbaukunst« zu finden.

---

147 Ebenda.

148 Ebenda, 15:00-15:40.

149 gta Archiv: 217-CINE, Sonntagsmagazin 22.02.1987, 05:00-08:40.

150 Vgl. exemplarisch gta Archiv: 217-CINE 1, Vortrag Montpellier 1991, 03:40-10:00. Isler, Heinz: The Way to Shape, in: Indian Concrete Institute (Hg.): International Symposium on Innovative World of Concrete. Volume I. New Dehli/Bombay/Calcutta: Oxford & IBH Publishing 1993, S. 147–162. Arn, Walter: Schalen von Isler. Durch Experimente zu neuen Erkenntnissen, in: Werkspuren. Die Fachzeitschrift des schweizerischen Werklehrerinnen- und Werklehrervereins. Bauen und Konstruieren 2 (1995), S. 20–24.

6.5 Die Objektivierung der Isler-Schalen als kulturelles Erbe

Am 25. Mai 1999 stand ein Gebäude an der Autobahn A1 in der Mitte einer öffentlichen Debatte, die eine Neubewertung des Œuvres von Heinz Isler kennzeichnete. Es handelte sich dabei um die Autobahnraststätte Deitingen Süd, die im Zuge der vom Gebäudebesitzer British Petroleum (BP) beschlossenen Renovierungsarbeiten abgerissen werden sollte. Obwohl dieses Gebäude von der BP Switzerland AG unmittelbar nach seiner Erstellung 1968 zu Werbezwecken in zahlreichen Werbeprospekten und Publikationen eingesetzt wurde, sah die Firma Ende der 1990er-Jahre in den Schalen keinen intrinsischen Wert mehr. Die kantonale Denkmalpflege in Solothurn äusserte sich unter Berufung auf die Einzigartigkeit der Konstruktion und deren hohen ästhetischen Stellenwert gegen den Abriss und begann, diesen Interessenskonflikt medial nach aussen zu tragen.[151]

Dies sorgte für Schlagzeilen in zahlreichen Schweizer Zeitungen, und der Fall wurde in zwei Fernsehsendungen – »neXt« und »10 vor 10« – diskutiert,[152] in denen Heinz Isler Stellung dazu bezog und die »dünne, schlichte, sparsame«[153] Schale auf der Raststätte zur Verkörperung eines Naturgesetzes erklärte.[154] Als sich die renommierten Schweizer Architekten Peter Zumthor, Tilla Theus, Theo Hotz, Mario Botta und Roger Diener zur Erhaltung dieser Isler-Schalen aussprachen, gab die BP Switzerland AG nach und erklärte die Absicht, die Schalen beizubehalten.[155]

Diese Rettungsaktion der Tankstelle bedeutete für die Zeitgenossen, dass diese Isler-Schale »über Nacht«[156] zum Kunstwerk erklärt wurde. Das wurde primär auf das Interesse der Massenmedien für dieses Objekt zurückgeführt und eher als eine Art glücklicher Zufall gedeutet.[157] Aus Sicht der Öffentlichkeitsarbeit des Ingenieurbüros Isler war dies hingegen ein inkrementeller Vorgang und ein Ergebnis der langjährigen Publizität der Isler-Schalen.

Bereits Islers erste mediale Darstellungen dieser Schalen inszenierten die gekrümmte Schalenform als Symbol der Modernität, auch wenn die utilitä-

151 Rutishauser, Samuel: Die Isler-Schalen in Deitingen oder wie eine Tankstelle über Nacht zum Kulturdenkmal wird, in: NIKE-Bulletin 14/3 (1999), S. 12–15, hier S. 12, 14.

152 Ebenda, S. 14.

153 Ebenda.

154 gta Archiv: 217-CINE, Autobahnraststätte Deitingen Süd, 1:00:50-1:02:10.

155 Rutishauser 1999, S. 14.

156 Ebenda, S. 12.

157 Ebenda, S. 14.

re Bedeutung dieses Infrastrukturobjekts 1968 im Vordergrund stand.[158] Dennoch lässt sich keineswegs behaupten, dass es von vornherein Islers Absicht gewesen sein könnte, Baudenkmäler zu errichten, zumal sich die Schalenformen oftmals aus einer Zusammenarbeit mit Architekten oder aus komplizierten örtlichen Verhältnissen am Baugrundstück ergaben. Zum kulturellen Erbe wurden die Isler-Schalen vielmehr durch deren diskursive Aushandlung oder – in Francks Worten – langfristige Bewährung auf einem Aufmerksamkeitsmarkt.[159] Diese entfaltete sich wiederum aus dem Zusammenspiel aller Faktoren der Öffentlichkeitsarbeit, deren wesentliche Stützen insbesondere in den frühen Jahren des Schalenbaus die industrielle Werbung und die »Ökonomie der Aufmerksamkeit« waren. Sie bildeten eine Basis zur Entfaltung höherer symbolischer Ordnungen wie Islers guter Reputation und Anerkennung in der Öffentlichkeit, die eine Umdeutung der Isler-Schalen zu künstlerischen Formen und schliesslich zu Baudenkmälern vorbereiteten.

Hierbei handelte es sich um keine blosse mediale Verklärung des ingenieurtechnischen »Systems Isler« zu einem künstlerischen Projekt, sondern um dessen Kontinuität unter neuen gesellschaftlichen Verhältnissen und Durchsetzung auf einem architektonischen Aufmerksamkeitsmarkt. Islers Ingenieurleistungen und künstlerische Ansprüche basierten insofern auf sozialer Übereinkunft, als seine Schalen zuerst auf einer Peer-Ebene als Objekte der *»structural art«* legitimiert und in der Folge vor ein größeres Publikum getragen wurden. Es waren vor allem Islers soziale Beziehungen in der IASS und im akademischen Milieu, die eine Transition von ökonomisch-sozialem zu symbolisch-kulturellem Kapital im »System Isler« förderten.

Als sozial codierte symbolische Form mit Kontinuität erlebte das »System Isler« mit der Anerkennung der Autobahnraststätte Deitingen Süd als Architekturdenkmal die letzte Kapitalumwandlung, bei der die Isler-Schalen zum objektivierten kulturellen Kapital des Schweizer Mittellandes wurden. Um 2000 wurde demnach die systemische Autonomie der Isler-Schalen erreicht, sodass diese begannen, unabhängig von Heinz Isler und vom Netzwerk zu existieren und das System allein zu repräsentieren.

158 BAR: Gastliche A1. Schweiz: Eröffnung 1. Autobahn-Raststätte Windrose auf der A1 Antenne, 12.09.1968, J2.225#2005/179#233#3*. Öffentlich zugänglich in: SRF Archiv, https://www.srf.ch/play/tv/-/video/-?urn=urn:srf:video:c8285a62-caa7-468e-b79f-ee1d44173223 (12.08.2021). In diesem Video wird der Bau der Tankstelle Deitingen Süd gezeigt, 12:40-13:00.

159 Vgl. Franck 2008, S. 34.

Vor diesem Hintergrund stellt sich die Frage, inwiefern diese Entwicklung im Spannungsfeld zwischen Rationalität und Irrationalität des »Systems Isler« stand. Betrachtet man Islers »Spiele« mit Eis und die Naturalisierung seiner Tätigkeit, können diese Aspekte aus einer Retrospektive vorschnell als irrational angesehen werden. Allerdings hatten diese Experimente ihre eigene, dem »System Isler« innewohnende Rationalität. Isler fasste den Schalenbau als ihm vorbehalten und durch andere nicht lernbar auf.[160] Eine künstlerische Umdeutung des »Systems Isler« zielte daher auf dessen Fortbestehen ab und fand ihre rationale Begründung darin, die Aufmerksamkeit der breiteren Öffentlichkeit auf Unvergängliches (die Isler-Schalen) zu lenken, das aus vergänglichen Experimenten und flüchtigen natürlichen Vorgängen entsteht. Dies entsprach der Systemlogik und wurde darüber hinaus von Islers Peer-Netzwerk im Rahmen seiner Ausstellungen und öffentlichen Vorträge unterstützt.

Die mediale Aufmerksamkeit für die Isler-Schalen klang erst nach der Jahrtausendwende ab, da die Vortragstätigkeit Islers aufgrund seines hohen Alters rapide abnahm. In einem seiner letzten öffentlichen Auftritte im Jahr 2000 brachte Heinz Isler seine Hoffnung zur Sprache: »*Shell structures seem to get their comeback soon*«.[161] Obwohl damit wohl die praktische Bautätigkeit gemeint war, lässt sich einwenden, dass die Isler-Schalen nie vergangen waren. Denn sie waren über Jahrzehnte Gegenstand medialer Aushandlungen von symbolischen Formen und hatten ihren festen Platz in mentalen Landkarten des Schweizer Mittellandes. Die Bewährung der Isler-Schalen auf dem Schweizer architektonischen Aufmerksamkeitsmarkt wirkt auch nach Islers Tod 2009 fort. So wurde im Jahr 2012 ein weiteres Gebäude von ihm – die Feuerlöscherfabrik Sicli SA – ebenfalls zum kantonalen Baudenkmal erklärt.[162] Ob weitere Gebäude von Isler in der Zukunft zu Denkmälern erklärt werden, hängt vom Stand der denkmalpflegerischen und bauhistorischen Auseinandersetzung mit Isler-Schalen und Islers Nachlass an der ETH Zürich ab.

160 Isler 1986, S. 27.

161 Isler, Heinz: Creating Shell Shapes, in: Gerrits, Joop M. (Hg.): Bridge between Civil Engineering and Architecture. Proceedings 4. International Colloquium on Structural Morphology. Delft: Sieca Repro 2000, S. 108–115, hier S. 108.

162 Vgl. Graf, Franz, Yvan Delemontey: L'Ancienne usine SICLI à Genève (C. Hilberer architecte, H. Isler ingénieur, 1966–1970). Etude patrimoniale. Lausanne: EPFL-ENAC-TSAM 2014, S. 5.

7 Schlussbetrachtungen: Die Facetten des »Systems Isler«

In seinen Notizen aus dem Jahr 2003 definierte Heinz Isler das System im Allgemeinen als »unendlich vernetzt, nicht linear, multidimensional geweiht«.[1] Eine solche Sichtweise entsprach der Quintessenz des »Systems Isler«: Es ging weit über das Verständnis des Schalenbaus als »dreidimensionales Gestalten«[2] hinaus und schloss ebenfalls soziotechnische und sozioökonomische Dimensionen mit ein. Die vorliegende Dissertation erhob als einer der ersten Versuche, das Werk Heinz Islers einer kritischen Prüfung zu unterziehen und historisch zu verorten, den Anspruch, sich der Genese der Isler-Schalen aus der Perspektive eines spezifischen Netzwerks im Schweizer Mittelland anzunähern.

Eine systemische Sicht auf den Isler-Schalenbau macht die Subsysteme sichtbar, die es zur Verselbständigung der Isler-Schalen brauchte. Im Rahmen der vorliegenden Arbeit wurde der Schalenbau als ökonomisches System, rationales System, Bausystem, Technologiesystem, Wissenssystem, Industriesystem, Kontrollsystem, Vertrauenssystem und schliesslich Repräsentationssystem mit eigener Soziosymbolik angesprochen. Davon ausgehend sind zwei Befunde für die weitere Forschung zu formulieren.

Erstens war es die Kontinuität des »Systems Isler« trotz zahlreicher Umbrüche und Umdeutungen im Laufe der Zeit, die zu einer Bewährung der Schalentechnologie als »Ingenieurbaukunst« führte. Dieses Charakteristikum des »Systems Isler« kam erst dadurch zur Geltung, dass im Schalenbau viele aufeinander bezogene Facetten des Systems zusammenkamen. In diesem Sinne entzieht sich die Geschichte des Isler-Schalenbaus der syntagmatischen Logik einer chronologischen Abfolge von Bauprojekten und Ereignissen. Vielmehr stellte sie eine (mediale) Aushandlung von paradigmatischen Beziehun-

1 gta Archiv: 217-Christian Science ab 2001, Notiz vom 14.10.2003.

2 Isler 1959a, S. 287.

gen im Netzwerk des Schalenbaus dar, die die Wiederholbarkeit, Sichtbarkeit und Beständigkeit der Isler-Schalen im weitesten Sinne über lange Zeit aufrechterhielten. Denkt man die Geschichte der Isler-Schalen als Paradigma mit seinen Logiksprüngen, Ungereimtheiten und Inkongruenzen, wird das hohe Potenzial des »Systems Isler« sichtbar, sich immer wieder neu zu definieren und seinen Fortbestand zu sichern. Denn ein fehlendes Element im System (wie die Kooperationspartner und die Kunden) wurde paradigmatisch durch ein anderes (die Öffentlichkeitsarbeit und die Publizität der Isler-Schalen) ersetzt. Vor allem diese Eigenschaft des »Systems Isler« machte es über Jahrzehnte stabil, auch wenn das Netzwerk des Schalenbaus ab einem gewissen Moment fragil wurde.

Zweitens sind die Perspektiven auf Isler-Schalen, die an dieser oder jener Stelle der vorliegenden Dissertation eingenommen wurden, nicht abschliessend und können ausgehend vom reichhaltigen Œuvre Islers deutlich erweitert werden. Als potenziell lohnende Desiderate der künftigen Forschungen sind die Ausstrahlung des ingenieurtechnischen »Systems Isler« über das Mittelland hinaus, die Expansion des Isler-Schalenbaus ins nahe und ferne Ausland und die Teilnahme Islers an grossen Infrastrukturprojekten zu sehen, wie dem Bau des Olympiastadions in München und dem Autobahnbau in der Schweiz in den 1960er-Jahren. Dabei kommt den Fragen nach der Wirkmächtigkeit der Netzwerke des Mittellandes auch ausserhalb der Region und der Etablierung von ähnlichen lokalen Netzwerken im Ausland eine besondere Rolle zu. Auch Islers Repräsentativbauten, einige wenige Flachdächer und gescheiterte Projekte könnten mehr Licht auf unterrepräsentierte Aspekte der Geschäftstätigkeit Islers werfen.

Auf einer ideellen Ebene wäre die Eruierung von Islers globalen Horizonten und Rezeptionsprozessen innerhalb der IASS ein lohnendes Desiderat, um seinen Beitrag zum Denkkollektiv der Schalenbauer und die multidirektionalen Transfer- und Rezeptionsprozesse im internationalen Schalenbau herausarbeiten zu können. Schliesslich ist es nicht abzustreiten, dass das »System Isler« in Form von Baudenkmälern und pflegebedürftigen Gebäuden weiterhin existiert. Vor diesem Hintergrund bieten die Bereiche Denkmalpflege, Instandhaltung und Sanierung der Isler-Schalen in Zukunft Desiderate, deren Erforschung sich nicht nur aus theoretischer, sondern auch aus praktischer Sicht für die Erhaltung dieser Bauten lohnt.

Die Schweizer Wirtschafts- und Technikgeschichte braucht mehr ähnliche Studien zu weiteren Ingenieurbüros und Bauunternehmen, um die Geschichte der Baubranche besser zu konturieren und die Vergleichbarkeit und bessere

Einordnung der technologischen Entwicklungen im historischen Geschehen zu ermöglichen. Es werden gewiss weitere tiefgründige Forschungen notwendig sein, um viele solche Konstruktionspraxen wie die von Heinz Isler zu einer allumfassenden Synthese der Wirtschaftsgeschichte der Schweizer Baubranche zusammenzufassen. So eröffnet der Schalenbau für die historische (Bau-)Forschung neue, früher ungeahnte Perspektiven.

8 Quellen- und Literaturverzeichnis

8.1 Nicht gedruckte Quellen

gta Archiv, ETH Zürich
217 Nachlass Heinz Isler

Projekte und Vorprojekte

217–01, Glas Trösch AG.
217–02, Carrosseriewerk Ramseier & Jenzer AG.
217–03, Wollspinnerei Huttwil.
217–04, Kunststoffwerke Eschmann AG: Fabrik und Bürogebäude.
217–09, Gartencenter Wyss Söhne AG: Ausstellungspavillon.
217–017, Coop Wangen.
217–021 – 217–022, Maschinenfabrik Kunz.
217–024, Chemisch Technische Produkte Blaser & Co. AG.
217–035, Teppichfabrik Wittrup.
217–042, Brandfall Eschmann AG Thun.
217–061, Migros Verkaufscenter Bellinzona: Markthalle.
217–082, Bauisolationen F. Kilcher AG.
217–0107, Bundeswehrgelände Sulz.
217–0134, Zementwerke E. Grob.
217–0135-R3-4, Kindergarten Gsteigacher (heute: Kindergarten Falkenweg, Gsteighof).
217–0140, Autobahncenter Mittelland: BP-Tankstelle Deitingen-Süd.
217–0153, Feuerlöscherfabrik Sicli SA.
217–0169, Gartencenter Clause RN 20.
217–0185, Garage Städeli Tribolet: Neue Einstellhalle.
217–0191, Chemisch Technische Produkte Blaser & Co. AG.
217–0194, Zementwarenfabrik K. Studer.

217–0232, Haba AG Uster.
217–0359, Markthalle Riad, Skizzen.
217–0364, Tenniscenter Düdingen.
217–0371, HIB Tenniscenter Grenchen.
217–0384, Tenniscenter Heimberg.
217–0405, Tennishalle Burgdorf.
217–0412, Kaverneneinbauten Mitholz.
217–0421, Tenniscenter Allschwil.
217–0422, Vorspannsysteme Losinger VSL, Werk Lyssach.
217–0487, Zivilschutzanlage Zuzwil.
217–0517, Kaverneneinbauten Igis 1990.
217–0630, Atomschutzbunker.
217–0742, Spannbeton AG Bern. Betriebsgebäude: Neubau.
217–0980, Mehrzweckhalle Grenchen.
217–01046, Armeemotorfahrzeugpark AMP Burgdorf.
217–01139, Flugplatz Hobart Barracks: Helikopter-Abstell- und Wartungshalle, Offerte inkl. Offertenvergleich, Vorprojekt 1983.
217–01222, Losinger & Co. AG, Werkstattgebäude.
217–02537 – 217–02542; 217–02552 – 02573, Atom Unterstand: Anfragen diverser Firmen.
217–02674: 1–8, Grosslichtkuppeln allgemein.

Fotokonvolute

217-Bubble System BBR-1, Bubble System.
217-F-66-20-34A, Bauisolationen Kilcher 1966.
217-F-P.1, Eispalast.
217-FX-2-55-Atombunker-1, Atomschutzbunker 1955.
217-FX-2-55-Hasle-2, Kontaktabzug, Chemisch Technische Produkte Blaser & Co. AG.
217-FX-2-55-Hasle, Heinz Isler: Fotokonvolute: Kontaktabzüge.
217-FX-2-55-Trösch-1, Kontaktabzug.
217-FX-2-58-11, Kontaktabzug, Kunststoffwerke Eschmann AG.
217-FX-2-61-10, Kontaktabzug: Gartencenter Wyss Soehne AG; Maschinenfabrik Kunz & Co.
217-FX-2-63-101, Mittelformat-Kontaktabzüge, Maschinenfabrik Kunz & Co.
217-FX-2-64-127 – 217-FX-2-64-131, Ruwa Drahtschweisswerk AG.
217-FX-2-64-24, Heinz Isler: Fotokonvolute: Kontaktabzüge, Maschinenfabrik Kunz & Co.

217-FX-2-64-28, Heinz Isler: Fotokonvolute: Kontaktabzüge, Maschinenfabrik Kunz & Co.
217-FX-2-82-1, Kontaktabzug: Eisskulpturen; Kaverneneinbauten, Gewölbeschalen.
217-FX-2-82-4, Kontaktabzug: Hallenbad Brugg; Kaverneneinbauten.
217-FX-9-S, Hallenbauten mit Buckelschalen.
217-FX-21-2, Militärdienst EK 81.
217-FX-23_Nautilus_Einzelfoto-06r, Ausstellung »Nautilus«.

Audiovisuelle Medien (Videos)

217-CINE 1, Vortrag Montpellier 1991.
217-CINE 1, Vortrag Uni Leipzig.
217-CINE-2, Vortrag Belgien 1981.
217-CINE 3, Structural Morphology IASS Symposium 08.–09.10.1995.
217-CINE 3, Vortrag Belgien 1981.
217-CINE 4, 7, 9, Bau Kunz und Co.
217-CINE-7-13, Heinz Isler: Filme, Videos (u.a. Eisversuche, Vorlesungen).
217-CINE, Autobahnraststätte Deitingen Süd.
217-CINE, Kultur aktuell, ohne Jahresangabe.
217-CINE, Notizen.
217-CINE, Radio DRS, Eis, ganzer Film, Februar 1987.
217-CINE, Sonntagsmagazin 22.02.1987.
217-CINE, Tagesschau 04.02.1987, Eisskulpturen Heinz Isler.
217-CINE, Tagesschau 4.2.1987.
217-CINE, Videoporträt 1991, Tagesschau 19.09.1991.

Sonstige Materialien

217–010100:2, Heinz Isler.
217-Ausstellungen.
217-Ausstellung Stuttgart ab Mai 92.
217-Ausstellung Stuttgart 1986.
217-CS, Christian Science bis 2000.
217-CS, Christian Science ab 2001.
217-Entwürfe für Visiten- und Weihnachtskarten.
217-K-46, Korrespondenz David Billington.
217-KS-prov18, Kunststoffbauten und -experimente.
217-KS-prov19, Kunststoffbauten und -experimente.

217-M-10-6-151-2-2, Heinz Isler: Buckelschale (pneum.), statisches Messmodell, Abzug (Messmodell) Konzertsaal Langenthal im Hotel Kreuz.
217-Princeton-08_217-FX-23, Ausstellung »Heinz Isler as Structural Artist«.
217-Prospektentwürfe.
217-S-2, Verträge, Patentanträge.
217-T, Publikationen Isler 1970–1975.

Schweizerisches Bundesarchiv, Bern (BAR)

G Abt 64 (Genieabteilung 64), E5742 # 08.
Gastliche A1. Schweiz: Eröffnung 1. Autobahn-Raststätte Windrose auf der A1. Antenne, 12.09.1968, J2.225#2005/179#233#3*. Öffentlich zugänglich in: SRF Archiv, https://www.srf.ch/play/tv/-/video/-?urn=urn:srf:video:c8285a62-caa7-468e-b79f-ee1d44173223 (12.08.2021).
Ingenieur Heinz Isler. Antenne, 02.06.1966, J2.225#2004/29#43#2*. Öffentlich zugänglich in: SRF Archiv, https://www.srf.ch/play/tv/-/video/-?urn=urn:srf:video:4ca569d4-db47-44e0-b727-38549e9f9e99 (12.08.2021).
Tagesschau (TS), 04.02.1987, J2.225#1996/68#10451#4*.
Tagesschau (TS), 21.01.1985, J2.225#1996/68#9710#2*.
Vorolympische Lorbeeren. Deutschland, München: Burgdorfer Ingenieur Heinz Isler gewinnt Wettbewerb für OS 1972. Antenne, 09.11.1967, J2.225#2004/489#121#3*. Öffentlich zugänglich in: SRF Archiv, https://www.srf.ch/play/tv/-/video/-?urn=urn:srf:video:52ed8cea-f9eb-49af-8c35-265397d2b557 (12.08.2021).

Schweizerisches Wirtschaftsarchiv, Basel (SWA)

SWA Vo H XII 10a Baukosten. Baukosten und Baufinanzierung. Dokumentensammlung: Broschüren 1946–1956; Broschüren 1957–1973; Broschüren 1974–1990; Sammelvorlage Bauabrechnungen; Gesetze, Botschaften und Erlasse.

Staatsarchiv des Kantons Bern, Bern (StAB)

Eschmann AG Thun, 1960–1983, V Unia 635.
Ramseier & Jenzer AG Carrosseriewerk Bern, V Unia 369 Protokollbuch (1931–1959).

Interviews

Interview mit Heinz Bösiger und Hans Glanzmann, interviewt von Egor Lykov am 18.11.2019.

Online-Datenbanken

Historisches Lexikon der Schweiz (HLS), https://hls-dhs-dss.ch/de/ (17.07.2019).
Historisches Lexikon der Schweiz: Chemische Industrie, https://hls-dhs-dss.ch/de/articles/014007/2007-02-22/#HDiechemisch-pharmazeutischeIndustrieim20.Jahrhundert (06.03.2022).
Kammerer, Patrick, Margrit Müller, Jakob Tanner, Ulrich Woitek (Hg.): Historische Statistik der Schweiz online (HSSO), https://hsso.ch/ (26.06.2019).
Statistisches Jahrbuch der Schweiz. Digitale Jahrbuch-Bibliothek, https://www.bfs.admin.ch/bfs/de/home/statistiken/kataloge-datenbanken/publikationen/uebersichtsdarstellungen/statistisches-jahrbuch.html (26.06.2019).
STAT-TAB – Interaktive Tabellen. Bundesamt für Statistik, https://www.bfs.admin.ch/bfs/de/home/dienstleistungen/forschung/stat-tab-online-datenrecherche.html (26.06.2019).

Persönliche Mitteilungen

Chilton, John, E-Mail vom 17.02.2022.
Trösch, Heinz, E-Mail vom 26.03.2020.
Zünd, Rainer, E-Mail vom 26.03.2020.

8.2 Gedruckte Quellen

Bauen und Wohnen (B+W) & Werk, Bauen und Wohnen (W, B + W)

Copolux, das neue Perspex-Oberlicht, in: B+W 10/7 (1956), S. 162.
Isler, Heinz: Dreidimensionales Gestalten, in: B+W 13/8 (1959a), S. 287–288.
Isler, Heinz: Freie Schalenform ohne Randverstärkung, in: B+W 30/11 (1976), S. 430–432.
Isler, Heinz: Großlichtkuppeln, in: B+W 13/5 (1959b), S. V 28–29.
Isler, Heinz: Technik und Typologie der Buckelschalen, in: B+W 19/10 (1965), S. 384–388.

Isler, Heinz: Typologie und Technik der modernen Schalen, in: W, B + W 70/12 (1983), S. 34–42.
Knopp, Susanna, Markus Wassmer: Der Reiz des Rationellen, in: W, B+W 82/19 (1995), S. 26–56.

IASS Bulletin 1-71 (1960-1979)

Isler, Heinz: Indications by Nature – Natur als Wegweiser, in: Mitteilungen des SFB 230 7 (1991), S. 129–137.
Isler, Heinz: New Materials for Shells and Spatial Structures, in: IASS Bulletin 71 (1979), S. 10–26.
Isler, Heinz: New Shapes for Shells, in: Bulletin of the International Association for Shell Structures 8 (1960), S. 1–9.
Isler, Heinz: The Quality of Shell Design and Construction, in: Bulletin of the IASS 40/3 (1991), S. 67–72.

Normenwerke

SIA 118: »Allgemeine Bedingungen für Bauarbeiten«. Redaktionen 1948, 1962, 1977.

Presse

Berner Tagblatt vom 05.05.1957.
Blaser-Blatt, Frühling 1986.
Der Bund, 133. Jg., Nr. 272 vom 20.11.1982.
Grenchener Tagblatt vom 08.09.1978.
Neue Zürcher Zeitung (NZZ) vom 28.2.1956, 10.9.1981.
Oberländer Tagblatt vom 19.12.1960.
Schweizerische Bodensee-Zeitung vom 01.11.1968.
SIA/Schweizer Ingenieur und Architekt 44 (1979).
Thuner Tagblatt (TTB) vom 02.05.1964, 12.10.1967, 23.12.1970, 11.01.1979, 13.05.1980, 05.09.1981.

Schweizerische Bauzeitung (SBZ)

Bächtold, J.: Belastungsversuch an einer freitragenden Zylinderschale aus Holz, in: SBZ 125–126/10 (1945), S. 96–98.
Berger, Fritz: Über die Ingenieurarbeiten der Weichenbauhalle, in: SBZ 77/53 (1959), S. 866–869.
Berger, Fritz: Vorgespannte Schalensheds, in: SBZ 73/36 (1955), S. 533–537.

Berger, Fritz: Vorgespannter Beton im Hochbau: Auszug aus dem Vortrag, in: SBZ 78/14 (1960), S. 229–236.
Birkenmaier, M., A. Brandestini, M. R. Roš: Zur Entwicklung des vorgespannten Betons in der Schweiz, in: SBZ 70/8 (1952), S. 107–114.
Blum, R. E.: Zur Frage des Rechtsschutzes technischer Konstruktionen, in: SBZ 72/35 (1954), S. 505–506.
Brandenberger, E.: Bauelemente aus Kunststoffen, in: SBZ 75/32 (1957), S. 501–505.
Brandestini, A.: Schweizerische Spezialgeräte für die Spannbetontechnik, in: SBZ 74/37 (1956), S. 551–558.
Cogliatti, Aldo: Aspekte der Wandlung im SIA-Normenwerk, in: SBZ 95/26 (1977), S. 433–435.
Fietz, H. R.: Die Ueberwachung des Eisenbetons auf mittleren und kleinen Baustellen, in: SBZ 76/32 (1958), S. 467–470.
Fritsch, Josef: Neue Erfahrungen im Massenbetonbau, in: SBZ 72/10 (1954), S. 125–131.
Geilinger, Werner: Preisentwicklung und Strukturfragen im schweizerischen Stahlbau, in: SBZ 84/1 (1966), S. 33–36.
Isler, Heinz: Tragende Bauteile aus Kunststoff: Anwendungsbeispiele, in: SBZ 95/3 (1977), S. 13–20.
Jobst, Hermann: Bauen mit Stahlbetonfertigteilen, in: SBZ 73/8 (1955), S. 101f.
Jobst, Hermann: Vorfabrikation und Industrialisierung im Hochbau, in: SBZ 72/42 (1954), S. 608–610.
Kalter, Scheidegger, F.: III. Internationaler Vacuum Concrete-Kongress, in: SBZ 74/11 (1956), S. 160–161.
Keller, Oskar: Der Schalenshedbau der Sphinxwerke Müller & Cie. AG. in Solothurn, in: SBZ 77/2 (1959), S. 15–18.
Licht als Element der Architektur, in: SBZ 72/36 (1954), S. 515–518.
Naegeli, Wolfgang: Die Teuerungswelle – eine Folge gesteigerten Wohlstandes, in: SBZ 83/35 (1965), S. 612–614.
Nyffeler, Hans: Eine interessante Translationsschale, in: SBZ 76/49 (1958), S. 735–736.
Nyffeler, Arthur: Die Kontrolle der Zementbeigabe zum Beton, in: SBZ 72/3 (1954), S. 27–29.
Schubiger, Emil: Die Schalenkuppel in vorgespanntem Beton der Kirche Felix und Regula in Zürich, in: SBZ 17/68 (1950), S. 223–228.
Stadion-Garage und Autohaus Moser in Thun, in: SBZ 80/39 (1962), S. 668–671.

Stefan, Joh.: Bau einer Shedhalle aus Betonfertigteilen, in: SBZ 75/4 (1957), S. 52–55.
Steinmann, Georges A.: Hallenbauten aus Stahlbeton und Spannbeton, in: SBZ 73/42 (1955a), S. 622–626.
Steinmann, Georges A.: Hallenbauten aus Stahlbeton und Spannbeton, in: SBZ 73/44 (1955b), S. 703f.
Stocker, P.: Konstruktion und Montage von Grossbehältern und Silos, in: SBZ 74/24 (1956), S. 358–361.
Vieli, G.: Aussichten der Bauwirtschaft, in: SBZ 92/20 (1974), S. 493–494.
Weder, Adolf, Heinz Isler: Die »Buckelschale«, ein interessantes Bauelement, in: SBZ 73/23 (1955), S. 346–349.
Weder, Adolf: Wasserbehälter aus Spannbeton »Fernstallwald« der Stadt Burgdorf, in: SBZ 73/16 (1955), S. 236–238.
Züblin, M.: Konjunkturrückgang – vermehrter Export von Know-how und Dienstleistungen, in: SBZ 93/42 (1975), S. 650–654.

Statistische Jahrbücher

Statistisches Jahrbuch der Schweiz. Hg. vom Bundesamt für Statistik. 96. Jg. 1989. Zürich: NZZ 1990.
Statistisches Jahrbuch der Schweiz. Hg. vom Eidgenössischen Statistischen Amt/Bundesamt für Statistik. 58. Jg.–95. Jg. 1949–1988. Basel: Birkhäuser 1950–1989.

Zeitgenössische Publikationen (von und über Heinz Isler)

Allenspach, Christoph: ›Die Natur ist millionenfach stärker als ich‹. Christoph Allenspach im Gespräch mit Heinz Isler/'La nature est des millions de fois plus forte que moi‹. Christoph Allenspach dans son entretien avec Heinz Isler, in: Baudoc Bulletin 27/12 (1999), S. 15–18.
Arn, Walter: Durch Experimente zu neuen Erkenntnissen. Schalen von Isler, in: Bauen&Konstruieren 58/2 (1995), S. 21–25.
Arn, Walter: Schalen von Isler. Durch Experimente zu neuen Erkenntnissen, in: Werkspuren. Die Fachzeitschrift des schweizerischen Werklehrerinnen- und Werklehrervereins. Bauen und Konstruieren 2 (1995), S. 20–24.
Bächtold, Jakob: Spannungsdreieck Bauen – Naturschutz – Politik 1925–1980. Schaffhausen: Meier 1980.

Isler, Heinz: Creating Shell Shapes, in: Gerrits, Joop M. (Hg.): Bridge between Civil Engineering and Architecture. Proceedings 4. International Colloquium on Structural Morphology. Delft: Sieca Repro 2000, S. 108–115.
Isler, Heinz: Feldmässiger Unterstand in Beton, in: Technische Mitteilungen für Sappeure, Pontoniere und Mineure 20/4 (1956), S. 157–183.
Isler, Heinz: Perfecta-Platten als Schalung und Isolation, in: Gips-Union-Information 10 (1973), S. 11–13.
Isler, Heinz: Perfekte Schalen mit Perfecta, in: Gips-Union-Information 15 (1974), S. 7–9.
Isler, Heinz: Schalen für Repräsentativ- und Industriebauten, in: Polonyi, Stefan (Hg.): Schalen in Beton und Kunststoff. Entwurf, Bemessung, Ausführung. Wiesbaden/Berlin: Bauverlag 1970, S. 97–112.
Isler, Heinz: The Way to Shape, in: Indian Concrete Institute (Hg.): International Symposium on Innovative World of Concrete. Volume I. New Dehli/Bombay/Calcutta: Oxford & IBH Publishing 1993, S. 147–162.
Rutishauser, Samuel: Die Isler-Schalen in Deitingen oder wie eine Tankstelle über Nacht zum Kulturdenkmal wird, in: NIKE-Bulletin 14/3 (1999), S. 12–15.

8.3 Literatur

Adriaenssens, Sigrid, Philippe Block (Hg.): Shell Structures for Architecture. Form Finding and Optimization. London: Routledge 2014.
Alexander, Roman: American Fast Food as Culture and Politics: The Introduction of Pepsi and McDonald's into the USSR. Masterarbeit University of Oregon 2013.
Allen, Kathleen R.: Bringing New Technology to Market. Upper Saddle River, NJ: Pearson Education 2003.
Ammon, Sabine, Eva Maria Froschauer: Zur Einleitung: Wissenschaft Entwerfen. Perspektiven einer reflexiven Entwurfsforschung, in: Dies., Eva Maria Froschauer (Hg.): Wissenschaft Entwerfen. Vom forschenden Entwerfen zur Entwurfsforschung der Architektur. München: Wilhelm Fink 2013, S. 15–44.
Bargenda, Angela: Corporate Heritage Brands in the Financial Sector: The Role of Corporate Architecture, in: Journal of Brand Management 22/5 (2015), S. 431–447.

Beckh, Matthias, Guilia Boller, Rainer Schützeichel: An Auspicious Encounter: Blaser Swisslube as Field of Experimentation for Heinz Isler's Pneumatic-form Shells, in: Mueller, Caitlin, Sigrid Adriaenssens (Hg.): Proceedings of the IASS Symposium 2018. Creativity in Structural Design. Boston: IASS 2018, S. 1–7.

Beckh, Matthias, Juan Ignacio del Cueto Ruiz-Funes, Matthias Ludwig, Andreas Schätzke, Rainer Schützeichel (Hg.): Candela Isler Müther. Positions on Shell Construction. Positionen zum Schalenbau. Posturas sobre la construcción de cascarones. Basel: Birkhäuser 2020.

Beckh, Matthias, Rainer Schützeichel: The Formative Years of Heinz Isler, in: Beckh, Matthias, Juan Ignacio del Cueto Ruiz-Funes, Matthias Ludwig, Andreas Schätzke, Rainer Schützeichel (Hg.): Candela Isler Müther. Positions on Shell Construction. Positionen zum Schalenbau. Posturas sobre la construcción de cascarones. Basel: Birkhäuser 2020, S. 90–97.

Berger Ziauddin, Silvia: Überlebenszelle, Territorium, Bordell. Bunker|Schweiz im nuklearen Zeitalter. Habilitation Universität Bern, 2019.

Berghoff, Hartmut: Marketing im 20. Jahrhundert. Absatzinstrument – Managementphilosophie – universelle Sozialtechnik, in: Ders. (Hg.): Marketinggeschichte. Die Genese einer modernen Sozialtechnik. Frankfurt/New York: Campus 2007, S. 11–58.

Berghoff, Hartmut: Moderne Unternehmensgeschichte. Eine Themen- und Theorieorientierte Einführung. Berlin: De Gruyter 2016.

Bergier, Jean-François: Wirtschaftsgeschichte der Schweiz. Von den Anfängen bis zur Gegenwart. 2., aktualisierte Auflage. Zürich: Benziger 1990.

Bernegger, Michael: Die Schweiz unter flexiblen Wechselkursen. Synthese der Forschungsergebnisse des Nationalen Forschungsprogramms Nr. 9 »Wirtschaftsentwicklung«. 2. Auflage. Bern/Stuttgart: Paul Haupt 1988.

Betschon, Franz, Stefan Betschon, Jürg Dominik Lindecker, Willy Schlachter (Hg.): Ingenieure bauen die Schweiz. Technikgeschichte aus erster Hand. Zürich: NZZ 2013.

Bideau, André: Architektur und symbolisches Kapital. Bilderzählungen und Identitätsproduktion bei O. M. Ungers. Basel: Birkhäuser 2011.

Billington, David P.: The Art of Structural Engineering. A Swiss Legacy. Yale: Yale University Press 2003.

Billington, David P.: Heinz Isler – ein Ingenieur als bildender Künstler, in: Ramm, Ekkehard, Eberhard Schunk (Hg.), Heinz Isler. Schalen. Ausst.-Kat. Zürich: vdf 1986, S. 11–18.

Billington, David P.: Robert Maillart. Builder, Designer, and Artist. Cambridge: Cambridge University Press 1997.
Billington, David P.: Structures and History, in: Ders. (Hg.): Educator's Educator...who set the new direction for the future of civil engineering at Princeton. Princeton: Princeton University Press o.J., S. 27–40.
Billington, David P.: The Tower and the Bridge. The New Art of Structural Engineering. Princeton: Princeton University Press 1985.
Blau, Judith R.: Architects and Firms. A Sociological Perspective on Architectural Practice. Cambridge, MA: The MIT Press 1984.
Blind, Knut: The Economic Functions of Standards in the Innovation Process, in: Hawkins, Richard, Knut Blind, Robert Page (Hg.): Handbook of Innovation and Standards. Cheltenham/Northampton, MA: Edward Elgar 2017, S. 38–62.
Boeckl, Matthias: Paul Ott. Fotografie über Architektur. Wien: Springer 2012.
Böhi, Hans: Hauptzüge einer schweizerischen Konjunkturgeschichte, in: Swiss Journal of Economics and Statistics (SJES) 100/I–II (1964), S. 71–105.
Bösiger, Heinz: The Building of Isler Shells, in: The Journal of the IASS 52/3 (2011), S. 161–169.
Bösiger, Heinz: Der Natur auf der Spur. Heinz Isler. O. O: o. V. 2010.
Boltanski, Luc, Ève Chiapello: Der neue Geist des Kapitalismus. Aus dem Französischen von Michael Tillmann. Mit einem Vorwort von Franz Schultheis. Konstanz: UVK 2006.
Bonacker, Kathrin: Beton. Ein Baustoff wird Schlagwort. Geschichte eines Imagewandels von 1945 bis heute. Marburg: Jonas 1996.
Bourdieu, Pierre: Die biographische Illusion, in: bios. Zeitschrift für Biographieforschung und Oral History III/1 (1990), S. 75–81.
Bourdieu, Pierre: Ökonomisches Kapital, kulturelles Kapital, soziales Kapital, in: Bauer, Ulrich, Uwe H. Bittlingmayer, Albert Scherr (Hg.): Handbuch Bildungs- und Erziehungssoziologie. Bildung und Gesellschaft. Wiesbaden: Springer VS 2012, S. 229–242.
Breiding, R. James: Swiss Made. The Untold Story Behind Switzerland's Success. London: Profile Books 2013.
Breiding, R. James, Gerhard Schwarz: Wirtschaftswunder Schweiz. Ursprung und Zukunft eines Erfolgsmodells. 3., überarbeitete Auflage. Zürich: NZZ 2016.
Buomberger, Thomas: Die Schweiz im Kalten Krieg, 1945–1990. Baden: hier + jetzt 2017.

Buomberger, Thomas, Peter Pfrunder (Hg.): Schöner leben, mehr haben. Die 50er Jahre in der Schweiz im Geiste des Konsums. Zürich: Limmat 2012.

Buomberger, Thomas: Traumreisen und Alpträume. Wie Auto und Strassenbau in den 50er Jahren zu einer Selbstverständlichkeit wurden, in: Ders., Peter Pfrunder (Hg.): Schöner leben, mehr haben. Die 50er Jahre in der Schweiz im Geiste des Konsums. Zürich: Limmat 2012, S. 41–68.

Burt, Ronald S.: The Network Structure of Social Capital, in: Research in Organizational Behaviour 22 (2000), S. 345–423.

Burt, Ronald S.: Structural Holes. The Social Structure of Competition. Cambridge, MA/London: Harvard University Press 1992.

Cassirer, Ernst: Form und Technik, in: Orth, Ernst Wolfgang, John Michael Krois (Hg.): Symbol, Technik, Sprache. Aufsätze aus den Jahren 1927–1933. Hamburg: Felix Meiner 1985, S. 39–91.

Castilla, Emilio J., Hokyu Hwang, Ellen Granovetter, Mark Granovetter: Social Networks in Silicon Valley, in: Lee, Chong-Moon u.a. (Hg.): The Silicon Valley Edge. Stanford, CA: Stanford University Press 2000, S. 218–247.

Chandler, Alfred: The Visible Hand. The Managerial Revolution in American Business. Cambridge, MA: The MIT Press 1977.

Chassot, Marcel: Architektur und Fotografie. Staunen als visuelle Kultur. München: Hirmer 2018.

Chilton, John: Heinz Isler and His Use of Physical Models, in: Addis, Bill (Hg.): Physical Models. Their Historical and Current Use in Civil and Building Engineering Design. Berlin: Wilhelm Ernst & Sohn 2021, S. 613–638.

Chilton, John: Heinz Isler. The Engineer's Contribution to Contemporary Architecture. London: Thomas Telford 2000.

Church, Clive H., Randolph C. Head: A Concise History of Switzerland. Cambridge: Cambridge University Press 2013.

Cicurel, Ronald u.a. (Hg.): 1291–1991 – Die schweizerische Wirtschaft. Geschichte in drei Akten. 700 Jahre Confoederatio Helvetica. St-Sulpice: SQP Publication 1990.

Constant II, Edward W.: Communities and Hierarchies: Structure in the Practice of Science and Technology, in: Laudan, Rachael (Hg.): The Nature of Technological Knowledge. Are Models of Scientific Change Relevant? Dordrecht: Springer 1984, S. 27–46.

Constant II, Edward W.: The Origins of the Turbojet Revolution. Baltimore/London: The John Hopkins University Press 1980.

Constant II, Edward W.: The Social Locus of Technological Practice: Community, System, or Organization?, in: Bijker, Wiebe E., Thomas P. Hughes,

Trevor Pinch (Hg.): The Social Construction of Technological Systems. New Directions in the Sociology and History of Technology. Cambridge, MA/ London: MIT Press 2012, S. 217–236.

Cook, K. S., R. M. Emerson: Power, Equity and Commitment in Exchange Networks, in: American Sociological Review 43 (1978), S. 712–739.

De Fusco, Renato: Architektur als Massenmedium. Anmerkung zu einer Semiotik der gebauten Formen. Gütersloh: Bertelsmann 1972.

Dejung, Christof: Commodity Trading, Globalization and the Colonial World. Spinning the Web of the Global Market. Translated by Paul Cohen. New York: Routledge 2018.

Dejung, Christof, Monika Dommann u.a.: Einleitung, in: Dies.u.a. (Hg.): Auf der Suche nach der Ökonomie. Tübingen: Mohr Siebeck 2014, S. 1–15.

Dejung, Christof: Einbettung, in: Ders., Monika Dommann u.a. (Hg.): Auf der Suche nach der Ökonomie. Tübingen: Mohr Siebeck 2014, S. 47–71.

Dejung, Christof: Transregional Study of Class, Social Groups, and Milieus, in: Middell, Matthias (Hg.): The Routledge Handbook of Transregional Studies. London/New York: Routledge 2019, S. 74–81.

Delhumeaus, Gwenaël: L'invention du beton arme. Hennebique 1890–1914. Paris: Editions Norma 1999.

Derleth, Katrin: Das Fliegermuseum Dübendorf (1986–88) von Heinz Isler. Ein Gebäude zwischen Ingenieurbaukunst und Architektur. Masterarbeit ETH Zürich 2014.

Deselaers, Silke: Von der Defensive zur Aktion. Die Schweizer Uhrenindustrie im Wettbewerb mit ihren japanischen Herausforderern. Dortmund: o. V. 1996.

Dommann, Monika: Handling, Flow Charts, Logistik: Zur Wissensgeschichte und Materialkultur von Warenflüssen, in: Nach Feierabend. Zürcher Jahrbuch für Wissenschaftsgeschichte 7 (2011), S. 75–103.

Dommann, Monika: Systeme aus dem Mittelland, in: Stalder, Laurent, Georg Vrachliotis (Hg.): Fritz Haller. Architekt und Forscher. Zürich: gta 2015, S. 10–35.

Dommann, Monika: Warenräume und Raumökonomien: Kulturtechniken des Lagerns (1870–1970), in: Tumult. Schriften zu Verkehrswissenschaft 38 (2012), S. 50–62.

Drucker, Peter F.: Innovation and Entrepreneurship. Oxford: Elsevier Butterworth-Heinemann 2006.

Dupouët, Olivier, Murat Yıldızoğlu: Organizational Performance in Hierarchies and Communities of Practice, in: Journal of Economic Behavior and Organization 61 (2006), S. 668–690.

Edgerton, David: From Innovation to Use: Ten Eclectic Theses on the Historiography of Technology, in: History and Technology: An International Journal 16/2 (1999), S. 111–136.

Fabricio, Leo, Eric Troncy, Maurice Lovisa: Bunkers. Gollion: Infolio 2004.

Fabricius, Daniela Ursula: Calculation and Risk. The Rational Turn in West German Architecture. Dissertation Princeton University 2017.

Fernández Ordóñez, José Antonio, José Ramón Navarro Vera: Eduardo Torroja. Ingeniero/Engineer. Madrid: Ediciones Pronaos 1999.

Fleck, Ludwik: Entstehung und Entwicklung einer wissenschaftlichen Tatsache. Einführung in die Lehre vom Denkstil und Denkkollektiv. Mit einer Einleitung herausgegeben von Lothar Schäfer und Thomas Schnelle. Frankfurt a.M.: Suhrkamp 1980.

Forty, Adrian: Concrete and Culture. A Material History. London: Reaktion Books 2012.

Franck, Georg: Mentaler Kapitalismus. Eine politische Ökonomie des Geistes. München: C. Hanser 2005.

Franck, Georg: Ökonomie der Aufmerksamkeit. Ein Entwurf. 8. Auflage. München: C. Hanser 2008.

Freeman, L. C.: A Set of Measures of Centrality Based on Betweenness, in: Sociometry 40 (1977), S. 35–40.

Fritzsche, Bruno, Thomas Frey, Urs Rey, Sandra Romer: Historischer Strukturatlas der Schweiz. Die Entstehung der modernen Schweiz. Baden: hier + jetzt 2001.

Genzel, Elke: Zur Geschichte der Konstruktion und der Bemessung von Tragwerken des Hochbaus aus faserverstärkten Kunststoffen 1950–1980. Dissertation Bauhaus-Universität Weimar 2006.

Genzel, Elke, Pamela Voigt: Kunststoffbauten. Teil 1: Die Pioniere. Weimar: Bauhaus Universitätsverlag 2005.

Genzel, Elke, Pamela Voigt: More than Concrete. Heinz Isler's Projects in Glass Fiber Reinforced Plastics, in: Beckh, Matthias, Juan Ignacio del Cueto Ruiz-Funes, Matthias Ludwig, Andreas Schätzke, Rainer Schützeichel (Hg.): Candela Isler Müther. Positions on Shell Construction. Positionen zum Schalenbau. Posturas sobre la construcción de cascarones. Basel: Birkhäuser 2020, S. 118–125.

Glasmeier, Amy: Technological Discontinuities and Flexible Production Networks: The Case of Switzerland and the World Watch Industry, in: Research Policy 20/5 (1991), S. 469–485.

Gössel, Peter (Hg.): Julius Shulman. Architektur und Fotografie. Köln: Taschen 1998.

Graf, Franz, Yvan Delemontey: L'Ancienne usine SICLI à Genève (C. Hilberer architecte, H. Isler ingénieur, 1966–1970). Etude patrimoniale. Lausanne: EPFL-ENAC-TSAM 2014.

Granovetter, Mark: Economic Action and Social Structure: The Problem of Embeddedness, in: American Journal of Sociology 91/3 (1985), S. 481–510.

Granovetter, Mark: Society and Economy. Framework and Principles. Harvard: Harvard University Press 2017.

Granovetter, Mark S.: The Strength of Weak Ties, in: American Journal of Sociology 78/6 (1973), S. 1360–1380.

Greco, Claudio: Pier Luigi Nervi. Von den ersten Patenten bis zur Ausstellungshalle in Turin 1917–1948. Luzern: Quart 2008.

Gutman, Robert: Architectural Practice. A Critical View. Princeton: Princeton Architectural Press 1988.

Hager, Fritz-Peter, Christian Strub: System; Systematik; systematisch, in: Ritter, Joachim, Karlfried Gründer, Gottfried Gabriel (Hg.): Historisches Wörterbuch der Philosophie online, doi: 10.24894/HWPh.5485 (19.04.2021).

Halbeisen, Patrick, Margrit Müller, Béatrice Veyrassat (Hg.): Wirtschaftsgeschichte der Schweiz im 20. Jahrhundert. Basel: Schwabe 2012.

Haller, Lea: Innovation, in: Dejung, Christof, Monika Dommann u.a. (Hg.): Auf der Suche nach der Ökonomie. Tübingen: Mohr Siebeck 2014, S. 97–123.

Haller, Lea: Transithandel. Geld- und Warenströme im globalen Kapitalismus. Berlin: Suhrkamp 2019.

Haps, Silke: »Stahl im Kunststoffkleid«. Das Beispiel Hoesch-Bungalow, in: Apfelbaum, Alexandra, Haps, Silke (Hg.): Von »Stahlschachteln« und Bausystemen. Zum Umgang mit Stahlbauten der Nachkriegszeit. Aufsatzband zur Tagung am 16. März 2018 in Dortmund. Dortmund: Kettler 2019.

Hardy, Gareth: Smashing Logo Design. The Art of Creating Visual Identities. Hoboken: Wiley 2011.

Hawkins, Richard, Knut Blind, Robert Page (Hg.): Handbook of Innovation and Standards. Cheltenham/Northampton, MA: Edward Elgar 2017.

Hawkins, Richard, Knut Blind: Introduction: Unravelling the Relationship between Standards and Innovation, in: Dies., Robert Page (Hg.): Handbook

of Innovation and Standards. Cheltenham/Northampton, MA: Edward Elgar 2017, S. 1–18.
Hawkins, Richard: Standards, Systems of Innovation and Policy, in: Ders., Knut Blind, Robert Page (Hg.): Handbook of Innovation and Standards. Cheltenham/Northampton, MA: Edward Elgar 2017, S. 63–78.
Hecht, Gabrielle: The Radiance of France. Nuclear Power and National Identity after World War II. Cambridge, MA: The MIT Press 2000.
Hediger, Ferdinand: Ramseier + Jenzer AG vom Handwerksbetrieb zum Industrieunternehmen 1919–1989. Muri: H.R Holding AG 2004.
Heimann, Erwin: 1919–1969. Ramseier und Jenzer AG. Zürich: Fotorotar 1969.
Hildebrand, Sonja, Elisabeth Bergmann (Hg.): Form-Finding, Form-Shaping, Designing Architecture. Experimental, Aesthetical, and Ethical Approaches to Form in Recent and Postwar Architecture. Mendrisio: Mendrisio Academy Press 2015.
Hintze, Josefine, Corinna Lauerer: Medienereignisse am Bauhaus, in: Rössler, Patrick (Hg.): Bauhaus-Kommunikation. Innovative Strategien im Umgang mit Medien, interner und externer Öffentlichkeit. Berlin: Gebr. Mann 2009, S. 185–204.
Hope, Terry: Die Kunst der Schwarzweißfotografie. Architektur. München: Georg D. W. Callwey 2002.
Hürlimann, Katja, Jurg Schmutz (Hg.): Der Kanton Luzern im 20. Jahrhundert. Bd. 1. Raum und Bevölkerung. Staat und Politik. Wirtschaft. Zürich: Chronos 2013.
Hughes, Francesca: The Architecture of Error. Matter, Measure, and the Misadventures of Precision. Cambridge, MA: MIT Press 2014.
Hulsink, Willem, Tom Elfring, Wouter Stam: The Locus of Innovation in Small and Medium-sized Firms: The Importance of Social Capital and Networking in Innovative Entrepreneurship, in: Petti, Claudio (Hg.): Cases in Technological Entrepreneurship. Converting Ideas into Value. Cheltenham/Northampton, MA: Edward Elgar 2009, S. 80–106.
ICOMOS Suisse. Arbeitsgruppe System & Serie (Hg.): System & Serie. Systembau in der Schweiz – Geschichte und Erhaltung. Zürich: gta 2022.
Iori, Tullia: Pier Luigi Nervi. Roma: Motta Architettura 2009.
Janser, Daniela, Thomas Seelig, Urs Stahel (Hg.): Concrete. Fotografie und Architektur. Zürich: Scheidegger & Spiess 2013.
Jeffrey, Ian, Manfred Schmalriede (Hg.): Franz Lazi. Fotografie. Architektur-, Design- und Werbefotografie der 50er Jahre. Berlin/Tübingen: Edition J.J. Heckenhauer 2003.

Katzenstein, Peter J.: Corporatism and Change. Austria, Switzerland, and the Politics of Industry. Ithaca/London: Cornell University Press 1984.

Kleinewefers, Henner, Regula Pfister: Die schweizerische Volkswirtschaft. Eine problemorientierte Einführung in die Volkswirtschaftslehre. Frauenfeld: Huber 1977.

Kneschaurek, Francesco, Peter Meier: Der sektorale Strukturwandel in der Schweiz von 1960 bis 1980. Diessenhofen: Rüegger 1983.

Kocka, Jürgen: Arbeiten an der Geschichte. Gesellschaftlicher Wandel im 19. und 20. Jahrhundert. Göttingen: Vandenhoeck & Ruprecht 2011 (= Kritische Studien zur Geschichtswissenschaft 200).

Kocka, Jürgen: Capitalism. A Short History. Translated by Jeremiah Riemer. Princeton/Oxford: Princeton University Press 2016.

König, Mario u.a. (Hg.): Dynamisierung und Umbau. Die Schweiz in den 60er und 70er Jahren. Die Schweiz 1798-1998: Staat – Gesellschaft – Politik. Zürich: Chronos 1998.

Kohler, Christoph (Hg.): Vom Baumeister zur Baugruppe. 150 Jahre Frutiger. Thun: Frutiger AG 2019.

Kohler, Georg: Konsumglück, Kalter Krieg und Zweite Moderne. Die Schweiz und die Fifties, in: Buomberger, Thomas, Peter Pfrunder (Hg.): Schöner leben, mehr haben. Die 50er Jahre in der Schweiz im Geiste des Konsums. Zürich: Limmat 2012, S. 7–40.

Krois, John Michael: Ernst Cassirers Theorie der Technik und ihre Bedeutung für die Sozialphilosophie, in: Phänomenologische Forschungen 15 (1983), S. 68–93.

Lampikoski, Kari, Jack B. Emden: Igniting Innovation. Inspiring Organizations by Managing Creativity. Chichester u.a.: John Wiley & Sons 1996.

Latour, Bruno: Making Things Public. Cambridge, MA: MIT Press 2005.

Latour, Bruno: Wir sind nie modern gewesen. Versuch einer symmetrischen Anthropologie. Berlin: Akademie 1995.

Lazonick, William: Entrepreneurship, Innovative Enterprise and Economic Development, in: Petti, Claudio (Hg.): Cases in Technological Entrepreneurship. Converting Ideas into Value. Cheltenham/Northampton, MA: Edward Elgar 2009, S. 1–25.

Leimgruber, Walter, Werner Fischer (Hg.): »Goldene Jahre«. Zur Geschichte der Schweiz seit 1945. Zürich: Chronos 1999.

Lipp, Silvan: Standort Schweiz im Umbruch. Etappen der Wirtschaftspolitik im Zeichen der Wettbewerbsfähigkeit. Zürich: NZZ 2012.

Liptau, Ralf: Architekturen bilden. Das Modell in Entwurfsprozessen der Nachkriegszeit. Bielefeld: transcript 2019.

Loderer, Benedikt: Im Armeeformhaus. Das Sturmgewehr 57 als Fundament der Armee, in: Buomberger, Thomas, Peter Pfrunder (Hg.): Schöner leben, mehr haben. Die 50er Jahre in der Schweiz im Geiste des Konsums. Zürich: Limmat 2012, S. 201–236.

Lorenz, Edward: Trust, Contract and Economic Cooperation, in: Cambridge Journal of Economics 23/3 (1999), S. 301–315.

Lüthi, Christian: Mittelland (Region), in: Historisches Lexikon der Schweiz (HLS), https://hls-dhs-dss.ch/de/articles/008566/2009-08-25 / (31.03.2020).

Luhmann, Niklas: Die Wirtschaft der Gesellschaft. Frankfurt a.M.: Suhrkamp 1994 (= suhrkamp taschenbuch wissenschaft 1152).

Luhmann, Niklas: Soziale Systeme. Grundriß einer allgemeinen Theorie. Frankfurt a.M.: Suhrkamp 1987.

Luhmann, Niklas: Soziologische Aufklärung 6. Die Soziologie und der Mensch. Opladen: Westdeutscher Verlag 1995.

Lykov, Egor: The Epistemology of Shells. Material and Socio-Economic Aspects of Heinz Isler's Experimental Design in the Post-war Period, in: Lefebvre, Pauline, Julie Neuwels, Jean-Philippe Possoz (Hg.): Thinking-Making. When Architects Engage in Construction. Brüssel: Éditions de l'Université de Bruxelles 2021, S. 91–104.

Märki, Lukas: Mit Vollgas ins 20. Jahrhundert. Eine Geschichte über die Auto-Mobilmachung im Schweizer Mittelland. Büren: Vereinigung für Heimatpflege 2010.

Marti, Sibylle: Strahlen im Kalten Krieg. Nuklearer Alltag und atomarer Notfall in der Schweiz. Paderborn: Ferdinand Schöningh 2020.

Marty, Myron A.: Communities of Frank Lloyd Wright. Taliesin and Beyond. Illinois: Northern Illinois University Press 2009.

Medick, Hans: Mikro-Historie, in: Schulze, Winfried (Hg.): Sozialgeschichte, Alltagsgeschichte, Mikro-Historie. Göttingen: Vandenhoeck & Ruprecht 1994, S. 40–53.

Mehregany, Mehran: Innovation for Engineers. Developing Creative and Entrepreneurial Success. Cham: Springer 2018.

Meichtry, Wilfried: Von der Schuhcreme zum flüssigen Werkzeug. Die Blaser Swisslube AG – ein Familienunternehmen aus Hasle-Rüegsau. Bern: Stämpfli 2016.

Melaragno, Michele: An Introduction to Shell Structures. The Art and Science of Vaulting. New York: Springer 1991.
Meyrat, René: Le coût de construction du logement en relation avec ses caracteristiques géométriques, in: Habitation 3 (1973), S. 1–12.
Middell, Matthias (Hg.): The Routledge Handbook of Transregional Studies. London/New York: Routledge 2019.
Middleton, Paul (Hg.): Logo Design. Köln: Taschen 2015.
Müller-Brockmann, Josef und Shizuko: Geschichte des Plakates. Zürich: ABC 1971.
Müller-Brockmann, Josef: Rastersysteme für die visuelle Gestaltung – Grid Systems in Graphic Design. Ein Handbuch für Grafiker, Typografen und Ausstellungsgestalter. Salenstein: Niggli 1996.
Müller, Lars (Hg.): Josef Müller-Brockmann. Gestalter. Baden: Lars Müller 1994.
Nichols, Sarah: Pollux's Spears, in: Grey Room 71 (2018), S. 141–155.
Ochsendorf, John: Guastavino Vaulting. The Art of Structural Tile. Princeton, NJ: Princeton Architectural Press 2010.
Oswald, Franz: Mittelland, in: Eisinger, Angelus, Michel Schneider (Hg.): Stadtland Schweiz. Untersuchungen und Fallstudien zur räumlichen Struktur und Entwicklung in der Schweiz. Berlin: De Gruyter 2005, S. 333–347.
Petti, Claudio (Hg.): Cases in Technological Entrepreneurship. Converting Ideas into Value. Cheltenham/Northampton, MA: Edward Elgar 2009.
Petti, Claudio: Introduction, in: Ders. (Hg.) Cases in Technological Entrepreneurship. Converting Ideas into Value. Cheltenham/Northampton, MA: Edward Elgar 2009, S. xi–xxii.
Pfammatter, Ulrich: Building the Future. Building Technology and Cultural History from the Industrial Revolution until Today. München: Prestel 2008.
Picon, Antoine: Architecture and the Sciences. Scientific Accuracy or Productive Misunderstanding? In: Moravánszky, Ákos, Ole W. Fischer (Hg.): Precisions. Architektur zwischen Wissenschaft und Kunst – Architecture between Sciences and the Arts. Berlin: Jovis 2008, S. 48–81.
Pinch, Trevor J., Wiebe E. Bijker: The Social Construction of Facts and Artefacts: Or How the Sociology of Science and the Sociology of Technology Might Benefit Each Other, in: Dies., Thomas P. Hughes (Hg.): The Social Constructions of Technological Systems. Cambridge, MA/London: MIT Press 1987, S. 17–50.

Pistor, L., R. Oppermann, W. Passer, F. v. Emperger: Vorspannung im Eisenbetonbau. Grundlagen, Ziel, Zweck und Anwendung. Berlin: Wilhelm Ernst & Sohn 1940.

Pitteloud, Sabine: L'autodiscipline en guise de régulation : la stratégie patronale à l'heure de la surchauffe économique en Suisse autour de 1960, in: traverse 24/3 (2017), S. 113–126.

Prader, Gaudenz: 50 Jahre schweizerische Stabilisierungspolitik. Lernprozesse in Theorie und Politik am Beispiel der Finanz- und Beschäftigungspolitik des Bundes. Zürich: Schulthess 1981.

Quinn, James Brian, Jordan J. Baruch, Karen Anne Zien: Innovation Explosion. Using Intellect and Software to Revolutionize Growth Strategies. New York u.a.: The Free Press 1997.

Ramm, Ekkehard, Eberhard Schunck: Heinz Isler. Schalen. Ausst.-Kat. Zürich: vdf 1986.

Robinson, Andrew: Sudden Genius? The Gradual Path to Creative Breakthroughs. Oxford: Oxford University Press 2010.

Rössler, Patrick (Hg.): Bauhaus-Kommunikation. Innovative Strategien im Umgang mit Medien, interner und externer Öffentlichkeit. Berlin: Gebr. Mann 2009.

Rössler, Patrick: Das Weimarer Bauhaus und seine Öffentlichkeiten im Dialog, in: Ders. (Hg.): Bauhaus-Kommunikation. Innovative Strategien im Umgang mit Medien, interner und externer Öffentlichkeit. Berlin: Gebr. Mann 2009, S. 13–47.

Rose, Gillian: Visual Methodologies. An Introduction to the Interpretation of Visual Materials. 2. Auflage. Los Angeles/London u.a.: SAGE 2009.

Rossfeld, Roman: Handwerk, Gewerbe und Industrie. Die schweizerische Binnenwirtschaft im 19. und 20. Jahrhundert, in: Traverse. Zeitschrift für Geschichte = Revue d'histoire 17/1 (2010), S. 75–102.

Rossfeld, Roman: Schweizer Schokolade. Industrielle Produktion und kulturelle Konstruktion eines nationalen Symbols 1860–1920. Baden: hier + jetzt 2007.

Sabatto, Steeve: Zur Frage von Massstab und Ökonomie. Totipotenz und Automation bei Konrad Wachsmann und Fritz Haller, in: Stalder, Laurent, Georg Vrachliotis (Hg.): Fritz Haller. Architekt und Forscher. Zürich: gta 2015, S. 140–161.

Sachsse, Rolf: Bild und Bau. Zur Nutzung technischer Medien beim Entwerfen von Architektur. Braunschweig/Wiesbaden: Vieweg 1997.

Sager, Fritz: Spannungsfelder und Leitbilder in der schweiz. Schwerverkehrspolitik 1932 bis 1998, in: Schweizerische Zeitschrift für Geschichte 49 (1999), S. 307–332.

Schmid, Christian: Zur Kritik der Stadtentwicklung – Zürich im Zentrum. Teil V. Der Urbanisierungsprozess in der Schweiz seit 1945. Diplomarbeit Universität Zürich 1989.

Schmid, Hanspeter: Die Schweiz nach dem Krieg. Vom Landigeist zur Hochkonjunktur: Zehn Ereignisse, die das Bild der modernen Schweiz prägten. Glattbrugg: Beobachter 1987.

Schmidgen, Henning: Der Psychologe der Maschinen. Über Gilbert Simondon und zwei Theorien technischer Objekte, in: Kraft Alsop, Christiane (Hg.): Grenzgängerin/Bridges between Disciplines. Festschrift für Irmingard Staeuble. Heidelberg/Kröning: Asanger 2001, S. 265–287.

Schrage, Michael: No More Teams! Mastering the Dynamics of Creative Collaboration. New York: Currency Doubleday 1995.

Schützeichel, Rainer: (Re)presenting Shells. Heinz Isler's Work on Display, in: Beckh, Matthias, Juan Ignacio del Cueto Ruiz-Funes, Matthias Ludwig, Andreas Schätzke, Rainer Schützeichel (Hg.): Candela Isler Müther. Positions on Shell Construction. Positionen zum Schalenbau. Posturas sobre la construcción de cascarones. Basel: Birkhäuser 2020, S. 126–133.

Schulze, Winfried: Einleitung, in: Ders. (Hg.): Sozialgeschichte, Alltagsgeschichte, Mikro-Historie. Göttingen: Vandenhoeck & Ruprecht 1994, S. 6–18.

Seeböck, Tanja: Schwünge in Beton – die Schalenbauten von Ulrich Müther. Schwerin: Th. Helms 2016.

Senn, Tobias: Hochkonjunktur, »Überfremdung« und Föderalismus. Kantonalisierte Schweizer Arbeitsmigrationspolitik am Beispiel Basel-Landschaft 1945–1975. Zürich: Chronos 2017.

Serraino, Pierluigi: The Creative Architect. Inside the Great Midcentury Personality Study. New York: The Monacelli Press 2016.

Shaoqiang, Wang (Hg.): Logoism. Contemporary Logo Design. Berkeley: Sandu Publishing 2017.

Siagri, Roberto, Andrea Barbaro, Nicola Buttelo: Using Innovation, Research and Finance to Build a Company with a Multi-option Strategy, in: Petti, Claudio (Hg.): Cases in Technological Entrepreneurship. Converting Ideas into Value. Cheltenham/Northampton, MA: Edward Elgar 2009, S. 122–139.

Sieber, Margret: Die Entwicklung der schweizerischen Aussenbeziehungen in der Nachkriegszeit: 1948–1978. Zürich: Holzer 1981.

Simondon, Gilbert: Du mode d'existence des objets techniques. Paris: Aubier 1958.

Simondon, Gilbert: Die Existenzweise technischer Objekte. Zürich: diaphanes 2012.

Slaton, Amy: Reinforced Concrete and the Modernization of American Building, 1900–1930. Baltimore: Johns Hopkins University Press 2001.

Specht, M. u.a. (Hg.): Einführung in die teilweise Vorspannung und Vorspannung ohne Verbund. 2. Auflage. Berlin: TU Berlin 1985.

Spicher, Georges u.a.: Ohne Zement geht nichts. Geschichte der schweizerischen Zementindustrie. Zürich: NZZ 2013.

Stahlton: Vorspanntechnik. Zürich. o. O: o. V. o.J.

Stalder, Laurent, Georg Vrachliotis (Hg.): Fritz Haller. Architekt und Forscher. Zürich: gta 2015.

Steinmueller, W. Edward: Platforms and Standards: A Historical Perspective, in: Hawkins, Richard, Knut Blind, Robert Page (Hg.): Handbook of Innovation and Standards. Cheltenham/Northampton, MA: Edward Elgar 2017, S. 79–104.

Swann, G. M. P., Ray Lambert: Standards and Innovation: A Brief Survey of Empirical Evidence and Transmission Mechanisms, in: Hawkins, Richard, Knut Blind, Robert Page (Hg.): Handbook of Innovation and Standards. Cheltenham/Northampton, MA: Edward Elgar 2017, S. 20–37.

Tanner, Jakob: Geschichte der Schweiz im 20. Jahrhundert. München: C.H. Beck 2015.

Torroja, Eduardo: Philosophy of Structures. Berkeley: University of California Press 1962.

United Nations (Hg.): Cost – Repetition – Maintenance. Related Aspects of Building Prices in Europe. o. O: o. V. 1963.

Voigt, Pamela: Die Pionierphase des Bauens mit glasfaserverstärkten Kunststoffen (GFK) 1942 bis 1980. Dissertation Bauhaus-Universität Weimar 2007.

Vrachliotis, Georg u.a. (Hg.): Frei Otto – Denken in Modellen. Leipzig: Spector Books 2017.

Wanner, Gustav Adolf: Hundert Jahre Vischer Architekten 1870–1970. Basel: Buchdruckerei zum Basler Berichtshaus 1970.

Weibel, J. P.: Trägt der SIA dazu bei, Baukosten zu verteuern?, in: Schweizer Ingenieur und Architekt 105/4 (1987), S. 69–70.

Wells, Matthew: Engineers. A History of Engineering and Structural Design. Abingdon: Routledge 2010.

Wenzlhuemer, Roland: The Role of Infrastructure in Transregional Ventures, in: Middell, Matthias (Hg.): The Routledge Handbook of Transregional Studies. London/New York: Routledge 2019, S. 252–258.

Westermann, Andrea: Plastik und politische Kultur in Westdeutschland. Interferenzen 13, Zürich: Chronos 2007.

Wit, Dirk de: The Shaping of Automation. A Historical Analysis of the Interaction between Technology and Organization, 1950–1985. Verloren: Hilversum 1994.

Yaneva, Albena: The Making of a Building. A Pragmatist Approach to Architecture. Bern: Peter Lang 2009.

Yates, JoAnne: Control through Communication. The Rise of System in American Management. Baltimore: Johns Hopkins University Press 1993.

9 Anhang

9.1 Abkürzungsverzeichnis

AG	Aktiengesellschaft
AFB	Amt für Bundesbauten
BAR	Schweizerisches Bundesarchiv
BBRV	Vorspannung der Firma Stahlton
BE	Kanton Bern
BP	British Petroleum
BRD	Bundesrepublik Deutschland
B + W	Bauen und Wohnen (Zeitschrift)
CIMIS	Candela-Isler-Müther Internationales Symposium
EMPA	Eidgenössische Materialprüfungsanstalt
ETH	Eidgenössische Technische Hochschule Zürich
FR	Kanton Freiburg
GFK	Glasfaserverstärkter Kunststoff
GmbH	Gesellschaft mit beschränkter Haftung
gta	Institut für Geschichte und Theorie der Architektur, ETH Zürich
HLS	Historisches Lexikon der Schweiz
HSSO	Statistik der Schweiz online
IASS	International Association for Shell and Spatial Structures
ITA	Institut für Technologie in der Architektur
LU	Kanton Luzern
RAPLAB	Rapid Architectural Prototyping Laboratory
SBZ	Schweizerische Bauzeitung
SIA	Schweizerischer Ingenieur- und Architektenverein
SO	Kanton Solothurn
SRF	Schweizer Rundfunk und Fernsehen
StAB	Staatsarchiv des Kantons Bern

StJS	Statistisches Jahrbuch der Schweiz
SWA	Schweizerisches Wirtschaftsarchiv
TU	Technische Universität
W, B + W	Werk, Bauen und Wohnen (Zeitschrift)

9.2 Abbildungsnachweis

Abbildung 1: Eigene Berechnung und Darstellung anhand der Projektlisten und Findmittel zum Aktenbestand 217 im gta Archiv.

Abbildung 2: Eigene Berechnung und Darstellung anhand der Projektkonvolute im Bestand 217 des gta Archivs.

Abbildung 3: Eigene Berechnung und Darstellung anhand der StJS, Bd. 1961–1987.

Abbildung 4: Eigene Berechnung und Darstellung anhand der Projektlisten und Findmittel zum Aktenbestand 217 im gta Archiv.

Abbildung 5: Eigene Berechnung und Darstellung anhand der StJS, Bd. 1961–1987.

Abbildung 6: gta Archiv: 217–0630, Schachtel 1/1, Atomschutzbunker, Projekt eines Zeitschriftenartikels, Briefwechsel 1956.

Abbildung 7: gta Archiv: 217–0630, Schachtel 1/1, Atomschutzbunker, Projekt eines Zeitschriftenartikels, Briefwechsel 1956.

Abbildung 8: gta Archiv: 217–0630, Schachtel 1/1, Atomschutzbunker, Projekt eines Zeitschriftenartikels, Briefwechsel 1956.

Abbildung 9: gta Archiv: 217-FX-9-S, Hallenbauten mit Buckelschalen.

Abbildung 10: gta Archiv: 217-M-10-6-151-2-2, Heinz Isler: Buckelschale (pneum.), statisches Messmodell, Abzug (Messmodell) Konzertsaal Langenthal im Hotel Kreuz.

Abbildung 11: gta Archiv: 217–04, Schachtel 3/4, Kunststoffwerke Eschmann AG, Buckelschalen-Infoblätter.

Abbildung 12: gta Archiv: 217–04, Schachtel 3/4, Kunststoffwerke Eschmann AG, Buckelschalen-Infoblätter.

Abbildung 13: Isler, Heinz: Technik und Typologie der Buckelschalen, in: B+W 19/10 (1965), S. 384–388, hier S. 385.

Abbildung 14: gta Archiv: 217-FX-2-82-1, Kontaktabzug: Eisskulpturen; Kaverneneinbauten, Gewölbeschalen.

Abbildung 15: gta Archiv: 217-FX-2-82-4, Kontaktabzug: Hallenbad Brugg; Kaverneneinbauten.
Abbildung 16: gta Archiv: 217-FX-2-61-10, Kontaktabzug: Gartencenter Wyss Soehne AG; Maschinenfabrik Kunz & Co.
Abbildung 17: gta Archiv: 217-FX-2-61-10, Kontaktabzug: Gartencenter Wyss Soehne AG; Maschinenfabrik Kunz & Co.
Abbildung 18: gta Archiv: 217-FX-2-64-24, Heinz Isler: Fotokonvolute: Kontaktabzüge, Maschinenfabrik Kunz & Co. (links); 217-FX-2-64-28, Heinz Isler: Fotokonvolute: Kontaktabzüge, Maschinenfabrik Kunz & Co. (rechts).
Abbildung 19: gta Archiv: 217-FX-2-55-Trösch-1, Kontaktabzug.
Abbildung 20: gta Archiv: 217-FX-2-55-Hasle-2, Kontaktabzug, Chemisch Technische Produkte Blaser & Co. AG (links); 217-FX-2-58-11, Kontaktabzug, Kunststoffwerke Eschmann AG (rechts).
Abbildung 21: gta Archiv: 217-FX-2-63-101, Mittelformat-Kontaktabzüge, Maschinenfabrik Kunz & Co.
Abbildung 22: gta Archiv: 217–02674, Schachtel 1/3, Grosslichtkuppeln allgemein.
Abbildung 23: gta Archiv: 217–04, Schachtel 3/4, Kunststoffwerke Eschmann AG: Fabrik und Bürogebäude, Akten.
Abbildung 24: gta Archiv: 217–0630, Schachtel 1/1, Atomschutzbunker, Akten, Schweizer Baukatalog.
Abbildung 25: gta Archiv: 217–0630, Schachtel 1/1, Atomschutzbunker, Akten, Schweizer Baukatalog.
Abbildung 26: gta Archiv: 217-FX-2-64-127; 217-FX-2-64-128, Ruwa Drahtschweisswerk AG.
Abbildung 27: gta Archiv: 217-FX-2-64-129; 217-FX-2-64-130, Ruwa Drahtschweisswerk AG.
Abbildung 28: gta Archiv: 217-FX-2-64-131, Ruwa Drahtschweisswerk AG.
Abbildung 29: gta Archiv: 217-Prospektentwürfe, Inhalt Prospekt Isler Norm.
Abbildung 30: gta Archiv: 217–02674:1, Ultralight Grosslichtkuppel Eschmann AG Thun.
Abbildung 31: gta Archiv: 217–017, Schachtel 2/4, Coop Wangen, Akten.
Abbildung 32: gta Archiv: 217-F-66-20-34A, Bauisolationen Kilcher 1966.
Abbildung 33: gta Archiv: 217–0140, Schachtel 4/14, Autobahncenter Mittelland: BP-Tankstelle Deitingen-Süd, Modellfotos.
Abbildung 34: gta Archiv: 217–082, Schachtel 2/5, Bauisolationen F. Kilcher AG, Akten; 217–0169, Schachtel 2/2, Gartencenter Clause RN 20, Akten;

217–0140, Schachtel 4/14, Autobahncenter Mittelland: BP-Tankstelle Deitingen-Süd, Modellfotos.

Abbildung 35: gta Archiv: 217-Entwürfe für Visiten- und Weihnachtskarten.

Abbildung 36: gta Archiv: 217-Entwürfe für Visiten- und Weihnachtskarten.

Abbildung 37: gta Archiv: 217-Entwürfe für Visiten- und Weihnachtskarten.

Abbildung 38: gta Archiv: 217-Prospektentwürfe, Skizzen.

Abbildung 39: gta Archiv: 217-Entwürfe für Visiten- und Weihnachtskarten.

Abbildung 40: gta Archiv: 217-Entwürfe für Visiten- und Weihnachtskarten.

Abbildung 41: gta Archiv: 217–09:5, Gartencenter Wyss Söhne AG: Ausstellungspavillon, Reklame; 217–0135-R3-4, Kindergarten Gsteigacher (heute: Kindergarten Falkenweg, Gsteighof); 217–0185, Schachtel 2/2, Garage Städeli Tribolet: Neue Einstellhalle, Akten.

Abbildung 42: gta Archiv: 217–09:5, Gartencenter Wyss Söhne AG: Ausstellungspavillon, Reklame.

Abbildung 43: gta Archiv: Princeton-08_217-FX-23.

Abbildung 44: gta Archiv: 217-FX-23_Nautilus_Einzelfoto-06r.

Abbildung 45: gta Archiv: 217-Ausstellung Stuttgart ab Mai 92.

Abbildung 46: Der Bund, 133. Jg., Nr. 272 vom 20.11.1982, zit.n.: gta Archiv: 217-Ausstellungen, Nautilus.

Abbildung 47: gta Archiv: 217-FX-2-55-Atombunker-1; 217-F-P.1; 217-Bubble System-F.1.

9.3 Firmenregister

Amt für Bundesbauten

Architekten Niggli + Gutknecht

Argus AG

Autohaus Moser

Bauisolationen Kilcher AG

Carrosseriewerk Ramseier und Jenzer

Chemisch-Technische Produkte Blaser & Co.

Drahtschweisswerk Ruwa

Ingenieurbüro Isler

Ingenieurbüro Weder + Prim

Jura Garage AG

Kantonales Technikum Burgdorf

Karl Moor Reklameberatung AG

Kunststoffwerke Eschmann AG

Maschinenfabrik Kunz

Renault-Garage H.J. Streuli AG

9.4 Personenregister

9.5 Ortsregister

9.6 Sachregister